大数据与人工智能技术丛书

MATLAB
人工智能算法实战

◎ 丁伟雄　编著

清华大学出版社

北京

内 容 简 介

本书以 MATLAB R2021 为平台,以实际应用为背景,通过叙述＋函数＋经典应用相结合的形式,深入浅出地介绍了 MATLAB 在人工智能中的经典应用相关知识。全书共 11 章,主要内容包括 MATLAB 环境与操作、数据分析实战、科学计算实战、数据建模实战、统计性数据分析实战、机器学习算法实战、深度学习算法实战、控制系统分析与设计实战、神经网络信息处理实战、最优化方法实战、智能算法分析与实现实战。通过本书的学习,读者在领略到 MATLAB 简捷的同时将感受到利用 MATLAB 实现智能数据应用的领域广泛,功能强大。

本书可作为高等学校相关专业本科生和研究生的教学用书,也可作为相关领域科研人员、学者、工程技术人员的参考用书。

图书在版编目(CIP)数据

MATLAB 人工智能算法实战/丁伟雄编著.—北京:清华大学出版社,2024.2
(大数据与人工智能技术丛书)
ISBN 978-7-302-65356-1

Ⅰ.①M… Ⅱ.①丁… Ⅲ.①Matlab 软件－人工智能－算法理论 Ⅳ.①TP317

中国国家版本馆 CIP 数据核字(2024)第 014955 号

责任编辑:黄 芝 薛 阳
封面设计:刘 键
责任校对:刘惠林
责任印制:曹婉颖

出版发行:清华大学出版社
    网 址:https://www.tup.com.cn,https://www.wqxuetang.com
    地 址:北京清华大学学研大厦 A 座   邮 编:100084
    社 总 机:010-83470000   邮 购:010-62786544
    投稿与读者服务:010-62776969,c-service@tup.tsinghua.edu.cn
    质量反馈:010-62772015,zhiliang@tup.tsinghua.edu.cn
    课件下载:https://www.tup.com.cn,010-83470236
印 装 者:三河市东方印刷有限公司
经 销:全国新华书店
开 本:185mm×260mm 印 张:19   字 数:497 千字
版 次:2024 年 2 月第 1 版   印 次:2024 年 2 月第 1 次印刷
印 数:1~2500
定 价:89.80 元

产品编号:102184-01

前　言

人工智能是一门极富挑战性的科学，从事这项工作的人必须懂得计算机知识、心理学和哲学。人工智能内容十分广泛，它由不同的领域组成，如机器学习、计算机视觉等。人工智能从诞生以来，理论和技术日益成熟，应用领域也不断扩大，可以设想，未来人工智能带来的科技产品，将会是人类智慧的"容器"。人工智能可以对人的意识、思维的信息过程进行模拟。人工智能的研究内容包括语言的学习与处理、知识表现、智能搜索、知识获取、组合调度问题、感知问题、模式识别、逻辑程序设计、软计算、不精确和不确定的管理、人工生命、神经网络、复杂系统、推理、规划、机器学习、遗传算法、人类思维方式，最关键的难题还是机器的自主创造性思维能力的塑造与提升。

数学是一门研究现实世界数量关系和空间形式的科学。很多人在学习数学课程时，都会有一定的困惑：数学这么难，学习数学到底有什么用呢？数学的难就体现在大多数的数学知识都很抽象，让人很难联系实际。其实数学正是来源于实际，是从实际中抽象出来的。如果能够尝试用抽象的数学知识去解决实际问题，一切将变得具象起来，数学的学习会变得更简单、更有意思。

将数学应用于实际，这正是科学与工程计算所要研究的内容。用数学知识解决实际问题通常包括两个基本步骤：首先，需要把问题进行抽象，用数学的语言去描述，即在一定的合理假设下建立合适的数学模型；其次，建立数学模型后，需要选择合适的工具求解模型。这里的求解并不只是简单的公式推导，大多数情况下不能靠手算实现，必须要借助计算机软件来实现。

计算机在人工智能中的主要作用如下。

- 使用计算机描述一个系统的行为。
- 使用计算机以数学方法描述物体和它们之间的空间关系。
- 应用程序和数据建模是为应用程序确定、记录和实现数据和进程要求的过程。

在众多的科学计算软件中，MATLAB 是求解数学模型的利器。相比于其他软件，MATLAB有"草稿纸式"的编程语言，还有各类工具箱，易学易用，用户不仅可以调用其内部函数进行"直观"的计算，还可以根据自己的算法进行扩展编程。本书将结合数学建模实例全面介绍常用的数学建模方法及其 MATLAB 实现。

本书具有以下特点。

（1）深入浅出，循序渐进。本书首先对 MATLAB 软件进行概要介绍，让读者对MATLAB 的强大功能有一定认识，接着利用 MATLAB 对建模问题进行处理，让读者初步领略到利用 MATLAB 实现建模的简单与便捷，以及体会 MATLAB 在建模中的广泛应用。

（2）实用性强，步骤详尽。本书结合 MATLAB 软件，利用各种方法实现数学建模解决各种实际问题，详尽地介绍 MATLAB 的使用方法与技巧。在讲解过程中辅以相应的图片，使读者在阅读时一目了然，从而快速掌握书中内容。

（3）理论与实际相得益彰。书中的每个方法，除了理论讲解，都配有至少一个典型的应用实例进行巩固，使读者可通过实例加深对理论的理解，同时理论又让实例更有说服力。

（4）易借鉴，易阅读，内容生动有趣。书中很多实例的求解方法比较直观、新颖，易于读者理解与阅读。本书摒弃了一些刻板、无味的文字，让文字既有活力，又易于理解，提高读者阅读的兴趣。

全书共分为11章，主要内容如下。

第1章介绍MATLAB环境与操作，主要包括MATLAB的启动与退出、数据类型、控制语句、绘图等内容。

第2章介绍数据分析实战，主要包括数据的预处理、数据汇总、数据建模、数据插值等内容。

第3章介绍科学计算实战，主要包括数值积分和微分方程、常微分方程、傅里叶与滤波等内容。

第4章介绍数据建模实战，主要包括数据降维、一元回归、多元线性回归、逐步回归等内容。

第5章介绍统计性数据分析实战，主要包括描述性统计量和统计图、概率分布、假设检验、方差分析等内容。

第6章介绍机器学习算法实战，主要包括机器学习概述、K近邻分类、判别分析、贝叶斯分类、支持向量机等内容。

第7章介绍深度学习算法实战，主要包括迁移学习、图像的深度学习、时间序列在深度学习中的应用等内容。

第8章介绍控制系统分析与设计实战，主要包括自动控制概述、控制系统的数学建模、判定系统稳定性、时域分析等内容。

第9章介绍神经网络信息处理实战，主要包括神经网络概述、感知器、径向基网络、BP神经网络等内容。

第10章介绍最优化方法实战，主要包括最优化概述、线性规划、非线性规划、整数规划等内容。

第11章介绍智能算法分析与实现实战，主要包括遗传算法、模拟退火算法、粒子群算法、免疫算法等内容。

本书可作为高等学校相关专业本科生和研究生的教学用书，也可作为相关领域科研人员、学者、工程技术人员的参考用书。

本书由佛山科学技术学院丁伟雄编写。

由于时间仓促，加之编者水平有限，书中不足和疏漏之处在所难免。在此，诚恳地期望得到专家和广大读者的批评指正。

编　者

2023 年 10 月

目　录

下载资源

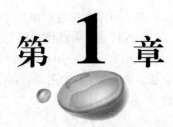

第 1 章

MATLAB环境与操作

MATLAB是当今比较强大的一款科技应用软件之一。与其他高级语言相比,MATLAB程序编写简单,计算高效,提供大量的专业工具箱,便于专业应用。

MATLAB摆脱了传统非交互式程序设计语言(如C、FORTRAN)的编辑模式,将数值分析、矩阵计算、数据可视化及非线性动态系统的建模和仿真等诸多强大功能集成在一个易于使用的视窗环境中,为科学研究、工程设计及必须进行有效数值计算的众多科学领域提供了一种全面的解决方案。

1.1 MATLAB 概述

全世界数以百万计的工程师和科学家都在使用 MATLAB 分析和设计改变着系统和产品。基于矩阵的 MATLAB 语言是世界上表示计算数学最自然的方式。可以使用内置图形轻松可视化数据和深入了解数据。MATLAB 语言的特点主要表现在以下几方面。

1. 数学、图形、编辑

无论是分析数据、开发算法还是创建模型,MATLAB 都是针对人的思维方式和工作内容而设计的。

2. 数百万工程师和科学家信赖 MATLAB

MATLAB 将适合迭代分析和设计过程的桌面环境与直接表达矩阵和数组运算的编程语言相结合。其原因表现在以下几方面。

(1)专业开发。

MATLAB 工具箱经过专业开发、严格测试并拥有完善的帮助文档。

(2)包含交互式应用程序。

MATLAB 应用程序让我们看到不同的算法如何处理数据。在获得所需结果之前反复迭代,然后自动生成 MATLAB 程序,以便对工作进行重现或自动处理。

(3)扩展能力。

只需更改少量代码就能扩展分析在群集、GPU 和云上运行。无须重写代码或学习大数据编程和内存溢出技术。

3. MATLAB 实时编辑器

采用可执行的记事本格式创建组合代码、输出和格式化文本的脚本。

（1）创建可执行记事本。

MATLAB能够将代码划分成可以单独运行的可管理片段，以查看代码所产生的结果和可视化内容。可使用格式化文本、标题、图像和超链接增强代码和结果。也可使用互动式编辑器插入方程，或者使用LaTeX创建方程，并将代码、结果和格式化文本保存到一个可执行文档中。

（2）分享作品。

在MATLAB中，可添加交互式控件，让其他人能试验代码中的参数，并隐藏代码，以创建简单的应用程序和控制板。还可以以HTML、PDF、LaTeX或Microsoft Word的形式发布实时脚本，通过MATLAB Online和MATLAB Drive分享作品。

（3）更快达到结果。

MATLAB可通过函数参数、文件名等内容的上下文提示来帮助阅读编码。可使用交互式工具来浏览输出中的图形和表格，然后获得自动生成的代码，以复制更改。还可选择代码块来创建可重用的函数。

（4）交互式地完成步骤。

能够以互动方式浏览参数和选项，并立即查看结果。可在脚本中为已完成的任务生成代码并预览。还可将实时编辑器任务另存为实时脚本的一部分，以便共享或后续使用。

4. 可视化并探查数据

在MATLAB中，可绘制和共享数据，可选择现成的图形，也可利用自定义的函数和交互。

（1）利用内置库创建可视化。

在MATLAB中，使用内置绘图可视化数据，洞察深度信息，并识别背后的模式和趋势。浏览集成的文档，探索各种函数语法和可用的图选项。基于所选数据，在推荐的相关绘图中做出选择。该功能可帮助我们找到数据的最优可视化。

（2）探查和注释可视化。

在MATLAB中，尽管有编程方式可用，但也可以直接对MATLAB可视化进行探查和注释，免去自行编写大量代码的烦琐工作。通过平移、缩放或旋转图形，可以直观地探查和理解数据。交互式运用标题、轴标签和数据提示添加注释，以传达和突出必要的信息。然后自动生成相应的MATLAB代码来重现工作，而且只需单击按钮，即可一键将其添加到脚本中。

1.1.1 MATLAB启动与退出

正确安装并激活MATLAB后，把图标的快捷方式发送到桌面，即可双击MATLAB图标，启动MATLAB，出现启动工作界面，如图1-1所示。

MATLAB的主界面即用户的工作环境，包括菜单栏、工具栏、"开始"按钮和各个不同用途的窗口。

由图1-1可见，启动MATLAB后，将在命令中显示提示符">>"，该提示符表示MATLAB已经准备就绪，正在等待用户输入命令，这时就可以在提示符">>"后输入命令，完成命令的输入后按Enter键，MATLAB就会解释所输入的命令，并在命令行窗口中给出计算结果。如果输入的命令后以分号结束，再按Enter键，则MATLAB也会解释执行命令，但是计算结果不显示于命令行窗口中。

退出MATLAB的方式有以下两种。

（1）使用鼠标单击命令行窗口右上角的"关闭"按钮。

（2）在命令行窗口中输入"exit"命令并按Enter键。

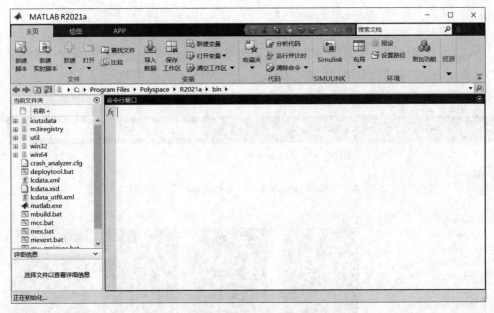

图 1-1　MATLAB 主界面

　　"命令行窗口"是 MATLAB 主界面上最明显的窗口,也是 MATLAB 中最重要的窗口,默认显示在用户界面的右侧。用户在命令窗口中进行 MATLAB 的多种操作,如输入各种指令、函数和表达式等,此窗口是 MATLAB 中使用最为频繁的窗口,并且此窗口显示除图形外的一切运行结果。

　　MATLAB 的命令行窗口不仅可以内嵌在 MATLAB 的工作界面,而且可以以独立窗口的形式浮动在界面上。右击命令行窗口右上角的"显示命令行窗口"按钮 ⊙,单击"取消停靠"选项,命令行窗口就以浮动窗口的形式显示,如图 1-2 所示。

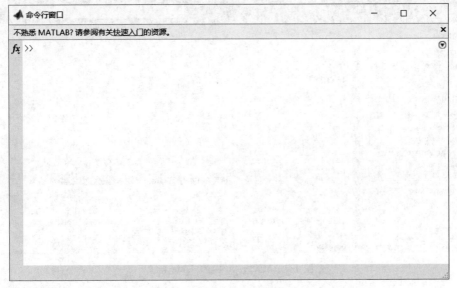

图 1-2　浮动命令行窗口

1.1.2　MATLAB 帮助系统

　　MATLAB 为用户提供了强大的帮助系统,其中包括产品帮助、函数帮助、网络资源帮助和演示等。选择菜单栏"帮助"菜单，可以打开 MATLAB 帮助窗口，如图 1-3 所示。界面中的"类别"标签罗列了所有产品帮助文档的目录，单击这些目录及目录下面的文章标题，就可以在右边的窗口中具体浏览帮助信息。用户也可以在 Search Documentation 栏内输入关键字全文搜索，搜索结果在"搜索结果"标签页中显示。

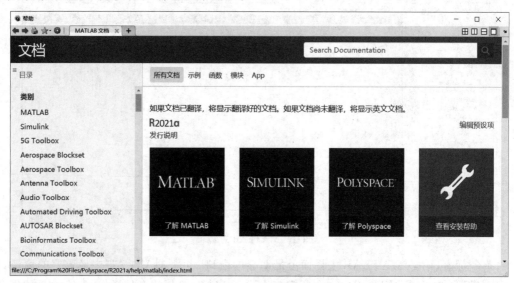

图 1-3　帮助界面

此外，MATLAB 中为每一个工具箱或者模块都提供了大量的演示示例供用户学习，如图 1-4 所示。这些演示程序非常有典型性，通过这些例子学习 MATLAB 往往能够起到事半功倍的效果。

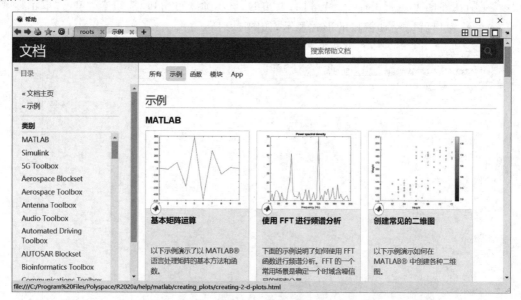

图 1-4　MATLAB 中的 demo 帮助

如果在 MATLAB 窗口工作的情况下，不方便打开 MATLAB 帮助系统，MATLAB 还提供了一些帮助命令以帮助查询某个函数的帮助信息，例如，函数的调用方式、函数的位置及函数的说明和例子程序等。

1.2　数　据　类　型

默认情况下,MATLAB会将所有数值变量存储为双精度浮点值。其他数据类型可在单个变量中存储文本、整数或单精度值,或者相关数据的组合。

1.2.1　常量与变量

常量是程序语句中取不变值的量,如表达式 y＝0.714 * 4,其中就包含一个 0.714 这样的数值常数,它便是一个数值常量。而另一表达式 s＝'The Math Works'中,单引号内的英文字符串"The Math Works"则是一个字符串常量。

在 MATLAB 中,有一类常量是由系统默认给定一个符号来表示的,例如 pi,它代表圆周率 π 这个常数,即 3.1415926……,类似于 C 语言中的符号常量,这些特殊常量有时又称为系统预定义的变量,如表 1-1 所示。

表 1-1　MATLAB 特殊常量

符　　号	含　　义
i 或 j	虚数单位,定义为 $\sqrt{-1}$
Inf 或 inf	正无穷大,由零作除数引入此常量
NaN	非数值量,产生于 $0/0$，∞/∞，$0 * \infty$ 等运算
pi	圆周率 π 的双精度表示
eps	容差变量,当某量的绝对值小于 eps 时,可以认为此量为零,即为浮点数的最小分辨率,PC 上此值为 2^{-52}
Realmin 或 realmin	最小浮点数,2^{-1022}
Realmax 或 realmax	最大浮点数,2^{1023}

在编写循环时,用户往往习惯使用 i、j 作为循环变量,此时要注意不要与虚数单位混淆。

变量是指在程序运行中其值可以改变的量,变量由变量名来表示。在 MATLAB 中变量名的命名有自己的规则,可以归纳为如下几条。

(1) 变量名必须以字母开头,且只能由字母、数字或下画线 3 类符号组成,不能含有空格和标点符号(如(、)、,、。、%)等。

(2) 变量名区分字母的大小写。例如,"x"和"X"是不同的变量。

(3) 变量名不能超过 63 个字符,第 63 个字符后的字符将被忽略,对于 MATLAB 6.5 版本以前的变量,不能超过 31 个字符。

(4) 关键字(如 if、while 等)不能作为变量名。

(5) 最好不要用表 1-1 中的特殊常量作为变量名。

1.2.2　数值类型

MATLAB 中的数值类包括有符号和无符号整数、单精度和双精度浮点数。默认情况下,MATLAB 以双精度浮点形式存储所有数值(不能更改默认类型和精度)。可以选择以整数或单精度形式存储任何数值或数值数组。与双精度数组相比,以整数和单精度数组形式存储数据更节省内存。

所有数值类型都支持基本的数组运算,例如,添加索引、重构和数学运算。创建数值变量的函数如表 1-2 所示。

表 1-2　创建数值变量函数

命　令	说　　明	命　令	说　　明
double	双精度数组	single	单精度数组
int8	8 位有符号整数数组	uint8	8 位无符号整数数组
int16	16 位有符号整数数组	uint16	16 位无符号整数数组
int32	32 位有符号整数数组	uint32	32 位无符号整数数组
int64	64 位有符号整数数组	uint64	64 位无符号整数数组

1. 浮点数

MATLAB 以双精度或单精度格式表示浮点数。默认为双精度,但可以通过一个简单的转换函数将任何数值转换为单精度数值。

1) 双精度浮点

MATLAB 根据适用于双精度的 IEEE 754 标准来构造双精度(即 double)数据类型。以 double 形式存储的任何值都需要 64 位,并按照如表 1-3 所示进行格式化。

表 1-3　双精度浮点格式化

位	用　　法
63	符号(0＝正号、1＝负号)
62～52	指数,偏差为 1023
51～0	数值 $1.f$ 的小数 f

2) 单精度浮点

MATLAB 根据适用于单精度的 IEEE 754 标准来构造单精度(即 single)数据类型。以 single 形式存储的任何值都需要 32 位,并按照如表 1-4 所示进行格式化。

表 1-4　单精度浮点格式化

位	用　　法
31	符号(0＝正号、1＝负号)
30～23	指数,偏差为 127
22～0	数值 $1.f$ 的小数 f

由于 MATLAB 使用 32 位来存储 single 类型的数值,因此与使用 64 位的 double 类型的数值相比,前者需要的内存更少。但是,由于它们是使用较少的位存储的,因此 single 类型的数值所呈现的精度要低于 double 类型的数值。

2. 整数类

MATLAB 具有四个有符号整数类和四个无符号整数类。有符号类型能够处理负整数以及正整数,但表示的数字范围不如无符号类型广泛,因为有一个位置用于指定数字的正号或负号。无符号类型提供了更广泛的数字范围,但这些数字只能为零或正数。

MATLAB 支持以 1B、2B、4B 和 8B 几种形式存储整数数据。如果使用可容纳数据的最小整数类型来存储数据,则可以节省程序内存和执行时间。例如,不需要使用 32 位整数来存储值 100。

3. 复数

复数由两个单独的部分组成:实部和虚部。基本虚数单位等于 -1 的平方根。这在 MATLAB 中通过以下两个字母之一表示:i 或 j。

以下语句显示了一种在 MATLAB 中创建复数值的方法。变量 x 被赋予了一个复数值,

该复数的实部为 2,虚部为 3:

```
x = 2 + 3i;
```

创建复数的另一种方法是使用 complex()函数。此函数将两个数值输入组合成一个复数输出,并使第一个输入成为实部,使第二个输入成为虚部。

```
x = rand(3) * 5;
y = rand(3) * -8;
z = complex(x, y)
z =
    4.7842 - 1.0921i    0.8648 - 1.5931i    1.2616 - 2.2753i
    2.6130 - 0.0941i    4.8987 - 2.3898i    4.3787 - 3.7538i
    4.4007 - 7.1512i    1.3572 - 5.2915i    3.6865 - 0.5182i
```

可以使用 real()和 imag()函数分解复数,捕获其实部和虚部。

```
zr = real(z)
zr =
    4.7842    0.8648    1.2616
    2.6130    4.8987    4.3787
    4.4007    1.3572    3.6865
zi = imag(z)
zi =
    -1.0921    -1.5931    -2.2753
    -0.0941    -2.3898    -3.7538
    -7.1512    -5.2915    -0.5182
```

4. 无穷大和 NaN

1) 无穷大

MATLAB 用特殊值 inf 表示无穷大。除以零和溢出等运算会生成无穷大,从而导致结果太大而无法表示为传统的浮点值。MATLAB 还提供了一个称为 inf 的函数,该函数以 double 标量值形式返回正无穷大的 IEEE 算术表示。

2) NaN

MATLAB 使用一个称为 NaN(代表"非数值")的特殊值来表示不是实数或复数的值。0/0 和 inf/inf 之类的表达式会生成 NaN,就像执行涉及 NaN 的任何算术运算一样。

```
x = 0/0
x =
   NaN
```

1.2.3　字符串

字符数组和字符串数组用于存储 MATLAB 中的文本数据。

(1) 字符数组是一个字符序列,就像数值数组是一个数字序列一样。它的一个典型用途是将短文本片段存储为字符向量,如 c = 'Hello World'。

(2) 字符串数组是文本片段的容器。字符串数组提供一组用于将文本处理为数据的函数。从 R2017a 开始,可以使用双引号创建字符串,例如,str = "Greetings friend"。要将数据转换为字符串数组,请使用 string 函数。

MATLAB 的字符串处理功能非常强大,提供了许多字符或字符串处理函数,包括字符串的创建、字符串的属性、比较、查找及字符串的转换和执行等。MATLAB 中常用的字符串操作函数如表 1-5 所示。

表 1-5　字符串操作的常用函数

函　数	说　明	函　数	说　明
blanks(n)	生成一个由 n 个空格组成的字符串	str2double(s)	将字符串数组转换为数值数组
cellstr(s)	利用给定的字符数组 s 创建字符串单元数组	strcat(s1,s2,…)	将多个字符串串联
char(s1,s2,…)	利用给定的字符串或单元数组 s1,s2,…创建字符数组	strcmp(s1,s2)	判断字符串是否相等
deblank(s)	删除字符串 s 尾部的空格	strcmpi(s1,s2)	判断字符串是否相等（忽略大小写）
double(s)	将字符串 s 转换为 ASCII 形式	strjust(s1,type)	按照指定的 type 调整一个字符串数组
findstr(s1,s2)	在长字符串中查找短字符串	strfind(s1,s2)	在字符串 s1 中查找 s2
int2str(x)	将整数型转换为字符串	strncmp(s1,s2,n)	判断前 n 个字符串是否相等
iscellstr(A)	判断是不是字符串单元数组	strncmpi(s1,s2,n)	判断前 n 个字符串是否相等（忽略大小写）
ischar(A)	判断是不是字符串数组	strrep(s1,s2,s3)	将字符串 s1 中出现的 s2 用 s3 代替
isletter('A')	判断是不是字母	strtok(s1,D)	查找 s1 中的第一个给定的分隔符之前和之后的字符串
isspace('s')	判断是不是空格	strtrim(s)	删除字符串 s 开始和结尾的空格
lower(s)	将一个字符串写成小写	strvcat(s1,s2,…)	将多个字符串竖直排列
num2str(x)	将数字转换为字符串	upper(s)	将一个字符串写成大写

下面直接通过一个例子来演示字符串的操作。

【例 1-1】　字符串的操作。

```
>> % 创建一个字符向量
str = 'Find the starting indices of a pattern in a character vector';
>> % 查找模式 in
k = strfind(str,'in')
k =
    2    15    19    40
>> % 查找模式 In
k = strfind(str,'In')
k =
    []
>> % 将字符向量元胞数组转换为数值数组
str2 = {'2.718','3.1416';
        '137','0.015'};
X = str2double(str2)
X =
    2.7180    3.1416
  137.0000    0.0150
>> % 创建两个不同的字符向量。比较它们的前 11 个字符
s1 = 'Kansas City, KS';
s2 = 'Kansas City, MO';
tf = strncmp(s1,s2,11)
tf =
  logical
  1
```

```
>> % 使用 strcmp 比较这两个字符向量
tf = strcmp(s1,s2)
tf =
  logical
  0
>> % 比较前四个字符,忽略大小写
tf2 = strncmpi(s1,s2,4)
tf2 =
  logical
  1
```

1.2.4 矩阵的数组

矩阵和数组是 MATLAB 中信息和数据的基本表示形式。可以创建常用的数组和网格、合并现有数组、操作数组的形状和内容,以及使用索引访问数组元素。

1. 矩阵的生成

矩阵的生成有多种方法,分别有直接输入简单矩阵、特殊函数生成矩阵、从外部数据文件读取等。

(1)直接输入简单矩阵。

对于简单矩阵来说,直接输入法创建矩阵是一种最直接、简单、有效的方法。直接创建矩阵时,必须满足以下 4 个条件。

① 矩阵元素必须用[]括住。

② 矩阵元素必须用逗号或空格分隔。

③ 在[]内,矩阵的行与行之间必须用分号分隔。

④ 矩阵元素可以为表达式,也可以为复数。

(2)函数生成矩阵。

MATLAB 内部提供了一些特殊矩阵的生成命令,可供用户快速使用,可以用于快速创建一些特殊矩阵,如单位矩阵和零矩阵,如表 1-6 所示。

表 1-6 常用的特殊矩阵生成的函数

函 数 名	说 明	函 数 名	说 明
zeros	全 0 矩阵	eye	单位矩阵
ones	全 1 矩阵	company	伴随矩阵
Rand	均匀分布随机矩阵	hilb	Hilbert 矩阵
Randn	正态分布随机矩阵	invhilb	Hilbert 逆矩阵
magic	魔方矩阵	vander	Vander 矩阵
diag	对角矩阵	pascal	Pascal 矩阵
triu	上三角矩阵	hadamard	Hadamard 矩阵
tril	下三角矩阵	hankel	Hankel 矩阵

【例 1-2】 利用两种方法创建矩阵。

```
>> a=[1 4 7;2 5 8;3 6 9]    % 使用空格(逗号)创建矩阵
a =
    1    4    7
    2    5    8
    3    6    9
>> A1 = ones(2,2)           % 创建全 1 矩阵
```

```
A1 =
     1     1
     1     1
```

2. 矩阵元素访问

(1) 使用矩阵元素的行列全下标形式 A(* , *)。

使用全下标形式访问矩阵元素的方法简单、直接,同线性代数的矩阵元素的概念——对应。

(2) 使用矩阵元素的单下标形式 A(*)。

矩阵元素的单下标是矩阵元素在内存中存储的序列号,一般情况下,同一个矩阵的元素存储在连续的内存单元中。

【例 1-3】 矩阵的单下标和全下标。

```
>> A = [8 1 6; 3 5 7; 4 9 2]
A =
     8     1     6
     3     5     7
     4     9     2
>> sub2ind(size(A),2,2)          %根据全下标计算单下标
ans =
     5
>> [i,j] = ind2sub(size(A),6)     %根据单下标计算全下标
i =
     3
j =
     2
```

3. 矩阵基本运算

矩阵基本运算主要包括矩阵与标量的运算、矩阵与矩阵的运算。

(1) 矩阵与标量的运算

矩阵与标量的运算即完成矩阵的每个元素对该标量的运算,包括＋、－、×、÷及^运算。

(2) 矩阵与矩阵的运算

① 矩阵的加减运算。

矩阵 a 和 b 的维数完全相同时,可以进行矩阵加减法运算,MATLAB 会自动地将 a 和 b 矩阵的相应元素相加减。如果 a 和 b 的维数不相等,则 MATLAB 将给出错误信息,提示用户两个矩阵的维数不相等。

② 矩阵的乘法运算。

两个矩阵 a、b 的维数相容(a 的列数等于 b 的行数)时,可以进行 $a*b$ 的运算。矩阵相乘时,维数不相容会发生错误。

③ 矩阵的除法运算。

矩阵的除法运算包括左除和右除两种运算,其中,左除表示 $a \backslash b = a^{-1}b$,要求 a 为方阵;右除表示为 $a/b = ab^{-1}$,要求 b 为方阵。

④ 矩阵的点运算。

MATLAB 定义了一种矩阵间的特殊运算——点运算。两个矩阵之间的点运算是该矩阵对应元素的相互运算,例如,"$d = a.*b$"表示矩阵 a 和 b 的相应元素之间进行乘法运算,然后将结果赋给矩阵 d。注意,点乘积运算要求矩阵 a 和 b 的维数相同,这种点乘积又称为 Hadamard 乘积。

⑤ 矩阵求幂。

矩阵求幂的运算包括矩阵与常数的幂运算和矩阵与矩阵的幂运算,用点运算的形式表示。

【例 1-4】 矩阵的运算。

```
>> a = [1:3;4:6;7:9]
a =
      1      2      3
      4      5      6
      7      8      9
>> b = [3;6;9]
b =
      3
      6
      9
>> a + b                    % 矩阵加法
ans =
      4      5      6
     10     11     12
     16     17     18
>> a * b                    % 矩阵乘法
ans =
     42
     96
    150
>> a/b
错误使用 /
矩阵维度必须一致。
>> a\b                      % 矩阵右除
警告:矩阵接近奇异值,或者缩放错误。结果可能不准确。RCOND = 2.202823e−18。
ans =
      0
      0
      1
```

1.3 控 制 语 句

MATLAB 作为一种高级程序设计语言,提供了经典的循环结构(for 循环和 while 循环)、选择结构(if)和流程控制语句。用户可以应用这些流程控制语句编写 MATLAB 程序,实现多种功能。

1.3.1 循环结构

MATLAB 的循环结构由 for 语句和 while 语句实现,两种语句在应用时各有侧重,for 语句用于已知循环次数的循环,while 语句用于未知循环次数的循环。循环结构的作用是在满足条件下重复执行语句体。

1. for 循环

for 循环的表达式为:

```
for 循环控制变量 = 表达式 1:表达式 2:表达式 3
语句
end
```

一般情况下,表达式 1 为循环初值,表达式 2 为循环增量,表达式 3 为循环终值。循环增量可以是正数也可以是负数,当没有指定循环增量时,系统默认为1。for语句可以嵌套使用。

【例1-5】 以-0.2为步长递增,并显示值。

```
>> for v = 1.0:-0.2:0.0
    disp(v)
end
     1
    0.8000
    0.6000
    0.4000
    0.2000
     0
```

2. while 循环

while 循环的表达式为:

```
while 关系表达式
语句
end
```

当表达式为逻辑真时,重复执行语句;当表达式值为逻辑假时,跳出循环。while语句不用事先明确循环次数。

【例1-6】 使用 while 循环计算 factorial(10)。

```
>> n = 10;
f = n;
while n > 1
    n = n - 1;
    f = f * n;
end
disp(['n! = ' num2str(f)])
n! = 3628800
```

1.3.2　选择结构

MATLAB 选择结构包括 if 语句、switch 语句和 try 语句。大部分的程序中都会包括选择结构,选择结构的作用是判断指定的条件是否满足,决定程序的流程走向。

1. if 语句

if 语句的表达为:

```
if 表达式
语句1
else
语句2
end
```

判断关键字 if 后关系表达式或逻辑表达式返回值为逻辑真,则执行语句1;如果为逻辑假,执行语句2;如果为算术表达式,则认为返回值非0为真,返回值是0为假。

【例1-7】 测试数组的相等性。

```
>> % 创建两个数组
A = ones(2,3);
B = rand(3,4,5);
>> % 如果 size(A)与 size(B)相同,则会串联这两个数组;否则显示一条警告并返回一个空数组
```

```
>> if isequal(size(A),size(B))
      C = [A; B];
else
      disp('A and B 的大小不相同')
      C = [];
end
A and B 的大小不相同
```

2. switch 语句

switch 语句的表达式为：

```
switch 表达式 1
case 表达式 1
语句 1
case 表达式 2
语句 2
⋮
case 表达式 n
语句 n
otherwise
end
```

判断 switch 关键字后的表达式值，如与表达式 1 相等执行语句 1，如与表达式 2 相等则执行语句 2，以此类推，如与 n 个表达式都不相同执行语句 n+1 后跳出 switch 语句。

【例 1-8】　与多个值进行比较。

基于 plottype 的值确定要创建哪种类型的绘图。如果 plottype 为'pie'或'pie3'，则创建一个三维饼图。使用元胞数组包含两个值。

```
>> x = [12 64 24];
plottype = 'pie3';
switch plottype
      case 'bar'
            bar(x)
            title('条形图')
      case {'pie','pie3'}
            pie3(x)
            title('饼图')
      otherwise
            warning('Unexpected plot type. No plot created.')
end
```

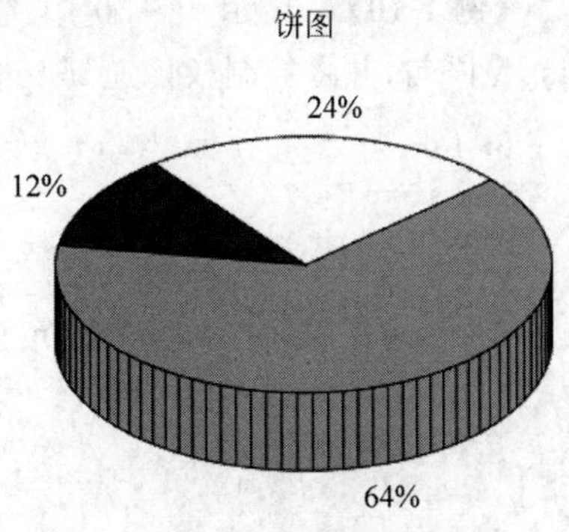

运行程序，效果如图 1-5 所示。

图 1-5　三维饼图

3. try 语句

try 语句的表达式为：

```
try
语句 1
catch
语句 2
end
```

try 是一个错误捕获语句，程序先执行语句 1，如果没有错误，则跳出 try 语句；如果语句 1 出错，则执行语句 2。

【例 1-9】　将错误重新打包为警告。

捕获通过调用不存在的函数 notaFunction()而生成的任何异常。如果存在异常，则发出警告并为输出分配值 0。

```
>> try
    a = notaFunction(5,6);
catch
    warning('使用函数时出现问题。赋值为 0。');
    a = 0;
end
```

警告：使用函数时出现问题。赋值为 0。

对 notaFunction() 的调用本身会导致错误。如果使用 try 和 catch，此代码将捕获任何异常并将其重新打包为警告，这样 MATLAB 就可以继续执行后续命令。

1.3.3 程序流程控制

MATLAB 中除了前面介绍的两种结构语句外，还有一些可以影响程序的流程语句，称为程序流控制语句。

（1）break 语句用于终止执行 for 或 while 循环。不执行循环中在 break 语句之后显示的语句。在嵌套循环中，break 仅从它所发生的循环中退出。控制传递给该循环的 end 之后的语句。

（2）return 语句终止被调用函数的运行，返回到调用函数。

（3）pause 语句，如果其调用格式为 pause，则暂停程序运行，按任意键继续；如果调用格式为 pause(n)，则程序暂停运行 n 秒后继续；调用格式为 pause on/off;，表示允许/禁止其后的程序暂停。

（4）continue 语句将控制权传递到 for 或 while 循环的下一迭代。它跳过当前迭代的循环体中剩余的任何语句。程序继续从下一迭代执行。continue 仅在调用它的循环的主体中起作用。在嵌套循环中，continue 仅跳过循环所发生的循环体内的剩余语句。

【例 1-10】 显示 1～50 中 7 的倍数。如果数字不能被 7 整除，请使用 continue 跳过 disp() 语句，并将控制权传递到 for 循环的下一个迭代中。

```
>> for n = 1:50
    if mod(n,7)
        continue
    end
    disp(['整除 7：' num2str(n)])
end
```

运行程序，输出如下。

```
整除 7：7
整除 7：14
整除 7：21
整除 7：28
整除 7：35
整除 7：42
整除 7：49
```

1.4 绘 图

图形函数包括二维和三维绘图函数，用于以可视化形式呈现数据的结果。在 MATLAB 中可以以交互方式或编程方式自定义绘图。

1. 创建二维线图

本节将通过创建一个简单的线图并标记坐标区,更改线条颜色、线型和添加标记来自定义线图的外观。通过本实例的演示,了解 MATLAB 创建二维图形的方法。

1) 创建线图

使用 plot() 函数创建二维线图。例如,绘制从 0 到 2π 的正弦函数值。

```
>> x = linspace(0,2 * pi,100);
y = sin(x);
plot(x,y)                    % 如图 1-6 所示
>>                           % 标记坐标区并添加标题
xlabel('x')
ylabel('sin(x)')
title('正弦函数')
```

2) 绘制多个线条

默认情况下,MATLAB 会在执行每个绘图命令之前清空图窗。使用 figure 命令可打开一个新的图窗窗口,使用 hold on 命令可绘制多个线条。在使用 hold off 或关闭窗口之前,当前图窗窗口中会显示所有绘图,如图 1-7 所示。

```
>> figure
x = linspace(0,2 * pi,100);
y = sin(x);
plot(x,y)
hold on
y2 = cos(x);
plot(x,y2)
hold off
```

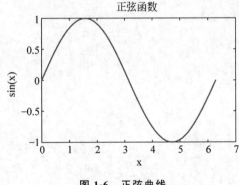

图 1-6 正弦曲线

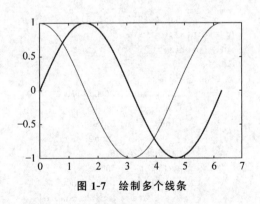

图 1-7 绘制多个线条

3) 更改线条外观

通过在调用 plot() 函数中可选的线条设定,可以更改线条颜色、线型或添加标记。例如:

':': 绘制点线。

'g:': 绘制绿色点线。

'g:*': 绘制带有星号标记的绿色点线。

'*': 绘制不带线条的星号标记。

符号可以按任意顺序显示,不需要同时指定所有三个特征(线条颜色、线型和标记)。例如,绘制一条点线。添加第二个图,该图使用带有圆形标记的红色虚线,如图 1-8 所示。

```
>> x = linspace(0,2 * pi,50);
y = sin(x);
plot(x,y,':')
hold on
y2 = cos(x);
plot(x,y2,'-- ro')
hold off
>> % 通过忽略线条设定中的线型选项,仅绘制数据点,如图1-9所示
x = linspace(0,2 * pi,25);
y = sin(x);
plot(x,y,'o')
```

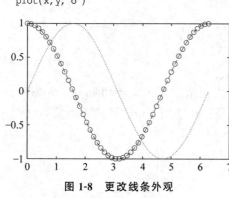

图1-8　更改线条外观

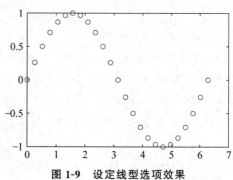

图1-9　设定线型选项效果

4) 更改线条对象的属性

通过更改用来创建绘图的 Line 对象的属性,还可以自定义绘图的外观。

创建一个线图。将创建的 Line 对象赋给变量 ln,显示画面上显示常用属性,例如 Color、LineStyle 和 LineWidth。

```
>> x = linspace(0,2 * pi,25);
y = sin(x);
ln = plot(x,y)
ln =
  Line - 属性:
            Color : [0 0.4470 0.7410]
        LineStyle : '-'
        LineWidth : 0.5000
           Marker : 'none'
       MarkerSize : 6
  MarkerFaceColor : 'none'
            XData : [1×25 double]
            YData : [1×25 double]
            ZData : [1×0 double]
显示 所有属性
```

要访问各个属性,请使用圆点表示法。例如,将线宽更改为 2 磅并将线条颜色设置为 RGB 三元组颜色值,在本例中为[0 0.5 0.5]。添加蓝色圆形标记,如图1-10所示。

```
>> ln.LineWidth = 2;
ln.Color = [0 0.5 0.5];
ln.Marker = 'o';
ln.MarkerEdgeColor = 'b';
```

2. 三维可视化

三维体可视化是指为三维网格上定义的数据集创建图形表示。三维体数据集的特点是它们是由标量或向量数据组成的多维数组。这些数据通常在网格结构上定义,表示在三维空间

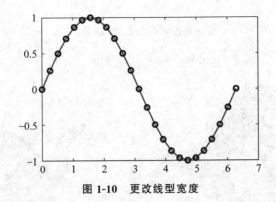

图 1-10　更改线型宽度

采样的值。有以下两种基本类型的三维体数据。

（1）标量三维体数据的每个点包含一个值。

（2）向量三维体数据的每个点包含两个或三个值，它们定义一个向量的分量。

选择哪一种三维体数据可视化方法取决于数据类型以及要了解的内容。一般来说：

（1）标量数据最好用等值面、切片平面和等高线切片进行展示。

（2）向量数据表示每个点的模和方向，最好通过流线图（流粒子、流带和流管）、圆锥图和箭头图显示。然而，大多数可视化绘图都综合使用多种方法，以便最好地展示数据的内容。

创建有效的可视化绘图需要多个步骤来合成最终的场景。这些步骤基本分为以下四种。

（1）确定数据的特性。绘制三维体数据通常需要了解有关坐标和数据值范围的知识。

（2）选择合适的绘图例程。

（3）定义视图。通过仔细合成场景，可以大大地丰富复杂三维图所传达的信息。观察技巧包括调整照相机位置、指定纵横比和投影类型、放大或缩小等。

（4）添加光照并指定着色。光照是增强曲面形状可见性并为三维体图提供三维透视的有效手段。颜色既可以传达不变的数据值，也可以传达变化的数据值。

【例 1-11】　说明如何创建并显示复杂三维对象以及控制其外观。

（1）获取对象的几何图。

本实例使用一个称作 Newel 茶壶的图形对象。茶壶的顶点、面和颜色索引数据由 teapotData() 函数计算得出。由于茶壶是一个复杂的几何形状，函数因而返回大量的顶点（4608 个）和面（3872 个）。

```
>> [verts, faces, cindex] = teapotGeometry;
```

（2）创建茶壶补片对象。

使用几何数据，用 patch 命令绘制茶壶，如图 1-11 所示。使用 patch 命令创建补片对象。

```
>> figure
p = patch('Faces',faces,'Vertices',verts,'FaceVertexCData',cindex,'FaceColor','interp')
p =
  Patch - 属性:
    FaceColor: 'interp'
    FaceAlpha: 1
    EdgeColor: [0 0 0]
    LineStyle: '-'
        Faces: [3872 × 4 double]
  Vertices: [4608 × 3 double]
```

显示 所有属性

```
>>                      % 使用 view 命令更改对象的方向,如图 1-12 所示。
view( - 151,30)         % 改变方向
axis equal off          % 使轴相等且不可见
```

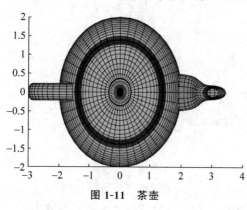

图 1-11 茶壶

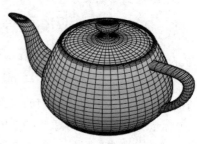

图 1-12 改变方向

(3) 调整透明度。

使用补片对象的 FaceAlpha 属性使对象变得透明。

```
>> p.FaceAlpha = 0.3;         % 使对象半透明,如图 1-13 所示
% 如果 FaceColor 属性设置为"none",则该对象会作为线框图显示
>> p.FaceColor = 'none';      % 关闭颜色,如图 1-14 所示
```

图 1-13 调整透明度

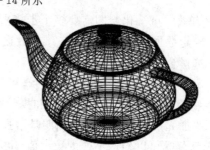

图 1-14 关闭颜色

(4) 更改颜色图。

使用 colormap() 函数更改对象的颜色,如图 1-15 所示。

```
>> p.FaceAlpha = 1;           % 去除透明度
p.FaceColor = 'interp';       % 设置要插值的面颜色
p.LineStyle = 'none';         % 删除线
colormap(copper)              % 更改颜色图
```

(5) 用光源照射对象。

添加一个光源,使对象看起来更加逼真,如图 1-16 所示。

图 1-15 更改颜色图

图 1-16 添加光源照射效果

```
>> l = light('Position',[ - 0.4 0.2 0.9],'Style','infinite')
l =
  Light － 属性:
        Color : [1 1 1]
        Style : 'infinite'
     Position : [ - 0.4000 0.2000 0.9000]
      Visible : on
显示 所有属性
```

第 2 章

数据分析实战

数据分析是指用适当的统计分析方法对收集来的大量数据进行分析,将它们加以汇总、理解并消化,以求最大化地开发数据的功能,发挥数据的作用。数据分析是为了提取有用信息和形成结论而对数据加以详细研究和概括总结的过程。每个数据分析都包含一些标准的活动。

(1) 预处理:考虑离群值以及缺失值,并对数据进行平滑处理以便确定可能的模型。

(2) 汇总:计算基本的统计信息以描述数据的总体位置、规模及形状。

(3) 可视化:绘制数据以便确定模式和趋势。

(4) 建模:更全面地描述数据趋势,以便预测新数据值。

数据分析通过这些活动,以实现以下两个基本目标。

(1) 使用简单模型来描述数据中的模式,以便实现正确预测。

(2) 了解变量之间的关系,以便构建模型。

2.1　数据的预处理

下面通过一个实例来显示如何预处理分析用的数据。

【例 2-1】　使用预分析数据。

通过将数据加载到合适的 MATLAB 容器变量并区分"正确"数据和"错误"数据,开始数据分析。这是初级步骤,可确保在后续的分析过程中得出有意义的结论。

(1) 加载数据。

首先加载 count.dat 中的数据。

```
>> load count.dat
```

这个 24×3 数组 count 包含三个十字路口(列)在一天中的每小时流量统计(行)。

(2) 缺失数据。

MATLAB NaN(非数字)值通常用于表示缺失数据。通过 NaN 值,缺失数据的变量可以维护其结构体。在实例中,即在所有三个十字路口中的索引都是一致的 24×1 向量。

使用 isnan()函数检查第三个十字路口的数据是否存在 NaN 值。

```
c3 = count(:,3);          % 第三个十字路口数据
c3NaNCount = sum(isnan(c3))
c3NaNCount =
    0
```

isnan()返回一个大小与 c3 相同的逻辑向量,并且通过相应条目指明数据中 24 个元素内的每个元素是存在,用"1"表示,如果缺少,用"0"或 NaN 值表示。在本例中,逻辑值总和为 0,因此数据中没有 NaN 值。

离群值部分的数据中引入了 NaN 值。

(3) 离群值。

离群值是与其余数据中的模式明显不同的数据值。离群值可能由计算错误所致,也可能表示数据的重要特点。根据对数据及数据源的了解,确定离群值并决定其处理方法。

确定离群值的一种常用方法是查找与均值 σ 的标准差 μ 大于某个数字的值。下面的代码绘制第三个十字路口的数据直方图以及 μ 和 $\mu + \eta\sigma$($\eta=1,2$)处的直线。

```
>> h = histogram(c3,10);                          % 直方图
N = max(h.Values);                                % 最大直方图数
mu3 = mean(c3);                                   % 数据均值
sigma3 = std(c3);                                 % 数据标准差
hold on
plot([mu3 mu3],[0 N],'r-.','LineWidth',2)         % 绘制均值,如图 2-1 所示
X = repmat(mu3 + (1:2) * sigma3,2,1);
Y = repmat([0;N],1,2);
plot(X,Y,'Color',[255 153 51]./255,'LineWidth',2) % 标准差
legend('数据','均值','标准差')
hold off
```

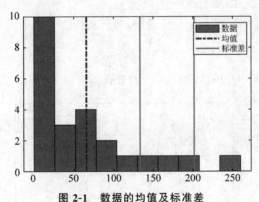

图 2-1 数据的均值及标准差

此绘图表明某些数据比均值大两个标准差以上。如果将这些数据标识为错误(而非特点),请将其替换为 NaN 值,代码如下。

```
outliers = (c3 - mu3) > 2 * sigma3;
c3m = c3;                                         % Copy c3 to c3m
c3m(outliers) = NaN;                              % Add NaN values
```

(4) 平滑和筛选。

第三个十字路口的数据时序图(已在离群值中删除该离群值)生成绘图如图 2-2 所示。

```
>> plot(c3m,'o-')
hold on
```

在绘图中,第 20 个小时的 NaN 值出现间隔。这种对 NaN 值的处理方式是 MATLAB 绘图函数所特有的。

噪声数据围绕预期值显示随机变化。有时可能希望在构建模型之前对数据进行平滑处理,以便显示其主要特点。平滑处理应当以下面两个基本假定为基础。

(1) 预测变量(时间)和响应(流量)之间的关系平稳。

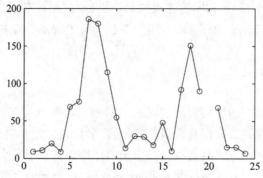

图 2-2　第三个十字路口的数据时序图

（2）由于已减少噪声，因此平滑算法生成比预期值更好的估计值。

使用 MATLAB 的 convn()函数对数据应用简单移动平均平滑法，效果如图 2-3 所示。

```
>> span = 3;                                    % 平均窗口的大小
window = ones(span,1)/span;
smoothed_c3m = convn(c3m,window,'same');
h = plot(smoothed_c3m,'rs - ');
legend('数据','平滑数据')
```

使用变量 span 控制平滑范围。当平滑窗口在数据中包含 NaN 值时，平均值计算返回 NaN 值，从而增大平滑数据中的间隔大小。

此外，还可以对平滑数据使用 filter()函数，效果如图 2-4 所示。

```
>> smoothed2_c3m = filter(window,1,c3m);
delete(h)
plot(smoothed2_c3m,'rs - ','DisplayName','平滑数据');
```

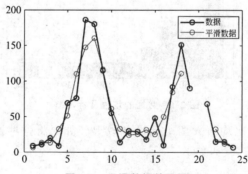

图 2-3　平滑数据效果图

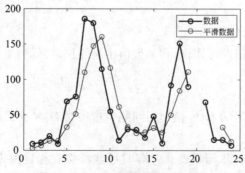

图 2-4　filter()函数实现平滑处理

平滑数据在以上绘图的基础上发生了偏移。带有'same'参数的 convn()返回卷积的中间部分,其长度与数据相同。filter()返回卷积的开头,其长度与数据相同。

平滑处理可估计预测变量的每个值的响应值分布的中心。它使许多拟合算法的基本假定无效,即预测器的每个值的错误彼此独立。相应地,可以使用平滑数据确定模型,但应避免使用平滑数据拟合模型。

2.2 数据汇总

许多 MATLAB 函数都可以用于汇总数据样本的总体位置、规模和形状。使用 MATLAB 的一大优点是:函数处理整个数据数组,而不是仅处理单一标量值。这些函数称为向量化函数。通过向量化可以进行有效的问题公式化(使用基于数组的数据)和有效计算(使用向量化统计函数)。

1. 位置度量

通过定义"典型"值来汇总数据实例的位置。使用函数 mean()、median()和 mode()可计算常见位置度量或"集中趋势"。

```
>> load count.dat
x1 = mean(count)
x1 =
    32.0000 46.5417 65.5833
>> x2 = median(count)
x2 =
    23.5000 36.0000 39.0000
>> x3 = mode(count)
x3 =
    11     9     9
```

与所有统计函数一样,上述 MATLAB 函数汇总多个观测(行)中的数据,并保留变量(列)。这些函数在一次调用中计算三个十字路口中的每个十字路口的数据位置。

2. 规模度量

有多种方法可以度量数据样本的规模或"分散程度"。MATLAB 函数 max()、min()、std()和 var()用于计算某些常见度量。

```
>> dx1 = max(count) - min(count)
dx1 =
    107 136 250
>> dx2 = std(count)
dx2 =
    25.3703 41.4057 68.0281
>> dx3 = var(count)
dx3 =
    1.0e+03 *
    0.6437    1.7144    4.6278
```

与所有统计函数一样,上述 MATLAB 函数汇总多个观测(行)中的数据,并保留变量(列)。这些函数在一次调用中计算三个十字路口中的每个十字路口的数据规模。

3. 分布形状

汇总分布的形状比汇总分布的位置或规模更难。MATLAB 函数 hist()用于绘制直方图,可视化显示汇总数据,如图 2-5 所示。

```
>> figure
hist(count)
legend('十字路口 1', '十字路口 2', '十字路口 3')
```

参数模型提供分布形状的汇总分析,如图 2-6 所示。指数分布和数据均值指定的参数 mu 非常适用于流量数据。

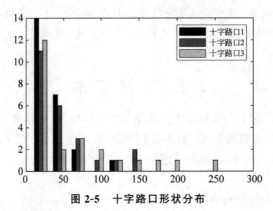

图 2-5 十字路口形状分布

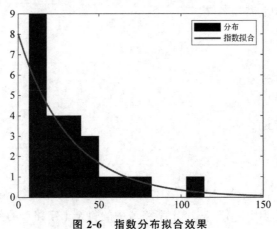

图 2-6 指数分布拟合效果

```
>> c1 = count(:,1);                    % Data at intersection 1
[bin_counts,bin_locations] = hist(c1);
bin_width = bin_locations(2) - bin_locations(1);
hist_area = (bin_width) * (sum(bin_counts));
figure
hist(c1)
hold on
mu1 = mean(c1);
exp_pdf = @(t)(1/mu1) * exp( - t/mu1);   % 集成到 1
t = 0:150;
y = exp_pdf(t);
plot(t,(hist_area) * y,'r','LineWidth',2)
legend('分布','指数拟合')
```

2.3 数 据 建 模

数据建模指的是对现实世界各类数据的抽象组织,确定数据库需管辖的范围、数据的组织形式等直至转换成现实的数据库。对于流量数据的上升和下降趋势,多项式模型和正弦模型是理想选择。

2.3.1 多项式回归

在多项式回归中,最重要的参数是最高次方的次数。设最高次方的次数为 n,且只有一个

特征时,其多项式回归的方程为:

$$\hat{h} = \theta_0 + \theta_1 x^1 + \cdots + \theta_{n-1} x^{n-1} + \theta_n x^n$$

如果令 $x_0 = 1$,在多样本的情况下,可以写成向量化的形式:

$$\hat{h} = \boldsymbol{X} \cdot \boldsymbol{\theta}$$

其中,$\boldsymbol{X}$ 是大小为 $m \cdot (n+1)$ 的矩阵,$\boldsymbol{\theta}$ 是大小为 $(n+1) \cdot 1$ 的矩阵。在这里虽然只有一个特征 x 以及 x 的不同次方,但是也可以将 x 的最高次方当作一个新特征。与多元回归分析唯一不同的是,这些特征之间是高度相关的,而不是通常要求的那样是相互对立的。

在 MATLAB 函数中,使用 polyfit()函数估计多项式模型的系数,然后使用 polyval()函数根据预测变量的任意值评估模型。

【例 2-2】 使用 6 次多项式模型拟合第三个十字路口的流量数据。

```
>> load count.dat
c3 = count(:,3);                      % 第三个十字路口数据
tdata = (1:24)';
p_coeffs = polyfit(tdata,c3,6);
figure
plot(c3,'o-')
hold on
tfit = (1:0.01:24)';
yfit = polyval(p_coeffs,tfit);
plot(tfit,yfit,'r-','LineWidth',2)
legend('数据','多项式拟合','Location','NW')
```

运行程序,效果如图 2-7 所示。

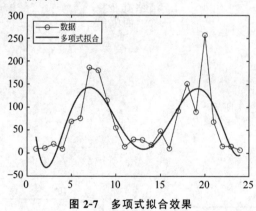

图 2-7 多项式拟合效果

此模型的优点是可以非常简单地跟踪升降趋势。但是,此模型的预测能力可能有欠准确性,特别是在数据两端。

2.3.2 一般线性回归

假定数据是周期为 12 个小时的周期性数据,并且峰值出现在第 7 个小时左右,拟合以下形式的正弦模型是合理的。

$$y = a + b\cos((2\pi/12)(t-7))$$

系数 a 和 b 呈线性关系。使用 MATLAB mldivide(反斜杠)运算符拟合一般线性模型:

```
>> load count.dat
c3 = count(:,3);                      % 第三个十字路口数据
tdata = (1:24)';
```

```
X = [ones(size(tdata)) cos((2 * pi/12) * (tdata - 7))];
s_coeffs = X\c3;
figure
plot(c3,'o - ')
hold on
tfit = (1:0.01:24)';
yfit = [ones(size(tfit)) cos((2 * pi/12) * (tfit - 7))] * s_coeffs;
plot(tfit,yfit,'r - ','LineWidth',2)
legend('数据','一般线性拟合','Location','NW')
```

运行程序,效果如图 2-8 所示。

使用 lscov()函数计算拟合时的统计信息,例如,系数的估计标准误差和均方误差。

```
>> [s_coeffs,stdx,mse] = lscov(X,c3)
s_coeffs =
    65.5833
    73.2819
stdx =
    8.9185
   12.6127
mse =
    1.9090e + 03
```

使用周期图(用 fft()函数计算)检查数据周期是否假定为 12 小时。

```
>> Fs = 1;                        % 采样频率(每小时)
n = length(c3);                   % 窗口长度
Y = fft(c3);                      % DFT 数据
f = (0:n - 1) * (Fs/n);           % 频率范围
P = Y. * conj(Y)/n;               % DFT 的功率
figure
plot(f,P)
xlabel('频率')
ylabel('功率')
```

运行程序,效果如图 2-9 所示。

```
>> predicted_f = 1/12
predicted_f =
    0.0833
```

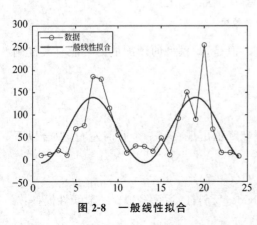

图 2-8　一般线性拟合

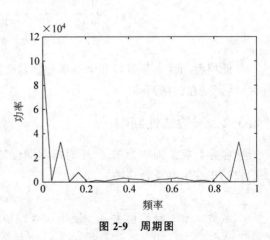

图 2-9　周期图

0.0833 附近的峰值证明此假定是正确的,虽然其出现频率稍微高一点,但可以依此相应调整此模型。

2.4 数 据 插 值

插值是在一组已知数据点的范围内添加新数据点的技术。可以使用插值来填充缺失的数据、对现有数据进行平滑处理以及进行预测等。MATLAB中的插值技术可分为适用于网格上的数据点和散点数据点。

2.4.1 网格和散点数据

插值是在位于一组样本数据点域中的查询位置进行数值估算的方法。可插入一个由位置 X 和对应值 V 定义的样本数据集,以产生一个形式为 $V=F(X)$ 的函数。然后可以使用此函数为查询点 X_q 求值,给出 $V_q=F(X_q)$。这是一个单值函数,对于 X 的定义域中的任何查询 X_q,它将产生唯一的值 V_q。为了产生满意的插值,假定样本数据适用此属性。另一个有趣的特性是插值函数穿过数据点。这是插值与曲线/曲面拟合的一个重要区别。在拟合中,函数不必穿过样本数据点。

值 V_q 的计算通常基于查询点 X_q 的邻点中的数据点。有许多执行插值的方式。在 MATLAB 中,根据样本数据的结构,插值分为两类。在对齐轴的网格中,可对样本数据排序,否则它们可能会分散。在样本点由网格分布的情况下,可以利用数据的组织结构有效求出查询邻点中的样本点。另一方面,散点数据的插值需要数据点的三角剖分,这就产生了附加计算标准。

下面讨论两种插值方式。

(1)插入网格数据:讨论轴对齐网格格式的样本数据的一维插值和 N 维($N \geqslant 2$)插值,如图 2-10 所示。

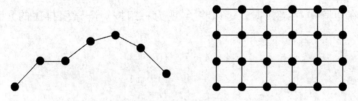

图 2-10 网格数据一维插值和 N 维效果

(2)内插散点数据:讨论散点数据的 N 维($N \geqslant 2$)插值,如图 2-11 所示。

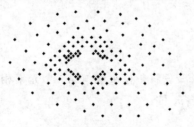

图 2-11 内插值 N 维数据散点图

2.4.2 创建网格数据

网格不只是一个符合特定几何属性的点集,更是一个依赖于网格中的点之间的有序关系的网格数据集。网格结构体中随时可用的相邻信息对于许多应用(尤其是基于网格的插值)非常有用。

MATLAB 提供了以下两个用于创建网格的函数。

1. meshgrid()函数

meshgrid()函数用于创建与笛卡儿轴对齐的二维和三维网格。创建二维网格的语法为:

```
[X,Y] = meshgrid(xgv, ygv)
```

其中,xgv 是长度为 m 的向量,ygv 是长度为 n 的向量。meshgrid()通过复制 xgv 构成 $n\times m$ 矩阵 $\boldsymbol{X}$,并通过复制 ygv 构成另一个 $n\times m$ 矩阵 $\boldsymbol{Y}$。$\boldsymbol{X}$ 和 $\boldsymbol{Y}$ 表示网格点的坐标。$\boldsymbol{X}$ 的行与水平 $\boldsymbol{X}$ 轴对齐,$\boldsymbol{Y}$ 的列与负 $\boldsymbol{Y}$ 轴对齐。

2. ndgrid()函数

ndgrid()函数创建与数组空间对齐的 N 维网格。在数组空间中,坐标区为行、列、页面等。函数的调用格式为:

```
[X₁, X₂, X₃, …,Xₙ] = ndgrid(x1gv, x2gv, x3gv, …,xngv)
```

其中,x1gv,x2gv,x3gv,…,xngv 是在各个维度涵盖网格的向量,$X_1, X_2, X_3, \cdots, X_n$ 是可用于对多变量函数求值和用于多维插值的输出数组。

【例 2-3】 说明如何使用 meshgrid()和 ndgrid()创建二维网格。

在 MATLAB 中,网格数据表示网格中的有序数据。要理解有序数据,可以思考 MATLAB 在矩阵中存储数据的方式。

```
>>% 定义一些数据
>> A = gallery('uniformdata',[3 5],0)
A =
    0.9501    0.4860    0.4565    0.4447    0.9218
    0.2311    0.8913    0.0185    0.6154    0.7382
    0.6068    0.7621    0.8214    0.7919    0.1763
```

MATLAB 在矩阵中存储数据。可以将 $\boldsymbol{A}$ 视为一组按矩阵索引排序的元素位置。$\boldsymbol{A}$ 的线性索引为:

$$\begin{bmatrix} 1 & 4 & 7 & 10 & 13 \\ 2 & 5 & 8 & 11 & 14 \\ 3 & 6 & 9 & 12 & 15 \end{bmatrix}$$

可通过索引来检索矩阵中的任何元素,即请求矩阵中该位置上的元素。通过 $\boldsymbol{A}(i)$ 可检索 $\boldsymbol{A}$ 中的第 i 个元素。

```
>>% 检索 A 中的第 7 个元素。
>> A(8)
ans =    0.0185
```

对于 $m\times n$ 矩阵,可通过将 i 偏移 1 位来求与第 i 个元素相邻的列元素。若要求与第 i 个元素相邻的行元素,需将 i 偏移 m 位:

$$\begin{matrix} & i-1 & \\ i-m & i & i+m \\ & i+1 & \end{matrix}$$

检索与 $\boldsymbol{A}(8)$ 相邻的列元素。

```
>> A(7),A(9)
ans =    0.4565
ans =    0.8214
```

使用 meshgrid()可从两个向量 xgv 和 ygv 创建与二维轴对齐的网格。

```
>> xgv = [1 2 3];
```

```
ygv = [1 2 3 4 5];
[X,Y] = meshgrid(xgv, ygv)
X =
     1     2     3
     1     2     3
     1     2     3
     1     2     3
     1     2     3
Y =
     1     1     1
     2     2     2
     3     3     3
     4     4     4
     5     5     5
```

使用 ndgrid 从相同的两个向量 xgv 和 ygv 创建与二维空间对齐的网格。

```
>> [X1,X2] = ndgrid(xgv,ygv)
X1 =
     1     1     1     1     1
     2     2     2     2     2
     3     3     3     3     3
X2 =
     1     2     3     4     5
     1     2     3     4     5
     1     2     3     4     5
```

请注意,ndgrid()的 X_1 是 meshgrid()的 X 的转置。X_2 和 Y 同样如此。

对于给定的输入集,meshgrid()和 ndgrid()函数将生成具有完全相同坐标的网格。它们的输出之间的唯一差别是坐标数组的格式。绘制两个输出,可以看到它们是相同的。

```
>> figure()
[X1_ndgrid,X2_ndgrid] = ndgrid(1:3,1:5);
Z = zeros(3,5);
mesh(X1_ndgrid,X2_ndgrid,Z,'EdgeColor','black')          % 如图 2 - 12(a)所示
axis equal;
% 设置轴标签和标题
h1 = gca;
h1.XTick = [1 2 3];
h1.YTick = [1 2 3 4 5];
xlabel('ndgrid()输出')
```

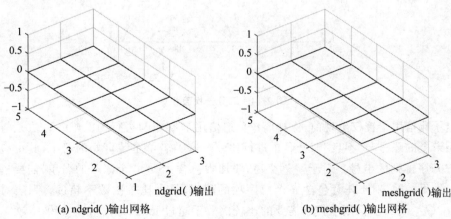

(a) ndgrid( )输出网格   (b) meshgrid( )输出网格

图 2-12 两种输出网格

根据网格的用途,可以选择其中一种格式。MATLAB 中的一些函数可能要求数据采用 meshgrid() 格式,而另一些函数可能要求 ndgrid() 格式。

2.4.3 基于网格的插值

在基于网格的插值中,待插入的数据由有序网格表示。例如,准备在一个矩形平面曲面上以 1cm 间隔垂直方向自顶向下、水平方向从左向右进行温度测量,视为二维网格化数据。基于网格的插值提供了获得网格点之间任意位置的温度的一种有效途径。

1. 使用基于网格插值的概述

基于网格的插值大大节省了计算开销,因为网格化结构允许 MATLAB 非常迅速地定位查询点及其附近的相邻点。为了解其工作原理,下面以如图 2-13 所示的一维网格的点为例。

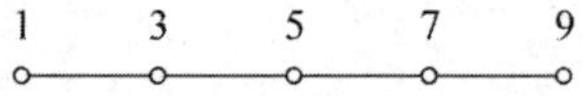

图 2-13 一维网格的点

连接相邻点的直线表示网格的单元。第一个单元出现在 $x=1$ 和 $x=3$ 之间,第二个出现在 $x=3$ 和 $x=5$ 之间,以此类推。每个数表示网格中的一个坐标。如果要查询位于 $x=6$ 处的网格,必须使用插值,因为网格中未显式定义 6。由于此网格具有均匀间距 2,因此可以用一次整除(6/2=3)缩小查询点的位置范围。这就说明该点位于网格的第三个单元中。定位二维网格中的单元涉及在每一维中执行一次此操作。此操作称为快速查找,仅当数据分布在均匀网格中时,MATLAB 才使用这项技术。

这种快速查找高效定位含有查询点 X_q 的单元。二分查找按如下方式进行。

(1)定位网格中心点。

(2)将 X_q 与位于网格中心的点对比。

(3)如果 X_q 小于在中心找到的点,则从搜索中排除所有大于中心点的网格点。同样,如果 X_q 大于在中心找到的点,则排除所有小于中心点的网格点。请注意,通过这样操作,已将搜索的点数减半了。

(4)求出其余网格点的中心,从第(2)步重复执行,直到在查询的任何一侧剩下一个网格点。这两个点标记含有 X_q 的单元的边界。

整个二分查找流程图如图 2-14 所示。

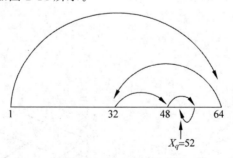

图 2-14 二分查找流程

在电子化信用卡授权出现前,保护商户免遭信用卡欺诈购买行为的唯一方法是将每个客户的信用卡上的账号与"不良"账号名单进行比较。这类名单是装订好的册子,其中包含数以万计的按升序排列的卡号。对于一笔交易,要搜索包含 10 000 个账号的名单,需要进行多少次比较?结果表明,对于任意包含 n 个有序项的列表,最大比较次数不超过将列表对分的次数,即 $\log2(n)$。因此,信用卡搜索需要的比较次数不超过 $\log2(10e3)$,即大约 13 次。考虑到执行顺序搜索时所需的比较次数,这是一个非常了不起的结果。

求查询点邻近的点所需的操作次数要多得多。如果数据可以逼近为一个网格,则基于网格的插值可以节省大量计算和内存用量。

2. 插值与拟合

MATLAB 中提供的插值方法可创建经过样本数据点的插值函数。如果要查询一个样本位置的插值函数,就需要取位于该样本数据点的值。对比插值,曲线和曲面拟合算法则不需要通过样本数据点。

3. 插值方法

基于网格的插值提供多种不同的插值方法。在选择插值方法时,切记有些方法比其他方法需要更多的内存或更长的计算时间。但是,需要权衡这些资源,以实现结果所需要的平滑度。表 2-1 提供了每种方法的优点、取舍和要求。

表 2-1 常用的插值法

方 法	说 明	内存用量和性能
最近邻点	在查询点插入的值是距样本网格点最近的值	• 最低内存要求 • 最快计算时间
后邻点	在查询点插入的值是下一个抽样网格点的值	其内存要求和计算时间与最近邻点法相同
前邻点	在查询点插入的值是上一个抽样网格点的值	其内存要求和计算时间与最近邻点法相同
线性	在查询点插入的值基于各维中邻点网格点处数值的线性插值	• 比最近邻点需要更多内存 • 比最近邻点需要更多计算时间
Pchip	在查询点插入的值基于邻点网格点处数值的保形分段三次插值	• 比线性插值方法需要更多内存 • 比线性插值方法需要更长的计算时间
三次	在查询点插入的值基于各维中邻点网格点处数值的三次插值	• 比线性插值方法需要更多内存 • 比线性插值方法需要更长的计算时间
修正 Akima	在查询点插入的值基于次数最大为 3 的多项式的分段函数,使用各维中相邻网格点的值进行计算。为防过冲,已修正 Akima 公式	• 与样条插值具有相似的内存要求 • 比三次插值需要更长的计算时间,但通常少于样条插值的计算时间
样条曲线	在查询点插入的值基于各维中邻点网格点处数值的三次插值	• 比三次插值需要更多内存 • 比三次插值需要更长的计算时间

2.4.4　interp 系列函数的插值

MATLAB 以多种方式提供与基于网格的插值相关的支持。

(1) interp 系列函数:interp1、interp2、interp3 和 interpn。

(2) griddedInterpolant 类。

interp 系列函数和 griddedInterpolant 支持 N 维基于网格的插值。但是,使用 griddedInterpolant 类比 interp 函数具有内存和性能方面的优势。而且,griddedInterpolant 类提供可配合任意维数的网格化数据使用的统一界面。

1. interp1 函数

函数 interp1 执行一维插值,其最常见的形式为:

```
Vq = interp1(X, V, Xq, method)
```

X 是坐标向量,V 向量包含这些坐标处的值。X_q 向量包含作为插入位置的查询点,可选的 method 方法可指定四种插值方法之一:'nearest'、'linear'、'pchip' 或 'spline'。

【例 2-4】 使用 interp1 函数的'pchip'方法对一组样本值进行插值。

```
>> % 创建一组一维网格点 X 和对应的样本值 V
X = [1 2 3 4 5];
V = [12 16 31 10 6];
% 以 0.1 为间距在更小的区间上插值
Xq = (1:0.1:5);
Vq = interp1(X,V,Xq,'pchip');
% 绘制样本和插入的值,如图 2-15 所示
plot(X,V,'o');
hold on
plot(Xq,Vq,'-');
legend('样本','分段三次插值');
hold off
```

【例 2-5】 使用'extrap'选项在样本点的域之外插值。

```
>> % 定义样本点和值
X = [1 2 3 4 5];
V = [12 16 31 10 6];
% 指定查询点 Xq,这些查询点延伸到 X 的定义域以外
Xq = (0:0.1:6);
Vq = interp1(X,V,Xq,'pchip','extrap');
% 绘制结果,如图 2-16 所示
figure
plot(X,V,'o');
hold on
plot(Xq,Vq,'-');
legend('样本','分段三次插值');
hold off
```

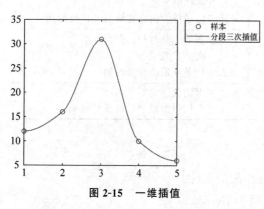

图 2-15   一维插值

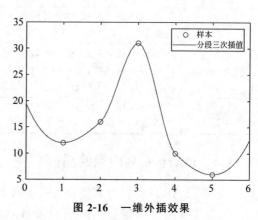

图 2-16   一维外插效果

在另外的方法中,可以引入更多点,从而更好地控制外插区域中的行为。例如,可通过使用重复的值对域进行延伸,从而对曲线进行约束,使其在外插区域保持扁平。

```
>> X = [0 1 2 3 4 5 6];
V = [12 12 16 31 10 6 6];
% 指定进一步延伸到 X 的域之外的查询点 Xq
Xq = (-1:0.1:7);
```

使用'pchip'插值。可以省略'extrap'选项,因为它是'pchip'、'makima'和'spline'方法的默认选项。

```
Vq = interp1(X,V,Xq,'pchip');
% 绘制结果,如图 2-17 所示
```

```
figure
plot(X,V,'o');
hold on
plot(Xq,Vq,'-');
legend('样本','分段三次插值');
hold off
```

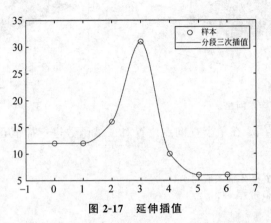

图 2-17　延伸插值

2. interp2 函数

interp2 和 interp3 函数分别执行二维和三维插值,并且它们以 meshgrid 格式对网格进行插值。interp2 的调用语法具有以下一般形式。

```
Vq = interp2(X,Y,V,Xq,Yq,method)
```

X 和 Y 是以 meshgrid 格式定义网格的坐标数组,V 是包含网格点处的值的数组。X_q 和 Y_q 是包含要插值的查询点坐标位置的数组。可以选择使用 method 指定四种插值方法之一:'nearest'、'linear'、'cubic' 或 'spline'。

由 X 和 Y 构成的网格点必须单调递增并且符合 meshgrid 格式。

【例 2-6】 使用 interp2 函数在更精细的网格上对粗采样的 peaks 函数进行插值。

```
>> %创建粗网格和对应的样本值
[X,Y] = meshgrid(-3:1:3);
V = peaks(X,Y);
%绘制样本值,如图 2-18 所示
surf(X,Y,V)
title('样本网格');
>> %生成更精细的网格用于插值
[Xq,Yq] = meshgrid(-3:0.25:3);
%在查询点位置使用 interp2 插值
Vq = interp2(X,Y,V,Xq,Yq,'linear');
%绘制结果,如图 2-19 所示
surf(Xq,Yq,Vq);
title('细化网格');
```

3. interp3 函数

interp3 函数的工作方式与 interp2 相同,不同的是它采用两个额外参数:一个表示样本网格中的第三个维度,另一个表示查询点中的第三个维度。interp3 函数的一般调用格式为:

```
Vq = interp3(X,Y,Z,V,Xq,Yq,Zq,method)
```

与使用 interp2 一样,提供给 interp3 的网格点必须单调递增,并且符合 meshgrid 格式。

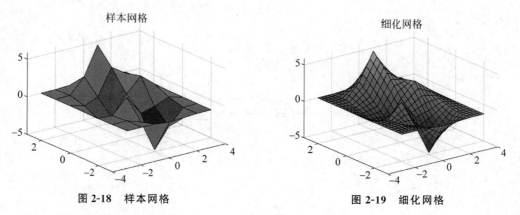

图 2-18　样本网格　　　　　　　　　图 2-19　细化网格

【例 2-7】　使用 interp3 在单个查询点位置对三维函数进行插值,并将其与解析表达式所生成的值进行比较。

```
>> % 定义用于生成 X、Y 和 Z 输入值的函数
generatedvalues = @(X,Y,Z)(X.^2 + Y.^3 + Z.^4);
% 创建样本数据
[X,Y,Z] = meshgrid((-5:.25:5));
V = generatedvalues(X,Y,Z);
% 在特定查询点位置插值
Vq = interp3(X,Y,Z,V,2.35,1.76,0.23,'cubic')
Vq =
    10.9765
>> % 将 Vq 与解析表达式所生成的值进行比较
V_actual = generatedvalues(2.35,1.76,0.23)
V_actual =
        10.9771
```

4. interpn 函数

函数 interpn 在 ndgrid 格式的网格上执行 n 维插值。其最常见的形式为:

```
Vq = interpn(X1,X2,X3,…,Xn,V,Y1,Y2,Y3,…,Yn,method)
```

$X_1, X_2, X_3, \cdots, X_n$ 是以 ndgrid 格式定义网格的坐标数组,V 是包含网格点处的值的数组。$Y_1, Y_2, Y_3, \cdots, Y_n$ 是包含要插值的查询点坐标位置的数组。可以选择使用 method 指定四种插值方法之一:'nearest'、'linear'、'cubic'或'spline'。

由 $X_1, X_2, X_3, \cdots, X_n$ 构成的网格点必须单调递增并且符合 ndgrid 格式。

【例 2-8】　使用 interpn 函数的'cubic'方法,在更精细的网格上对粗采样的函数进行插值。

```
>> % 创建一组一维网格点和对应的样本值
[X1,X2] = ndgrid((-5:1:5));
R = sqrt(X1.^2 + X2.^2) + eps;
V = sin(R)./(R);
% 绘制样本值,如图 2-20 所示
mesh(X1,X2,V)
title('样本网格');
>> % 创建更精细的网格用于插值
[Y1,Y2] = ndgrid((-5:.5:5));
% 在更精细的网格上插值并绘制结果,如图 2-21 所示
Vq = interpn(X1,X2,V,Y1,Y2,'cubic');
mesh(Y1,Y2,Vq)
title('更精细网格');
```

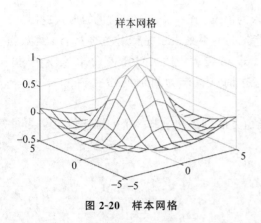

图 2-20　样本网格

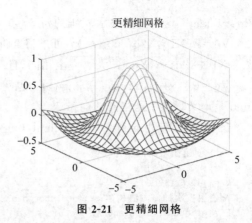

图 2-21　更精细网格

2.4.5　griddedInterpolant 类插值

与 interpn 函数相似,griddedInterpolant 类为 n 个维度中基于网格的插值提供单一接口。但是 griddedInterpolant 具有以下额外优点。

（1）有助于显著提高重复查询插值的性能。

（2）提供了额外的性能改进和节省内存用量,因为它将样本点存储为简洁网格。

griddedInterpolant 接受符合 ndgrid 格式的样本数据。如果希望用 meshgrid 数据创建 griddedInterpolant,需要将数据转换成 ndgrid 格式。

griddedInterpolant 类支持下列插值方法（interpn 也支持这些方法）：nearest、linear、pchip、cubic、makima 和 spline。但是 griddedInterpolant 可以更小的开销提供更好的性能。

1. 构建插值

interpolant 是用于执行插值的函数。通过调用 griddedInterpolant 构造函数和传递样本数据创建插值：网格和对应的样本值。如果希望覆盖默认的"线性"方法,也可以指定插值方法。调用语法格式如下。

F＝griddedInterpolant(x,v)：对于一维插值,可以传递数据集 x 和含有对应值的相同长度的向量 v 。

F＝griddedInterpolant(X_1,X_2,$\cdots$,X_n,V)：对于更高维度,可以提供完整网格。X_1,X_2,$\cdots$,X_n 将网格指定为一组 n 维数组。这些数组符合 ndgrid 格式,大小与样本数组 V 相同。

F＝griddedInterpolant(V)：如果已知相邻样本点之间的距离是均匀的,则可以通过只传递样本点 V 让 griddedInterpolant 创建一个默认网格。

F＝griddedInterpolant({x1g,x2g,$\cdots$,xng},V)：也可以将样本数据的坐标指定为简洁网格。简洁网格由一组向量表示,这些向量被置于花括号内封装成元胞数组,例如{x1g,x2g,$\cdots$,xng}。其中,向量 x1g,x2g,$\cdots$,xng 定义每一维中的网格坐标。

F＝griddedInterpolant({x1g,x2g,x3g},V,'nearest')：也可以用任何调用语法将插值方法指定为最终输入参数。

2. 查询插值

griddedInterpolant、F 的求值方式与调用函数相同。可以将查询点分散或网格化,并按照下面的任何方式将查询点传递给 F 。

Vq＝F(Xq)：可以指定一个 $m \times n$ 矩阵 X_q,其中包含 n 维的 m 个散点。插入的值 V_q 以一个 $m \times 1$ 向量的形式返回。

Vq＝F(x1q,x2q,$\cdots$,xnq)：还可以将查询点指定为一系列长度为 m 的 n 列向量 x1q, x2q,⋯,xnq。这些向量表示 n 维的 m 个点。插入的值 V_q 以一个 $m×1$ 向量的形式返回。

Vq＝F(X1q,X2q,⋯,Xnq)：可以将查询点指定为一系列表示完整网格的 n 个 n 维数组。数组 X1q,X2q,⋯,Xnq 的大小完全相同，且符合 ndgrid 格式。插入的值 V_q 也将大小相同。

Vq＝F({x1gq,x2gq,⋯,xngq})：也可以将查询点指定为简洁网格。x1gq,x2gq,⋯,xngq 是定义每维中网格点的向量。

【例 2-9】 使用 griddedInterpolant 及三次插值方法创建和绘制一个一维插值。

```
>> %创建粗略网格和样本值
X = [1 2 3 4 5];
V = [12 6 15 9 6];
%使用三次插值方法构建 griddedInterpolant
F = griddedInterpolant(X,V,'cubic')
F =
    griddedInterpolant - 属性：
            GridVectors: {[1 2 3 4 5]}
                 Values: [12 6 15 9 6]
                 Method: 'cubic'
    ExtrapolationMethod: 'cubic'
```

GridVectors 属性包含指定样本值 V 的坐标的简洁网格。Method 属性指定插值方法。请注意，在创建 F 时已指定 'cubic'。如果省略 Method 参数，则默认插值方法 linear 将被赋给 F。

可以按照访问 F 中的字段的方式来访问 struct 的任意属性，例如：

```
>> F.GridVectors;              %将网格向量显示为单元格数组
F.Values;                      %显示实例值
F.Method;                      %显示插值方法
>> %以 0.1 为间距在更小的区间上插值
Xq = (1:0.1:5);
Vq = F(Xq);
%绘制结果，如图 2-22 所示
plot(X,V,'o');
hold on
plot(Xq,Vq,'-');
legend('样本','三次插值');
```

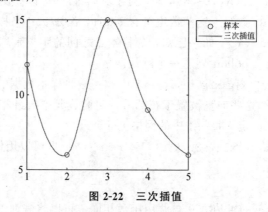

图 2-22 三次插值

【例 2-10】 使用 griddedInterpolant 创建和绘制一个二维插值。

在二维和更高维情况下，可以将样本坐标指定为一个 ndgrid、简洁网格或默认网格。在实例中，将提供一个 ndgrid。

```
>> %创建粗略网格和样本值
```

```
[X,Y] = ndgrid(-1:.3:1, -2:.3:2);
V = 0.75 * Y.^3 - 3 * Y - 2 * X.^2;
%构建 griddedInterpolant
F = griddedInterpolant(X,Y,V,'spline');
%以 0.1 为间距在更小的区间上插值
[Xq,Yq] = ndgrid(-1:.1:1, -2:.1:2);
Vq = F(Xq,Yq);
%绘制结果,如图 2-23 所示
figure()
surf(X,Y,V);
view(65,60)
title('样本数据');
>> figure()
surf(Xq,Yq,Vq); % 如图 2-24 所示
view(65,60)
title('用样条线细化');
```

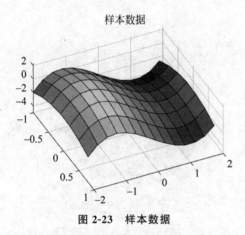

图 2-23 样本数据

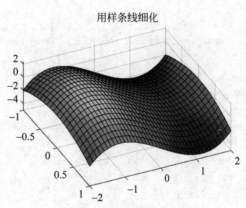

图 2-24 样条线细化效果

2.4.6 内插散点数据

1. 散点数据

散点数据包含点集 X 和对应值 V,其中的点没有结构或其相对位置间的顺序。进行散点数据插值有多种方法。一种广泛使用的方法是使用点的 Delaunay 三角剖分。下面通过实例来演示三角剖分法。

【例 2-11】 通过对点进行三角剖分,并按模 V 将顶点提升至与 X 正交的维度来构建插值曲面。

应用此方法有多种方式。在实例中,插值分为几个单独的步骤;通常情况下,整个插值过程通过一次函数调用完成。

```
>> %在抛物面上创建散点数据集,如图 2-25 所示
X = [-1.5 3.2; 1.8 3.3; -3.7 1.5; -1.5 1.3; ...
     0.8 1.2; 3.3 1.5; -4.0 -1.0; -2.3 -0.7;
     0 -0.5; 2.0 -1.5; 3.7 -0.8; -3.5 -2.9; ...
     -0.9 -3.9; 2.0 -3.5; 3.5 -2.25];
V = X(:,1).^2 + X(:,2).^2;
hold on
plot3(X(:,1),X(:,2),zeros(15,1), '*r')
axis([-4, 4, -4, 4, 0, 25]);
grid
```

```
stem3(X(:,1),X(:,2),V,'^','fill')
hold off
view(322.5, 30);
>> %创建 Delaunay 三角剖分,提升顶点,并在查询点 Xq 位置计算插值,如图 2 - 26 所示
figure('Color', 'white')
t = delaunay(X(:,1),X(:,2));
hold on
trimesh(t,X(:,1),X(:,2), zeros(15,1), ...
    'EdgeColor','r', 'FaceColor','none')
defaultFaceColor = [0.6875 0.8750 0.8984];
trisurf(t,X(:,1),X(:,2), V, 'FaceColor', ...
    defaultFaceColor, 'FaceAlpha',0.9);
plot3(X(:,1),X(:,2),zeros(15,1), ' * r')
axis([ - 4, 4, - 4, 4, 0, 25]);
grid
plot3( - 2.6, - 2.6,0,' * b','LineWidth', 1.6)
plot3([ - 2.6 - 2.6]',[ - 2.6 - 2.6]',[0 13.52]',' - b','LineWidth',1.6)
hold off
view(322.5, 30);
text( - 2.0, - 2.6, 'Xq', 'FontWeight', 'bold', ...
'HorizontalAlignment','center', 'BackgroundColor', 'none');
```

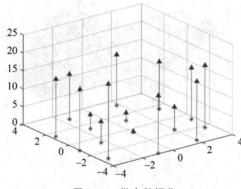

图 2-25　散点数据集

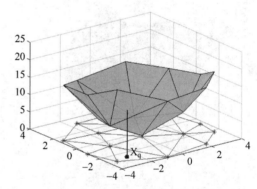

图 2-26　Delaunay 三角剖分效果

此步骤通常涉及遍历三角剖分数据结构体以求包围查询点的三角形。找到该点之后,计算值的后续步骤取决于插值方法。可以计算相邻的最近的点,并使用该点的值(最近邻插值方法);也可以计算包围三角形的三个顶点值的加权和(线性插值方法)。

尽管这里主要说明二维插值,但此方法也可应用于更高的维度。更一般的描述是,给定点集 X 和对应的值 V,可以构造 $V = F(X)$ 形式的插值。可以在查询点 X_q 计算插值,即 $V_q = F(X_q)$。这是一个单值函数;对于 X 的凸包中的任何查询点 X_q,它将产生唯一的值 V_q。为了产生满意的插值,假定样本数据适用此属性。

MATLAB 提供以下两种方式执行基于三角剖分的散点数据插值。

(1) 函数 griddata 和 griddatan。

(2) scatteredInterpolant 类。

griddata 函数支持二维散点数据插值。griddatan 函数支持 N 维散点数据插值;但是对于高于六维的中到大型点集并不实际,因为基本三角剖分需要的内存呈指数增长。

scatteredInterpolant 类支持二维和三维空间中的散点数据插值。鼓励使用该种类,因为它的效率更高,容易适应更广泛的插值问题。

2. 使用 griddata 和 griddatan 插入散点数据

griddata 和 griddatan 函数接受一组样本点 X、对应值 V 和查询点 X_q,然后返回插入的

值 V_q。这两个函数的调用语法类似,主要区别在于二维/三维 griddata 函数可依据 X,Y/ X,Y,Z 坐标来定义点。这两个函数在预定义的网格点位置插入散点数据,意图是产生网格数据,因此得名。在实际中插值的使用更具一般性。也许需要在点的凸包内的任意位置进行查询。

【例 2-12】 说明 griddata 函数如何在一系列网格点进行散点数据插值,并使用此网格数据创建等高线图。

绘制 seamount 数据集(seamount 是指水下山脉,如图 2-27 所示)。该数据集包含一组经度(x)和纬度(y)位置,以及在这些坐标位置测量的对应 seamount 海拔(z)。

```
>> load seamount
plot3(x,y,z,'.','markersize',12)
xlabel('经度')
ylabel('纬度')
zlabel('海拔')
grid on
```

使用 meshgrid 在经度-纬度平面创建一组二维网格点,然后使用 griddata 在这些点插入对应的深度,如图 2-28 所示。

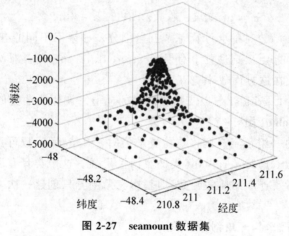

图 2-27 seamount 数据集

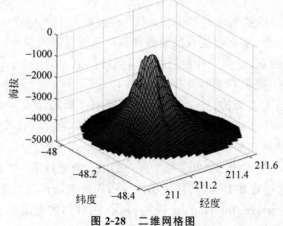

图 2-28 二维网格图

至此,数据已转换为网格化格式,计算并绘制等高线,如图 2-29 所示。

```
>> figure
[c,h] = contour(xi,yi,zi);
```

```
clabel(c,h);
xlabel('经度')
ylabel('纬度')
```

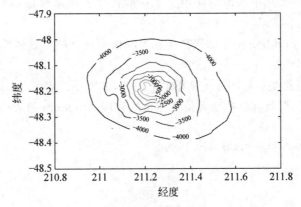

图 2-29 等高线

也可以使用 griddata 在数据集的凸包中任意位置处进行插值。例如,坐标$(211.3,-48.2)$处的深度由以下值给出:

$$zi = griddata(x,y,z,211.3,-48.2);$$

每次调用 griddata 函数时都会计算基本三角剖分。如果用不同的查询点对相同的数据集重复进行插值,这样可能会影响性能。使用 scatteredInterpolant 类插入散点数据中描述的scatteredInterpolant 类在这方面效率更高。

MATLAB 还提供了 griddatan 以支持更高维的插值。调用语法类似于 griddata。

3. scatteredInterpolant 类

在需要通过插值对一组预定义网格点位置求值时,griddata 函数可派上用场。实际上,插值问题往往更普遍,scatteredInterpolant 类的灵活性更强。这个类具有以下优点。

(1) 它引入了可高效查询的插值函数,即基本三角剖分只创建一次,然后在后续查询中重复使用。

(2) 可改变插值方法,与三角剖分无关。

(3) 数据点处的值也可更改,与三角剖分无关。

(4) 数据点可被逐步添加到现有插值中,无须触发整个重算过程。相对于样本点总数而言,如果要编辑的点数较少,那么数据点的删除和移动效率很高。

(5) 对于凸包外部的点,提供了外插功能以求得近似值。

scatteredInterpolant 提供以下插值方法。

(1) 'nearest':最近邻点插值,其中的插值曲面是不连续的。

(2) 'linear':线性插值(默认值),其中的插值曲面是 C0 连续的。

(3) 'natural':自然邻点插值,其中的插值曲面是 C1 连续的,但样本点除外。

scatteredInterpolant 类支持二维和三维空间中的散点数据插值。可以通过调用 scattered-Interpolant,传递插值点位置和对应值,并使用内插和外插方法作为可选参数,来创建插值。

【例 2-13】 使用 scatteredInterpolant 插入 peaks 函数的散点样本。

(1) 创建散点数据集。

```
X = -3 + 6. * gallery('uniformdata',[250 2],0);
V = peaks(X(:,1),X(:,2));
```

（2）创建插值。

```
F = scatteredInterpolant(X,V)
F =
  scatteredInterpolant - 属性:
                    Points: [250×2 double]
                    Values: [250×1 double]
                    Method: 'linear'
      ExtrapolationMethod: 'linear'
```

以上结果中，Points 属性表示数据点的坐标，Values 属性表示关联值，Method 属性表示执行插值的插值方法，ExtrapolationMethod 属性表示当查询点位于凸包外部时使用的外插方法。

按照访问 struct 的字段相同的方式访问 F 的属性。例如，使用 F. Points 检查数据点的坐标。

（3）求出插值。

scatteredInterpolant 可以按下标方式求某点的插值，其求值方式与函数相同。可以按如下方式求出插入的值。在这种情况下，位于查询位置的值由 V_q 给出。可以对单个查询点求值：

```
>> Vq = F([1.5 1.25])
Vq =
    1.3966
>> % 也可以传递单个坐标
Vq = F(1.5, 1.25)
Vq =
    1.3966
>> % 可以在点位置向量处求值
Xq = [0.5 0.25; 0.75 0.35; 1.25 0.85];
Vq = F(Xq)
Vq =
    1.0880
    1.8127
    2.3472
>> % 可以计算网格点位置的 F 并绘制结果,如图 2-30 所示
[Xq,Yq] = meshgrid( -2.5:0.125:2.5);
Vq = F(Xq,Yq);
surf(Xq,Yq,Vq);
xlabel('X','fontweight','b'), ylabel('Y','fontweight','b');
zlabel('Value-V','fontweight','b');
title('线性插值法','fontweight','b');
```

（4）更改插值方法。

可以动态更改插值方法。将方法设置为'nearest'。

```
>> F. Method = 'nearest';
% 按以前方式重新计算并绘制插值,如图 2-31 所示
Vq = F(Xq,Yq);
figure
surf(Xq,Yq,Vq);
xlabel('X','fontweight','b'),ylabel('Y','fontweight','b')
zlabel('Value-V','fontweight','b')
title('最近邻插值','fontweight','b');
```

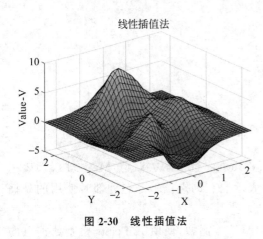

图 2-30　线性插值法

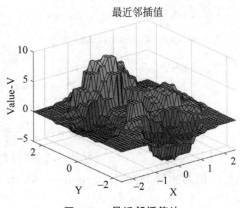

图 2-31　最近邻插值法

（5）向现有插值添加其他点位置和值。

与使用扩充数据集完全重新计算相比，此方法可执行有效的更新。在添加样本数据时，同时添加点位置和对应值很重要。

```
% 沿用该实例,按如下方式创建新样本点
X = - 1.5 + 3. * rand(100,2);
V = X(:,1). * exp( - X(:,1).^2 - X(:,2).^2);
% 给三角剖分添加新点和对应值
F.Points(end + (1:100),:) = X;
F.Values(end + (1:100)) = V;
% 求出改进的插值并绘出结果,如图 2 - 32 所示
Vq = F(Xq,Yq);
figure
surf(Xq,Yq,Vq);
xlabel('X','fontweight','b'), ylabel('Y','fontweight','b');
zlabel('Value - V','fontweight','b');
```

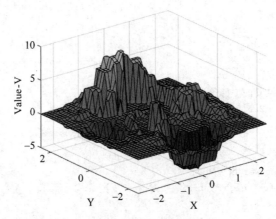

图 2-32　改进的插值效果

（6）从插值中移除数据。

可以从插值逐步移除样本数据点。也可以从插值移除数据点和对应值。这对移除虚假异常值很有用。在移除样本数据时，同时移除点位置和对应值很重要。

```
>> % 移除第 25 个点
F.Points(25,:) = [];
F.Values(25) = [];
% 移除第 5~15 个点
```

```
F.Points(5:15,:) = [];
F.Values(5:15) = [];
%保留150个点,移除其余点
F.Points(150:end,:) = [];
F.Values(150:end) = [];
%在求值和绘图时,将创建一个粗略的曲面图,如图2-33所示
Vq = F(Xq,Yq);
figure
surf(Xq,Yq,Vq);
xlabel('X','fontweight','b'), ylabel('Y','fontweight','b');
zlabel('Value - V','fontweight','b');
title('移除采样点后 v = x * exp( - x.^2 - y.^2)的插值')
```

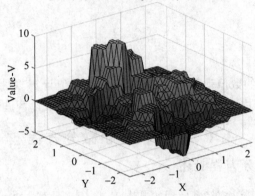

图 2-33　移除采样点后的插值

第 **3** 章

科学计算实战

MATLAB 具有出色的数值计算能力,占据世界上数值计算软件的主导地位。数值计算是数学建模重要的一部分内容,本章将对 MATLAB 中的数值计算进行分析。

3.1 数值积分和微分方程

3.1.1 数值积分和微分方程概述

数值积分是工程师和科学家经常使用的基本工具,用来计算无法解析求解的定积分的近似解。例如,$\Phi(x) = \int_0^x \dfrac{t^3}{e^t - 1} dt$ 不存在 $\Phi(x)$ 的解析解,要求 $\Phi(5)$,就要通过数值积分的方法来计算。数值积分的目的是,通过在有限个采样点上计算 $f(x)$ 的值来逼近 $f(x)$ 在区间 $[a,b]$ 上的定积分。

设 $a = x_0 < x_1 < \cdots < x_M = b$,称形如:

$$Q[f] = \sum_{k=0}^{M} w_k f(x_k) = w_0 f(x_0) + w_1 f(x_1) + \cdots + w_M f(x_M)$$

且具有性质 $\int_a^b f(x)dx = Q[f] + E[f]$ 的公式为数值积分或面积公式。项 $E[f]$ 称为积分的截断误差,值 $\{x_k\}_{k=0}^{M}$ 称为面积节点,$\{w_k\}_{k=0}^{M}$ 称为权。

无论函数表达式是否已知,数值积分函数都可以求积分的近似值。

(1) 当知道如何计算函数时,可以使用 integral 计算具有指定边界的积分。

(2) 要对底层方程未知的一组数据进行积分,可以使用 trapz,它用数据点形成一系列面积易于计算的梯形,以此执行梯形积分。

3.1.2 数值微积分的应用

对于微分,可以使用 gradient 来求数据数组的微分,它用有限差分公式来计算数值导数。

1. 计算弧线长度的积分

【例 3-1】 参数化曲线并使用 integral 计算弧线长度。

将曲线视为带有参数的方程:

$$x(t) = \sin(2t), \quad y(t) = \cos(t), \quad z(t) = t$$

其中，$t \in [0, 3\pi]$。

创建此曲线的三维绘图，如图 3-1 所示。

```
>> t = 0:0.1:3 * pi;
plot3(sin(2 * t),cos(t),t)
```

弧线长度公式表明曲线的长度是参数化方程的导数范数的积分。

$$\int_0^{3\pi} \sqrt{4\cos^2(2t) + \sin^2(t) + 1}\, dt$$

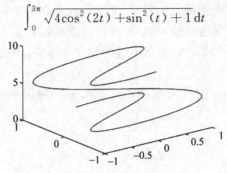

图 3-1 曲线的三维图

将被积函数定义为匿名函数。

```
>> f = @(t) sqrt(4 * cos(2 * t).^2 + sin(t).^2 + 1);
```

通过调用 integral 对此函数进行积分计算。

```
>> len = integral(f,0,3 * pi)
len =
   17.2220
```

由结果可知，此曲线的长度大约为 17.2。

2. 复曲线积分

【例 3-2】 使用 integral 函数的'Waypoints'选项计算复曲线积分。

在 MATLAB 中，可以使用'Waypoints'选项定义直线路径序列，从第一个积分限值到第一个路径点，从第一个路径点到第二个路径点，以此类推，直到从最后一个路径点到第二个积分限值。其实现步骤如下。

（1）将被积函数定义为匿名函数。

对以下方程求积分：

$$\oint_C \frac{e^z}{z}\, dz$$

其中，C 是一条围绕原点的闭围线的简单极点 $\dfrac{e^z}{z}$。将被积函数定义为匿名函数：

```
>> fun = @(z) exp(z)./z;
```

（2）不使用路径点求积分。

可以用参数化计算复值函数的围线积分。一般情况下，指定一条围线，然后将其微分并用于参数化原被积函数。在这种情况下，将围线作为单位圆，但在所有情况下，其结果与所选围线无关。

```
>> g = @(theta) cos(theta) + 1i * sin(theta);
gprime = @(theta) - sin(theta) + 1i * cos(theta);
q1 = integral(@(t) fun(g(t)). * gprime(t),0,2 * pi)
```

这种参数化方法虽然可靠,但难以计算且费时,因为必须先计算导数,然后才能积分。即使是简单函数,也需要写几行代码才能获得正确的结果。由于围绕极点(在本例中为原点)的任何闭围线都有相同的结果,因此可以使用 integral 的'Waypoints'选项构建一个围绕极点的方形或三角形路径。

(3) 对不包含极点的围线求积分。

如果路径点向量积分或元素限值为复数,则 integral 会在复平面中针对直线路径序列求积分。围线周围的自然方向为逆时针,指定顺时针围线类似于乘以−1。以这种方式指定围线使其包含一个单函数奇点。如果指定一条不包含极点的围线,则柯西积分定理可保证闭积分环的值是零。

为此,应对远离原点的方围线周围的 fun 求积分。使用相等的积分限值形成一个闭围线。

```
>> C = [2 + i 2 + 2i 1 + 2i];
q = integral(fun,1 + i,1 + i,'Waypoints',C)
q =
  0.0000e + 00 + 2.2204e − 16i
```

其结果数量级为 eps,实际上为零。

(4) 对内部包含极点的围线求积分。

指定一个完全在原点包含极点的方围线,然后求积分。

```
>> C = [1 + i −1 + i −1 − i 1 − i];
q2 = integral(fun,1,1,'Waypoints',C)
q2 =
  − 0.0000 + 6.2832i
```

这个结果与 q1 的上述计算相符,但使用的代码简单得多。

这个问题的正确答案是 2πi。

```
>> 2 * pi * i
ans =
     0.0000 + 6.2832i
```

3. 积分域内部的奇点

【例 3-3】 拆分积分域以将奇点放在边界上。

实现步骤如下。

(1) 将被积函数定义为匿名函数。

复值积分的被积函数:

$$\int_{-1}^{1} \int_{-1}^{1} \frac{1}{\sqrt{x+y}} \mathrm{d}x \, \mathrm{d}y$$

在 $x=y=0$ 时有一个奇点,并通常是 $y=-x$ 线上的奇异值。

将该被积函数定义为匿名函数。

```
>> fun = @(x,y) ((x + y).^( −1/2));
```

(2) 对方形求积分。

对由−1≤x≤1 和−1≤y≤1 指定的方域中的 fun 求积分。

```
>> format long
q = integral2(fun, − 1,1, − 1,1)
```

警告:非有限结果。积分未成功。可能具有奇异性。

```
q =

            NaN +                 NaNi
```

如果积分区内部有奇异值,则积分不能收敛并返回一个警告。

（3）将积分域拆分为两个三角形。

可以通过将积分域拆分为互补区并将这些较小的积分加在一起来重新定义积分。可将奇点放在域边界上来避免积分错误和警告。在实例中,可将方积分区域沿着奇异线 $y=-x$ 拆分成两个三角形并将结果相加。

```
>> q1 = integral2(fun, - 1,1, - 1,@(x) - x);
q2 = integral2(fun, - 1,1,@(x) - x,1);       % 求二重积分
q = q1 + q2
q =
     3.771236166328258 - 3.771236166328256i
```

奇异值在边界上时可继续求积分。这个积分的精确值是:

$$\frac{8\sqrt{2}}{3}(1-i)$$

```
>> 8/3 * sqrt(2) * (1 - i)
ans =
     3.771236166328253 - 3.771236166328253i
```

4. 多项式积分的解析解

【例 3-4】　使用 polyint 函数对多项式求解析积分。使用此函数来计算多项式的不定积分。

（1）定义问题。

考虑实数不定积分:

$$\int(4x^5 - 2x^3 + x + 4)\mathrm{d}x$$

被积函数是多项式,解析解是:

$$\frac{2}{3}x^6 - \frac{1}{2}x^4 + \frac{1}{2}x^2 + 4x + k$$

其中,k 是积分常量。由于没有指定积分限值,integral 函数族不太适合求解这个问题。

（2）用向量表示多项式。

创建一个向量,其元素代表各 x 降幂的系数。

```
>> p = [4 0 - 2 0 1 4];
```

（3）对多项式求解析积分。

使用 polyint 函数求多项式的解析积分。指定第二输入参数的积分常量。

```
>> k = 2;
I = polyint(p,k)
I =
  0.666666666666667   0   - 0.500000000000000   0   0.500000000000000   4.000000000000000
2.000000000000000
```

输出是一个 x 降幂系数向量。这一结果与上述解析解相匹配,但有积分常量 $k=2$。

5. 数值积分

【例 3-5】　对一组离散速度数据进行数值积分以逼近行驶距离。

integral（integral2、integral3 等）族仅接受函数句柄输入,所以这些函数不能用于离散数

据集。当函数表达式不能用于积分时,使用 trapz 或 cumtrapz。

(1) 查看速度数据。

考虑以下速度数据和相应的时间数据。

```
>> vel = [0 .45 1.79 4.02 7.15 11.18 16.09 21.90 29.05 29.05 29.05 29.05 ...
   29.05 22.42 17.9 17.9 17.9 17.9 14.34 11.01 8.9 6.54 2.03 0.55 0];
time = 0:24;
```

这些数据代表汽车的速度(m/s),间隔为 1s,时间超过 24s。绘制速度数据点并将各点用直线连接,如图 3-2 所示。

```
>> figure
plot(time,vel,'- * ')
grid on
title('汽车速度')
xlabel('时间(s)')
ylabel('速度(m/s)')
```

斜率在加速时为正,恒速时为零,减速时为负。在 $t=0$ 的时间点,车辆处于静止,速度为 vel(1)=0m/s。然后车辆以 vel(9)=29.05m/s 的速度加速,并在 $t=8$s 内达到最大速度,并保持这种速度 4s。然后车辆在 3s 之内减速到 vel(14)=17.9m/s 并最终静止。由于这个速度曲线有多处不连续,因此不能用单一连续函数来描述。

(2) 计算总行驶距离。

trapz 使用数据点进行离散积分以创建梯形,所以它非常适合处理不连续的数据集。这种方法假设在数据点之间为线性行为,当数据点之间的行为是非线性时,精度可能会降低。为了说明这一点,可将数据点作为顶点在图表上画出梯形,如图 3-3 所示。

```
>> xverts = [time(1:end-1); time(1:end-1); time(2:end); time(2:end)];
yverts = [zeros(1,24); vel(1:end-1); vel(2:end); zeros(1,24)];
p = patch(xverts,yverts,'g','LineWidth',2);
```

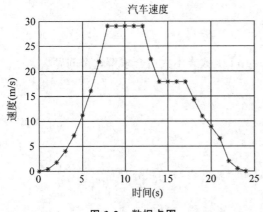

图 3-2　数据点图

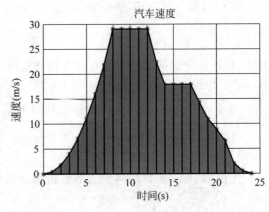

图 3-3　梯形图

trapz 可通过将区域分解成梯形来计算离散数据集下的面积。然后,函数将每个梯形面积累加来计算总面积。

通过使用 trapz 求速度数据积分来计算汽车的总行驶距离(对应的着色区域)。默认情况下,如果使用语法 trapz(Y),则假定点之间的间距为 1。还可以使用语法 trapz(X,Y)指定不同的均匀或非均匀间距 X。在这种情况下,time 向量中读数之间的间距是 1,因此可以使用默认间距。

```
>> distance = trapz(vel)
distance =
    3.452200000000000e+02
```

汽车在 $t=24s$ 内行驶的距离约为 $345.22m$。

（3）绘制累积行驶距离。

cumtrapz 函数与 trapz 密切相关。trapz 仅返回最终的积分值，而 cumtrapz 还在向量中返回中间值。

```
% 计算累积行驶距离并绘制结果
>> cdistance = cumtrapz(vel);
T = table(time',cdistance','VariableNames',{'Time','CumulativeDistance'})
T =
    25×2 table

    Time    CumulativeDistance
    ____    _____

     0              0
     1            0.225
     2            1.345
     3             4.25
     ......
    22           343.655
    23           344.945
    24            345.22
>> plot(cdistance)          % 如图3-4所示
title('每秒累计行驶距离')
xlabel('时间(s)')
ylabel('距离(m)')
```

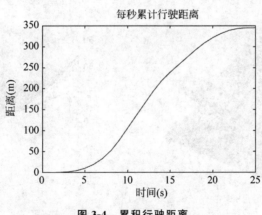

图3-4 累积行驶距离

6. 计算表面的切平面

【例3-6】 按有限差分逼近函数梯度，并通过使用这些逼近的梯度，绘制平面上某个点的切平面。

使用函数句柄创建函数 $f(x,y)=x^2+y^2$。

```
>> f = @(x,y) x.^2 + y.^2;
```

使用 gradient 函数，相对 x 和 y 逼近 $f(x,y)$ 的偏导数。选择与网格大小相同的有限差分长度。

```
>> [xx,yy] = meshgrid( -5:0.25:5);
[fx,fy] = gradient(f(xx,yy),0.25);
```

曲面上的点 $P=(x_0,y_0,f(x_0,y_0))$ 的切平面表示为：

$$z=f(x_0,y_0)+\frac{\partial f(x_0,y_0)}{\partial x}(x-x_0)+\frac{\partial f(x_0,y_0)}{\partial y}(y-y_0)$$

f_x 和 f_y 矩阵是偏导数 $\frac{\partial f}{\partial x}$ 和 $\frac{\partial f}{\partial y}$ 的近似值。实例中的相关点（即切平面与函数平面的接合点）为 $(x_0,y_0)=(1,2)$。此相关点位置的函数值为 $f(1,2)=5$。为逼近切平面 z，需要求取相关点的导数值。获取该点的索引，并求取该位置的近似导数。

```
>> x0 = 1;
y0 = 2;
t = (xx == x0) & (yy == y0);
indt = find(t);
fx0 = fx(indt);
fy0 = fy(indt);
```

使用切平面 z 的方程创建函数句柄。

```
>> z = @(x,y) f(x0,y0) + fx0 * (x - x0) + fy0 * (y - y0);
```

绘制原始函数 $f(x,y)$、点 P，以及在 P 位置与函数相切的平面 z 的片段，如图 3-5 所示。

```
>> surf(xx,yy,f(xx,yy),'EdgeAlpha',0.7,'FaceAlpha',0.9)
hold on
surf(xx,yy,z(xx,yy))
plot3(1,2,f(1,2),'r * ')
>> % 查看侧剖图,如图 3 - 6 所示
view( -135,9)
```

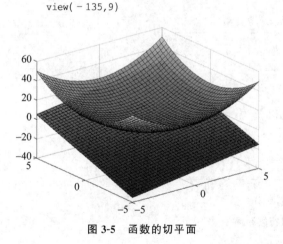

图 3-5　函数的切平面

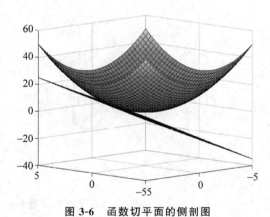

图 3-6　函数切平面的侧剖图

3.2　常微分方程

在高数中常讨论的常微分方程（ODE）求解方法都是一些求典型方程的解析方法。然而，在实际工程中遇到的微分方程往往比较复杂，在很多情况下，都不能给出解析表达式；有些虽然能给出解析表达式，但因计算量太大而不实用。以上说明用求解析解的基本方法来计算微分方程的解往往是不适宜的，甚至很难办到。所以，研究微分方程的数值法就显得十分必要了。

下面考虑微分方程的初值问题的数值解法。用一阶显示的微分方程组来描述为：

$$\dot{\boldsymbol{y}}(t) = y(t, y(t))$$

其中，$\dot{\boldsymbol{y}}(t)$ 为 n 维列向量，称为状态向量；$\boldsymbol{y}(t)$ 为 n 维行向量，可以是任意非线性函数。初值问题可做如下理解，已知初始状态 $\boldsymbol{y}_0 = [y_1(0), y_2(0), \cdots, y_n(0)]^T$，用数值方法求出某个时间区间 $t \in [0, t_n]$ 内在步长间隔上的各个时刻状态变量 $y(t)$ 的数值解。

MATLAB 中的常微分方程求解器可对具有各种属性的初始值问题进行求解。求解器可以处理刚性或非刚性问题、具有质量矩阵的问题、微分代数方程（DAE）或完全隐式问题。

3.2.1 ODE 求解器

1. 常微分方程

常微分方程包含与一个自变量 t（通常称为时间）相关的因变量 y 的一个或多个导数。此处用于表示 y 相对于 t 的导数的表示法，对于一阶导数为 y'，对于二阶导数为 y''，以此类推。ODE 的阶数等于 y 在方程中出现的最高阶导数。

例如，这是一个二阶 ODE：

$$y'' = 9y$$

在初始值问题中，从初始状态开始解算 ODE。利用初始条件 y_0 以及要在其中求得答案的时间段 (t_0, t_f) 以迭代方式获取解。在每一步，求解器都对之前各步的结果应用一个特定算法。在第一个这样的时间步，初始条件将提供继续积分所需的必要信息。最终结果是，ODE 求解器返回一个时间步向量 $\boldsymbol{t} = [t_0, t_1, t_2, \cdots, t_f]$ 以及在每一步对应的解 $\boldsymbol{y} = [y_0, y_1, y_2, \cdots, y_f]$。

MATLAB 中的 ODE 求解器可以解算以下类型的一阶 ODE。

（1）$y' = f(t, y)$ 形式的显式 ODE。

（2）$\boldsymbol{M}(t, y) y' = f(t, y)$ 形式的线性隐式 ODE。其中，$\boldsymbol{M}(t, y)$ 为非奇异质量矩阵。该质量矩阵可能为时间或状态相关的矩阵，也可能为常量矩阵。线性隐式 ODE 涉及在质量矩阵中编码的一阶 y 导数的线性组合。

（3）线性隐式 ODE 可随时变换为显式形式 $y' = \boldsymbol{M}^{-1}(t, y) f(t, y)$。不过，将质量矩阵直接指定给 ODE 求解器可避免这种既不方便还可能带来大量计算开销的变换操作。

（4）如果 y' 的某些分量缺失，则这些方程称为微分代数方程（DAE），并且 DAE 方程组会包含一些代数变量。代数变量是导数未出现在方程中的因变量。可通过对方程求导来将 DAE 方程组重写为等效的一阶 ODE 方程组，以消除代数变量。将 DAE 重写为 ODE 所需的求导次数称为微分指数。ode15s 和 ode23t 求解器可解算微分指数为 1 的 DAE。

（5）$f(t, y, y') = 0$ 形式的完全隐式 ODE。完全隐式 ODE 不能重写为显式形式，还可能包含一些代数变量。ode15i 求解器专为完全隐式问题（包括微分指数为 1 的 DAE）而设计。

（6）可通过使用 odeset 函数创建 options 结构体，来针对某些类型的问题为求解器提供附加信息。

1）ODE 方程

可以指定需要解算的任意数量的 ODE 耦合方程，原则上，方程的数量仅受计算机可用内存的限制。如果方程组包含 n 个方程：

$$\begin{bmatrix} y'_1 \\ y'_2 \\ \vdots \\ y'_n \end{bmatrix} = \begin{bmatrix} f_1(t, y_1, y_2, \cdots, y_n) \\ f_2(t, y_1, y_2, \cdots, y_n) \\ \vdots \\ f_n(t, y_1, y_2, \cdots, y_n) \end{bmatrix}$$

则用于编写该方程组代码的函数将返回一个向量,其中包含 n 个元素,对应于 $y'_1, y'_2, \cdots, y'_n$ 值。例如,考虑以下包含两个方程的方程组:

$$\begin{cases} y'_1 = y_2 \\ y'_2 = y_1 y_2 - 2 \end{cases}$$

用于编写该方程组代码的函数为:

```
function dy = M_ODE(t,y)
dy(1) = y(2);
dy(2) = y(1) * y(2) - 2;
```

2)高阶 ODE

MATLAB ODE 求解器仅可解算一阶方程,因此必须使用常规代换法,将高阶 ODE 重写为等效的一阶方程组:

$$y_1 = y$$
$$y_2 = y'$$
$$y_3 = y''$$
$$\vdots$$
$$y_n = y^{(n-1)}$$

这些代换将生成一个包含 n 个一阶方程的方程组:

$$\begin{cases} y'_1 = y_2 \\ y'_2 = y_3 \\ \vdots \\ y'_n = f(t, y_1, y_2, \cdots, y_n) \end{cases}$$

例如,考虑三阶 ODE:

$$y''' - y'' y + 1 = 0$$

使用代换法:

$$y_1 = y$$
$$y_2 = y'$$
$$y_3 = y''$$

生成等效的一阶方程组:

$$\begin{cases} y'_1 = y_2 \\ y'_2 = y_3 \\ y'_3 = y_1 y_3 - 1 \end{cases}$$

此方程组的代码则为:

```
function dydt = f(t,y)
dydt(1) = y(2);
dydt(2) = y(3);
dydt(3) = y(1) * y(3) - 1;
```

3)复数 ODE

考虑复数 ODE 方程:

$$y' = f(t, y)$$

其中,$y = y_1 + i y_2$。为解算该方程,需要将实部和虚部分解为不同的解分量,最后重新组合相

应的结果。从概念上讲,这类似于:

$$y_v = \begin{bmatrix} \text{Real}(y) & \text{Imag}(y) \end{bmatrix}$$

$$f_v = \begin{bmatrix} \text{Real}(f(t,y)) & \text{Imag}(f(t,y)) \end{bmatrix}$$

例如,如果 ODE 为 $y' = y_t + 2i$,则可以使用函数文件来表示该方程。

```
function f = complex f(t,y)
%定义接受和返回复数的函数
f = y.*t + 2*i;
```

然后,分解实部和虚部的代码为:

```
function fv = imaginaryODE(t,yv)
%从实部和虚部构造 y
y = yv(1) + i*yv(2);
%评估函数
yp = complex f(t,y);
%返回实部和虚部
fv = [real(yp); imag(yp)];
```

在运行求解器以获取解时,初始条件 y_0 也会分解为实部和虚部,以提供每个解分量的初始条件。

```
>> y0 = 1 + i;
yv0 = [real(y0); imag(y0)];
tspan = [0 2];
[t,yv] = ode45(@imaginaryODE, tspan, yv0);
```

获得解后,将实部和虚部分量组合到一起可获得最终结果。

```
y = yv(:,1) + i*yv(:,2);
```

2. 捕食者-猎物方程

本节内容说明如何使用 ode23 和 ode45 求解表示捕食者/猎物模型的微分方程。这两个函数用于对使用可变步长大小 Runge-Kutta 积分方法的常微分方程求数值解。ode23 使用一对简单的 2 阶和 3 阶公式实现中等精度,ode45 使用一对 4 阶和 5 阶公式实现更高的精度。

1) Runge-Kutta 积分法

对于一阶微分方程的初值问题,在求解未知函数 y 时,y 在 t_0 点的值 $y(t_0) = y_0$ 是已知的,并且根据高等数学中的中值定理,应有:

$$\begin{cases} y(t_0 + h) = y_1 \approx y_0 + hf(t_0, y_0) \\ y(t_0 + 2h) = y_2 \approx y_1 + hf(t_1, y_1) \end{cases}, \quad h > 0$$

一般地,在任意点 $t_i = t_0 + hi$,有

$$y(t_0 + ih) = y_i \approx y_{i-1} + hf(t_{i-1}, y_{i-1}), \quad i = 1, 2, \cdots, n$$

当 (t_0, y_0) 确定后,根据上述递推式能计算出未知函数 y 在点 $t_i = t_0 + hi$ 的一列数值解:

$$y_i = y_0, y_1, y_2, \cdots, y_n$$

当然,递推过程中有一个误差累计的问题。在实际计算过程中,使用的递推公式一般进行过改造,著名的 Runge-Kutta 公式为:

$$y(t_0 + ih) = y_i \approx y_{i-1} + \frac{h}{6}(k_1 + 2k_2 + 3k_3 + 4k_4)$$

其中,

$$\begin{cases} k_1 = f(t_{i-1}, y_{i-1}) \\ k_2 = f\left(t_{i-1} + \dfrac{h}{2}, y_{i-1} + \dfrac{h}{2}k_1\right) \\ k_3 = f\left(t_{i-1} + \dfrac{h}{2}, y_{i-1} + \dfrac{h}{2}k_2\right) \\ k_4 = f\left(t_{i-1} + \dfrac{h}{2}, y_{i-1} + \dfrac{h}{2}k_3\right) \end{cases}$$

2）求解非刚性 ODE

MATLAB 拥有三个非刚性 ODE 求解器，分别为 ode45、ode23、ode113 函数。对于大多数非刚性问题，ode45 的性能最佳。但对于允许较宽松的误差容限或刚度适中的问题，建议使用 ode23。同样，对于具有严格误差容限的问题，ode113 可能比 ode45 更加高效。

如果非刚性求解器需要很长时间才能解算问题或总是无法完成积分，则该问题可能是刚性问题。

【例 3-7】 以名为 Lotka-Volterra 方程，也即捕食者-猎物模型的一对一阶常微分方程为例：

$$\frac{\mathrm{d}x}{\mathrm{d}t} = x - \alpha xy$$

$$\frac{\mathrm{d}y}{\mathrm{d}t} = -y + \beta xy$$

变量 x 和 y 分别计算猎物和捕食者的数量。二次交叉项表示物种之间的交叉。当没有捕食者时，猎物数量将增加，当猎物匮乏时，捕食者数量将减少。

（1）编写方程代码。

为了模拟系统，需要创建一个函数，以返回给定状态和时间值时的状态导数的列向量。在 MATLAB 中，两个变量 x 和 y 可以表示为向量 $\mathbf{y}$ 中的前两个值。同样，导数是向量 $\mathbf{y}_p$ 中的前两个值。函数必须接受 t 和 y 的值，并在 $\mathbf{y}_p$ 中返回公式生成的值。

```
yp(1) = (1 - alpha * y(2)) * y(1)
yp(2) = (-1 + beta * y(1)) * y(2)
```

在实例中，公式包含在名为 lotka.m 的文件中。文件使用 $\alpha = 0.01$ 和 $\beta = 0.02$ 的参数值：

```
>> type lotka
function yp = lotka(t,y)
% LOTKA Lotka - Volterra 捕食者 - 猎物模型。
yp = diag([1-.01 * y(2), -1+.02 * y(1)]) * y;
```

（2）模拟系统。

使用 ode23 在区间 $0 < t < 15$ 中求解 lotka 中定义的微分方程。使用初始条件 $x(0) = y(0) = 20$，使捕食者和猎物的数量相等。

```
>> t0 = 0;
tfinal = 15;
y0 = [20; 20];
[t,y] = ode23(@lotka,[t0 tfinal],y0);
```

（3）绘制结果。

绘制两个种群数量对时间图，如图 3-7 所示。

```
>> plot(t,y)
title('捕食者/猎物种群随时间的变化')
```

```
xlabel('时间')
ylabel('种群')
legend('猎物','捕食者','Location','North')
```

下面绘制两个种群数量的相对关系图（相平面图），如图3-8所示。生成的相平面图非常清晰地表明了二者数量之间的循环关系。

```
>> plot(y(:,1),y(:,2))
title('相平面图')
xlabel('猎物种群')
ylabel('捕食者种群')
```

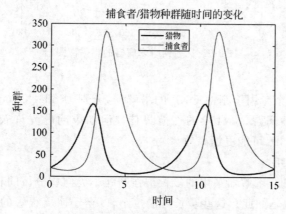

图 3-7　两个种群数量对时间图

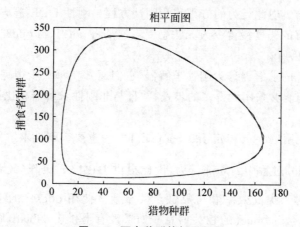

图 3-8　两个种群的相平面图

（4）比较不同求解器的结果。

使用ode4再次求解该方程组，ode45求解器的每一步都需要更长的时间，但它的步长也更大。然而，ode45的输出是平滑的，因为在默认情况下，此求解器使用连续展开公式在每个步长范围内的四个等间距时间点生成输出（可以使用'Refine'选项调整时间点数）。绘制两个解进行比较，如图3-9所示。

```
>> [T,Y] = ode45(@lotka,[t0 tfinal],y0);
plot(y(:,1),y(:,2),'-.',Y(:,1),Y(:,2),'-');
title('相平面图')
legend('ode23','ode45')
```

由图3-9可看出，使用不同的数值方法求解微分方程会产生略微不同的答案。

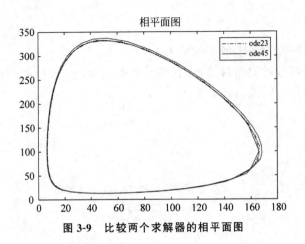

图 3-9　比较两个求解器的相平面图

3. 解算刚性 ODE

MATLAB 拥有四个专用于刚性 ODE 的求解器，分别为 ode15s、ode23s、ode23t、ode23tb 函数。对于大多数刚性问题，ode15s 的性能最佳。但如果问题允许较宽松的误差容限，则 ode23s、ode23t 和 ode23tb 可能更加高效。

1）什么是刚性 ODE

对于一些 ODE 问题，求解器采用的步长被强制缩小为与积分区间相比过小的级别，甚至在解曲线平滑的区域也是如此。这些步长可能过小，以至于遍历很短的时间区间都可能需要数百万次计算。这可能导致求解器积分失败，即使积分成功也需要花费很长时间。

导致 ODE 求解器出现此行为的方程称为刚性方程。刚性 ODE 造成的问题是，显式求解器（例如 ode45）获取解的速度慢得令人无法忍受。这是将 ode45 与 ode23 和 ode113 一同归类为非刚性求解器的原因所在。

专用于刚性 ODE 的求解器称为刚性求解器，它们通常在每一步中完成更多的计算工作。这样做的好处是，它们能够采用大得多的步长，并且与非刚性求解器相比提高了数值稳定性。

2）求解器选项

对于刚性问题，使用 odeset 指定 Jacobian 矩阵尤为重要。刚性求解器使用 Jacobian 矩阵 $\frac{\partial f_i}{\partial y_i}$ 来预测 ODE 在积分过程中的局部行为，因此提供 Jacobian 矩阵（或者对于大型稀疏方程组提供其稀疏模式）对于提高效率和可靠性至关重要。使用 odeset 的 Jacobian、JPattern 或 Vectorized 选项来指定 Jacobian 的相关信息。如果没有提供 Jacobian，则求解器将使用有限差分对其进行数值预测。

【例 3-8】　van der Pol 方程为二阶 ODE：

$$y'' - \mu(1 - y_1^2)y_1' + y_1 = 0$$

其中，$\mu > 0$ 为标量参数。当 $\mu = 1$ 时，生成的 ODE 方程组为非刚性方程组，可以使用 ode45 轻松求解。但如果将 μ 增大至 1000，则解会发生显著变化，并会在明显更长的时间段中显示振荡。求初始值问题的近似解变得更加复杂。由于此特定问题是刚性问题，因此专用于非刚性问题的求解器（如 ode45）的效率非常低下且不切实际。针对此问题应改用 ode15s 等刚性求解器。

通过执行代换 $y_1' = y_2$，将该 van der Pol 方程重写为一阶 ODE 方程组，为：

$$y_1' = y_2$$
$$y_2' = \mu(1 - y_1^2)y_2 - y_1$$

vdp1000 函数使用 $\mu = 1000$ 计算 van der Pol 方程。

```
function dydt = vdp1000(t,y)
% vdp1000 计算 mu = 1000 的 van der Pol ODE
dydt = [y(2); 1000 * (1 - y(1)^2) * y(2) - y(1)];
```

使用 ode15s 函数和初始条件向量 $[2;0]$,在时间区间 $[0\ 3000]$ 上解算此问题。由于是标量,因此仅绘制解的第一个分量,如图 3-10 所示。

```
[t,y] = ode15s(@vdp1000,[0 3000],[2; 0]);
plot(t,y(:,1),'-o');
title('van der Pol 方程的解, \mu = 1000');
xlabel('时间 t');
ylabel('解 y_1');
```

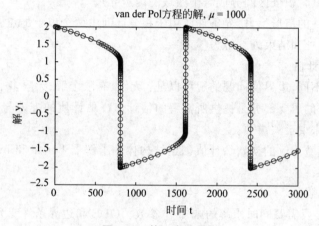

图 3-10 第一个分量解

vdpode 函数也可以求解同一问题,但它接受的是用户指定的 μ 值。随着 μ 的增大,该方程组的刚性逐渐增强。

3.2.2 边界值问题

边界值问题(BVP)是受限于边界条件的常微分方程。与初始值问题不同,BVP 可以有一个有限解、无解或有无限多个解。解的初始估计值是求解 BVP 必不可少的一部分,估计值的质量对于求解器性能乃至计算成功与否都至关重要。bvp4c 和 bvp5c 求解器适用于具有两点边界条件、多点条件、奇异值或未知参数的边界值问题。

在边界值问题(BVP)中,目标是求常微分方程(ODE)的解,该解还需满足某些指定的边界条件。边界条件指定积分区间中两个或多个位置处的解的值之间的关系。在最简单的情形中,边界条件适用于区间的开始和结束(即边界)。

MATLAB BVP 求解器 bvp4c 和 bvp5c 用于处理以下形式的 ODE 方程组:

$$y' = f(x,y)$$

其中,x 是自变量,y 是因变量,y' 表示 y 关于 x 的导数,也写为 $\dfrac{\mathrm{d}y}{\mathrm{d}x}$。

1. 边界条件

在两点 BVP 的最简单情形中,ODE 的解在区间 $[a,b]$ 中求得,并且必须满足边界条件:

$$g(y(a),y(b)) = 0$$

要指定给定 BVP 的边界条件,必须编写 res＝bcfun(ya,yb) 形式的函数,如果涉及未知参数,则使用 res＝bcfun(ya,yb,p)形式。将此函数作为第二个输入参数提供给求解器。该函数返回 res,这是在边界点处的解的残差值。例如,如果 $y(a)=1$ 且 $y(b)=0$,则边界条件函数为:

```
function res = bcfun(ya,yb)
res = [ya(1)-1
    yb(1)];
end
```

在解的初始估计值中,网格中的第一个和最后一个点指定强制执行边界条件的点。对于上述边界条件,可以指定 bvpinit(linspace(a,b,5),yinit)来对 a 和 b 强制执行边界条件。

MATLAB 中的 BVP 求解器还适用于包含下列各项的其他类型问题:未知参数 p、解具有奇异性、多点条件(将积分区间分成若干区域的内边界)。

在多点边界条件的情形下,边界条件应用于积分区间中两个以上的点。例如,可能要求在区间的开始处、中间处和结束处的解为零。

2. 解的初始估计值

与初始值问题不同,边界值问题的解可以是:无解、有限个解、无限多个解。

求解 BVP 过程的重要部分是提供所需解的估计值。估计值的准确与否对求解器性能甚至是能否成功计算来说至关重要。

使用 bvpinit 函数为解的初始估计值创建结构体。求解器 bvp4c 和 bvp5c 接受此结构体作为第三个输入参数。

3. 查找未知参数

通常,BVP 会涉及需要同时求解的未知 p 参数。ODE 和边界条件变为:

$$y'=f(x,y,p)$$
$$g(y(a),y(b),p)=0$$

在此情况下,边界条件必须足以确定参数 p 的值,并必须为求解器提供任何未知参数的初始估计值。当调用 bvpinit 来创建结构体 solinit 时,请在第三个输入参数 parameters 中指定初始估计值向量。

```
solinit = bvpinit(x,v,parameters)
```

此外,用于编写 ODE 方程和边界条件代码的函数 odefun 和 bcfun 都必须具有第三个参数。

```
dydx = odefun(x,y,parameters)
res = bcfun(ya,yb,parameters)
```

求解微分方程时,求解器会调整未知参数的值以满足边界条件。求解器会在 sol.parameters 中返回未知参数的最终值。

4. 奇异 BVP

bvp4c 和 bvp5c 可对以下形式的一类奇异 BVP 求解:

$$y'=\frac{1}{x}\boldsymbol{S}y+f(x,y)$$
$$0=g(y(a),y(b))$$

该求解器还可以接受以下形式的问题的未知参数。

$$y'=\frac{1}{x}\boldsymbol{S}y+f(x,y,p)$$

$$0 = g(y(a), y(b), p)$$

奇异问题必须位于$[0, b]$区间上,且$b > 0$。使用 bpset 将常量矩阵 S 作为'SingularTerm'选项的值传递给求解器。$x = 0$ 时的边界条件必须与平滑解 $Sy_0 = 0$ 的必要条件一致。解的初始估计值也应该满足此条件。

当求解奇异 BVP 时,求解器要求函数 odefun(x, y)只返回方程中 $f(x, y)$ 项的值。涉及 S 的项由求解器使用'SingularTerm'选项单独处理。

【例 3-9】 使用 bvp4c 和两个不同的初始估计值来估计 BVP 的两个解。

假设有微分方程 $y'' + e^y = 0$,边界条件为:$y(0) = y(1) = 0$。

要在 MATLAB 中对该方程求解,需要先编写方程和边界条件的代码,然后为解生成合适的初始估计值,再调用边界值问题求解器 bvp4c。

(1)编写方程代码。

根据需要,创建一个函数以编写方程代码,函数名为 bvpfun。

```
function dydx = bvpfun(x,y)
dydx = [y(2)
        - exp(y(1))];
end
```

求解器自动将这些输入传递给该函数,在实例中,可以将二阶方程重写为一阶方程组:

$$y'_1 = y_2$$
$$y'_2 = -e^{y_1}$$

(2)编写边界条件。

对于像此问题中的两点边界值条件,边界条件函数应为 res = bcfun(ya, yb)。其中,ya 和 yb 是求解器自动传递给函数的列向量,bcfun 返回边界条件中的残差。

```
function res = bcfun(ya,yb)
res = [ya(1)
       yb(1)];
end
```

(3)具体求解过程。

调用 bvpinit 以生成解的初始估计值。x 的网格不需要有很多点,但是第一个点必须为 0,而最后一个点必须为 1,以正确指定边界条件。对 y 使用初始估计值,其中第一个分量为稍大于零的正数,第二个分量为零。

```
>> xmesh = linspace(0,1,5);
solinit = bvpinit(xmesh, [0.1 0]);
```

使用 bvp4c 求解器求解 BVP。

```
>> sol1 = bvp4c(@bvpfun, @bcfun, solinit);
```

使用解的不同初始估计值第二次求解 BVP。

```
>> solinit = bvpinit(xmesh, [3 0]);
sol2 = bvp4c(@bvpfun, @bcfun, solinit);
```

绘制 bvp4c 针对不同的初始条件所计算的解,如图 3-11 所示。这两个解都满足规定的边界条件,但它们之间有不同行为。由于解并不始终唯一,不同行为展现出为解提供良好初始估计值的重要性。

```
>> plot(sol1.x,sol1.y(1,:),'-v',sol2.x,sol2.y(1,:),'-o')
```

```
title('不同解的边值问题取决于初始值估计')
xlabel('x')
ylabel('y')
legend('解 1','解 2')
```

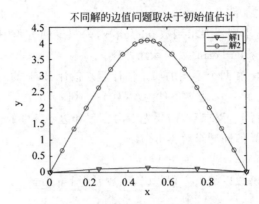

图 3-11　不同的初始条件所计算的解

【**例 3-10**】　求解多点边界值问题,其中关注的解满足积分区间内的条件。

对于 $[0,\lambda]$ 中的 x,考虑以下方程:

$$v' = \frac{C-1}{n}$$

$$C' = \frac{vC - \min(x,1)}{\eta}$$

问题的已知参数是 $n,\kappa,\lambda>1$ 和 $n,\kappa,\lambda>1\eta=\dfrac{\lambda^2}{n\cdot\kappa^2}$。$C'(x)$ 的方程中,项 $\min(x,1)$ 在 $x=1$ 处不平滑,因此该问题不能直接求解。在这种情况下,可以将问题分成两部分:一部分在区间 $[0,1]$ 内,另一部分在区间 $[1,\lambda]$ 内。这两个区域之间的联系是在 $x=1$ 处的解必须为连续的。解还必须满足边界条件:

$$v(0) = 0$$

$$C(\lambda) = 1$$

每个区域的方程如下。

区域 1:$0\leqslant x\leqslant 1$

$$v' = \frac{C-1}{n}$$

$$C' = \frac{vC-x}{\eta}$$

区域 2:$1\leqslant x\leqslant\lambda$

$$v' = \frac{C-1}{n}$$

$$C' = \frac{vC-1}{\eta}$$

交界点 $x=1$ 同时包含在这两个区域中。在此交界点上,求解器会产生左解和右解,这两个解必须相等,以确保解的连续性。

(1) 编写方程代码。

$v'(x)$ 和 $C'(x)$ 的方程取决于正在求解的区域。对于多点边界值问题,导数函数必须接受第三个输入参数 region,该参数用于标识正在计算导数的区域。求解器从左到右对区域进行编号,从 1 开始。

创建一个函数 f1,代码为:

```
function dydx = f1(x,y,region,p)
  % x 是自变量
  % y 是因变量
  % dydx(1)给出 v(x)的方程,dydx(2)给出 C'(x)的方程
  % region 是计算导数的区域编号(本例中问题分为两个区域,region 为 1 或 2)
  % p 是向量,包含常量参数[n,κ,λ,η]的值
  n = p(1);
  eta = p(4);
  dydx = zeros(2,1);
  dydx(1) = (y(2) - 1)/n;
  switch region
      case 1                          % x 范围为[0 1]
          dydx(2) = (y(1) * y(2) - x)/eta;
      case 2                          % x 范围为[1 λ]
          dydx(2) = (y(1) * y(2) - 1)/eta;
  end
end
```

(2)编写边界代码。

在两个区域中求解两个一阶微分方程需要四个边界条件。这些条件中有两个来自原始问题:

$$v(0) = 0$$
$$C(\lambda) - 1 = 0$$

另外两个条件强制交界点 $x=1$ 处的左解和右解具备连续性:

$$v_L(1) - v_R(1) = 0$$
$$C_L(1) - C_R(1) = 0$$

对于多点 BVP,边界条件函数 YL 和 YR 的参数会是矩阵。具体来说,第 k 列 YL(:,k) 是第 k 个区域左边界的解,YR(:,k)则是第 k 个区域右边界的解。

在此问题中,$y(0)$通过 YL(:,1)来逼近,而 $y(\lambda)$通过 YR(:,end)来逼近。解在 $x=1$ 处的连续性要求 YR(:,1) = YL(:,2)。

```
function res = bc(YL,YR)
res = [YL(1,1)                    % v(0) = 0
       YR(1,1) - YL(1,2)          % v(x)在 x=1 处
       YR(2,1) - YL(2,2)          % C(x)在 x=1 处
       YR(2,end) - 1];            % C(lambda) = 1
end
```

(3)获取初始估计值。

对于多点 BVP,边界条件自动应用于积分区间的开始处和结束处。但是,必须在 xmesh 中为其他交界点分别指定双重项。满足边界条件的简单估计值是常量估计值 $y=[1; 1]$。

```
>> xc = 1;
xmesh = [0 0.25 0.5 0.75 xc xc 1.25 1.5 1.75 2];
yinit = [1; 1];
sol = bvpinit(xmesh,yinit);
```

(4)求解方程。

定义常量参数的值,并将其放入向量 p 中。计算 κ 的几个值的解,其中使用每个解作为

下一个解的初始估计值。对于 κ 的每个值,计算渗透性 $O_s = \dfrac{1}{v(\lambda)}$ 的值。对于循环的每次迭代,将计算值与近似解析解进行比较。

```
>> lambda = 2;
n = 5e - 2;
for kappa = 2:5
  eta = lambda^2/(n * kappa^2);
  p = [n kappa lambda eta];
  sol = bvp5c(@(x,y,r) f1(x,y,r,p), @bc, sol);
  K2 = lambda * sinh(kappa/lambda)/(kappa * cosh(kappa));
  approx = 1/(1 - K2);
  computed = 1/sol.y(1,end);
  fprintf(' % 2i    % 10.3f    % 10.3f \n',kappa,computed,approx);
end
  2        1.462        1.454
  3        1.172        1.164
  4        1.078        1.071
  5        1.039        1.034
```

(5) 对解进行绘图。

绘制 $v(x)$ 和 $C(x)$ 的解分量,以及在交界点 $x=1$ 处的垂直线。显示的 $\kappa=5$ 的解是循环的最后一次迭代的结果,效果如图 3-12 所示。

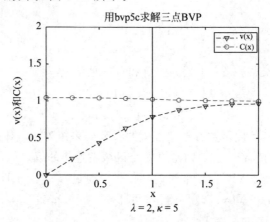

图 3-12 绘制 $v(x)$ 和 $C(x)$ 的解分量

3.2.3 时滞微分方程

时滞微分方程包含的项的值依赖于先前时间的解。时滞可以固定不变、与时间相关或与状态相关,而求解器函数(dde23、ddesd 或 ddensd)的选择取决于方程中的时滞类型。通常,时滞将导数的当前值与某个先前时间的解的值联系起来,但对于中立型方程,导数的当前值依赖于先前时间的导数值。由于方程依赖于先前时间的解,因此有必要提供一个历史记录函数,该函数传递初始时间 t_0 之前的解的值。

1. 时滞微分方程的概述

时滞微分方程(DDE)是当前时间的解与过去时间的解相关的常微分方程。该时滞可以固定不变、与时间相关、与状态相关或与导数相关。要开始积分,通常必须提供历史解,以便求解器可以获取初始积分点之前的时间的解。

1) 常时滞 DDE

具有常时滞的微分方程组的形式如下。

$$y'(t) = f(t, \mathbf{y}(t), \mathbf{y}(t - \tau_1), \cdots, \mathbf{y}(t - \tau_k))$$

此处，t 为自变量，$\mathbf{y}$ 为因变量的列向量，而 y' 表示 y 关于 t 的一阶导数。时滞 $\tau_1, \tau_2, \cdots, \tau_k$ 是正常量。

dde23 函数用于求解具有历史解 $y(t) = S(t)$（其中，$t < t_0$）的常时滞 DDE。DDE 的解通常是连续的，但其导数不连续。dde23 函数跟踪低阶导数的不连续性，并与 ode23 使用的同一显式 Runge-Kutta(2,3) 对和插值求微分方程的积分。对于大于时滞的步长而言，Runge-Kutta 公式是隐式的。当 $y(t)$ 足够平滑以证明此大小的步长时，使用预测-校正迭代法计算隐式公式。

2) 时间相关和状态相关的 DDE

常时滞 DDE 是一种特殊情况，更为一般的 DDE 形式为：

$$y'(t) = f(t, y(t), y(\mathrm{d}y_1), \cdots, y(\mathrm{d}y_p))$$

时间相关和状态相关的 DDE 涉及可能依赖于时间 t 和 y 的时滞 $\mathrm{d}y_1, \mathrm{d}y_2, \cdots, \mathrm{d}y_k$。时滞 $\mathrm{d}y_j(t, y)$ 必须满足 $\mathrm{d}y_j(t, y) \leqslant t$（在区间 $[t_0, t_f]$ 上，其中，$t_0 < t_f$）。

ddesd 函数用于求具有历史解 $y(t) = S(t)$（其中，$t < t_0$）的时间相关和状态相关 DDE 的解 $y(t)$。ddesd 函数使用标准的四阶显式 Runge-Kutta 法来求积分，并控制自然插值的余值大小。它使用迭代来采用超过时滞的步长。

3) 计算特定点的解

使用 deval 函数和任何 DDE 求解器的输出来计算积分区间中的特定点处的解。例如，y = deval(sol, 0.5 * (sol.x(1) + sol.x(end))) 计算积分区间中点处的解。

4) 历史解和初始值

对 DDE 求解时，将在区间 $[t_0, t_f]$（其中，$t_0 < t_f$）上来逼近解。DDE 表明 $y(t)$ 如何依赖于 t 之前的时间的解（及其可能的导数）的值。例如，具有常时滞时，$y'(t_0)$ 依赖于 $y(t_0 - \tau_1)$，$\cdots, y(t_0 - \tau_k)$，其中，τ_j 为正常量。因此，$[t_0, \tau_k]$ 上的解依赖于其在 $t \leqslant t_0$ 处具有的值。必须使用历史解函数 $y(t) = S(t)$（其中，$t < t_0$）定义这些值。

2. 具有常时滞的 DDE

【例 3-11】　使用 dde23 对具有常时滞的 DDE（时滞微分方程）方程组求解。

$$y'_1(t) = y_1(t - 1)$$
$$y'_2(t) = y_1(t - 1) + y_2(t - 0.2)$$
$$y'_3(t) = y_2(t)$$

$t \leqslant 0$ 的历史解函数是常量 $y'_1(t) = y_2(t) = y_3(t) = 1$。方程中的时滞仅存在于 y 项中，并且时滞本身是常量，因此各方程构成常时滞方程组。

要在 MATLAB 中求解此方程组，需要先编写方程组、时滞和历史解的代码，然后再调用时滞微分方程求解器 dde23，该求解器适用于具有常时滞的方程组。

(1) 编写时滞代码。

首先，创建一个向量来定义方程组中的时滞。此方程组有以下两种不同时滞。

① 在第一个分量 $y_1(t - 1)$ 中的时滞为 1。

② 在第二个分量 $y_2(t - 0.2)$ 中的时滞为 0.2。

dde23 接受时滞的向量参数，其中每个元素是一个分量的常时滞。

```
lags = [1 0.2];
```

（2）编写方程代码。

创建一个函数来编写方程的代码。此函数名为 ddex1de，代码为：

```
function dydt = ddex1de(t,y,Z)
% t 是时间（自变量）
% y 是解（因变量）
% Z(:,j)用于逼近时滞 y(t-τj)，其中，常时滞 τj 由 lags(j)给定
% 求解器会自动将这些输入传递给该函数，但是变量名称决定如何编写方程代码。在这种情况下：
% Z(:,1)→y1(t-1)
% Z(:,2)→y2(t-0.2)
  ylag1 = Z(:,1);
  ylag2 = Z(:,2);
  dydt = [ylag1(1);
          ylag1(1) + ylag2(2);
          y(2)];
end
```

（3）编写历史解代码。

接下来，创建一个函数来定义历史解。历史解是时间 $t \leqslant t_0$ 的解。

```
function s = history(t)
  s = ones(3,1);
end
```

（4）求解方程。

最后，定义积分区间$[t_0, t_f]$并使用 dde23 求解器对 DDE 求解。

```
tspan = [0 5];
sol = dde23(@ddefun, lags, @history, tspan);
```

（5）对解进行绘图。

解结构体 sol 具有字段 sol.x 和 sol.y，这两个字段包含求解器在这些时间点所用的内部时间步和对应的解（如果需要在特定点的解，可以使用 deval 来计算在特定点的解）。绘制三个解分量对时间的图，如图 3-13 所示。

```
plot(sol.x,sol.y,'-o')
xlabel('时间 t');
ylabel('解 y');
legend('y_1','y_2','y_3','Location','NorthWest');
```

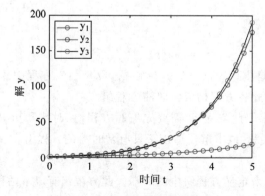

图 3-13 三个解分量对时间的图

【例 3-12】 使用 dde23 对具有不连续导数的心血管模型求解。方程组为：

$$\dot{P}_a(t) = -\frac{1}{c_a R}P_a(t) + \frac{1}{c_a R}P_v(t) + \frac{1}{c_a R}V_{\mathrm{str}}(P_a^\tau(t))H(t)$$

$$\dot{P}_v(t) = \frac{1}{c_v R}P_a(t) - \left(\frac{1}{c_v R} + \frac{1}{c_v r}\right)P_v(t)$$

$$\dot{H}(t) = \frac{aHT_s}{1 + \gamma HT_p} - \beta HT_p$$

T_s 和 T_p 的项分别是同一方程在有时滞和没有时滞状态下的变体。P_a^τ 和 P_a 分别代表在有时滞和没有时滞状态下的平均动态压。

$$T_s = \frac{1}{1 + \left(\dfrac{P_a^\tau}{a_s}\right)^{\beta_s}}$$

$$T_p = \frac{1}{1 + \left(\dfrac{P_a}{a_p}\right)^{-\beta_p}}$$

此问题有许多物理参数：

- 动脉顺应性 $c_a = 1.55\text{ml/mmHg}$。
- 静脉顺应性 $c_v = 519\text{ml/mmHg}$。
- 外周阻力 $R = 1.05(0.84)\text{mmHg s/ml}$。
- 静脉流出阻力 $r = 0.068\text{mmHg s/ml}$。
- 心搏量 $V_{str} = 6.79(77.9)\text{ml}$。
- 典型平均动脉压 $P_0 = 93\text{mmHg}$。
- $a_0 = a_s = a_p = 93(121)\text{mmHg}$。
- $a_H = 0.84\text{sec}^{-2}$。
- $\beta_0 = \beta_s = \beta_p = 7$。
- $\beta H = 1.17$。
- $rH = 0$。

该方程组受外周压的巨大影响,外周压会从 $R = 1.05$ 急剧减少到 $R = 0.84$,从 $t = 600$ 处开始。因此,该方程组在 $t = 600$ 处的低阶导数具有不连续性。

常历史解由以下物理参数定义：

$$P_a = P_0, \quad P_v(t) = \frac{1}{1 + \dfrac{R}{r}}P_0, \quad H(t) = \frac{1}{RV_{str}}\frac{1}{1 + \dfrac{r}{R}}P_0$$

要在 MATLAB 中求解此方程组,需要先编写方程组、参数、时滞和历史解的代码,然后再调用时滞微分方程求解器 dde23,该求解器适用于具有常时滞的方程组。

（1）编写方程代码。

创建一个函数来编写方程的代码,函数名为 ddefun。

```
function dydt = ddefun(t,y,Z,p)
% t 为时间(自变量)
% y 是解(因变量)
% Z(n,j)对时滞 yn(d(j))求近似值,其中,时滞 d(j)由 dely(t,y)的分量 j 给出
% p 是可选的第四个输入,用于传入参数值
    if t <= 600
        p.R = 1.05;
    else
        p.R = 0.21 * exp(600 - t) + 0.84;
    end
```

```
        ylag    = Z(:,1);
        Patau   = ylag(1);
        Paoft   = y(1);
        Pvoft   = y(2);
        Hoft    = y(3);
        dPadt   = - (1 / (p.ca * p.R)) * Paoft ...
                  + (1/(p.ca * p.R)) * Pvoft ...
                  + (1/p.ca) * p.Vstr * Hoft;
        dPvdt   = (1 / (p.cv * p.R)) * Paoft...
                  - ( 1 / (p.cv * p.R)...
                  + 1 / (p.cv * p.r) ) * Pvoft;
        Ts = 1 / ( 1 + (Patau / p.alphas)^p.betas );
        Tp = 1 / ( 1 + (p.alphap / Paoft)^p.betap );
        dHdt = (p.alphaH * Ts) / (1 + p.gammaH * Tp) ...
                 - p.betaH * Tp;
        dydt = [dPadt; dPvdt; dHdt];
    end
```

求解器自动将前三个输入传递给函数,变量名称决定如何编写方程代码。调用求解器时,参数结构体 p 将传递给函数。在实例中,时滞表示为:

$$Z(:,1) \rightarrow P_a(t-\tau)$$

（2）定义物理参数。

将问题的物理参数定义为结构体中的字段。

```
>> p.ca    = 1.55;
p.cv       = 519;
p.R        = 1.05;
p.r        = 0.068;
p.Vstr     = 67.9;
p.alpha0   = 93;
p.alphas   = 93;
p.alphap   = 93;
p.alphaH   = 0.84;
p.beta0    = 7;
p.betas    = 7;
p.betap    = 7;
p.betaH    = 1.17;
p.gammaH   = 0;
```

（3）编写时滞代码。

接下来,创建变量 tau 来表示项 $P_a^\tau(t)=P_a(t-\tau)$ 的方程中的常时滞 τ。

```
>> tau = 4;
```

（4）编写历史解代码。

接下来,创建一个向量来定义三个分量 P_a、P_v 和 H 的常历史解。历史解是时间 $t \leqslant t_0$ 的解。

```
>> P0 = 93;
Paval = P0;
Pvval = (1 / (1 + p.R/p.r)) * P0;
Hval  = (1 / (p.R * p.Vstr)) * (1 / (1 + p.r/p.R)) * P0;
history = [Paval; Pvval; Hval];
```

（5）求解方程。

使用 ddeset 来指定在 $t=600$ 处存在不连续性。最后,定义积分区间 $[t_0, t_f]$ 并使用

dde23 求解器对 DDE 求解。使用匿名函数指定 ddefun 以传入参数结构体 p。

```
>> options = ddeset('Jumps',600);
tspan = [0 1000];
sol = dde23(@(t,y,Z) ddefun(t,y,Z,p), tau, history, tspan, options);
```

（6）对解进行绘图。

解结构体 sol 具有字段 sol.x 和 sol.y，这两个字段包含求解器在这些时间点所用的内部时间步和对应的解（如果需要在特定点的解，可以使用 deval 来计算在特定点的解）。

```
>> %绘制第三个解分量(心率)对时间的图,如图 3-14 所示
plot(sol.x,sol.y(3,:))
title('压力反射 - 反馈机制的心率')
xlabel('时间 t')
ylabel('H(t)')
```

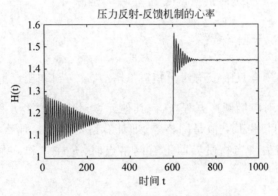

图 3-14　第三个解分量（心率）对时间的图

3.2.4　偏微分方程

偏微分方程包含依赖于若干变量的函数的偏导数。可以利用 MATLAB 中提供的函数，求解时间和一个空间变量的抛物线和椭圆 PDE。

1. 求解偏微分方程

在偏微分方程（PDE）中，要求解的函数取决于几个变量，微分方程可以包括关于每个变量的偏导数。偏微分方程可用于对波浪、热流、流体扩散和其他空间行为随时间变化的现象建模。

1）求解哪些类型的 PDE

MATLAB PDE 求解器 pdepe 使用一个空间变量 x 和时间 t 对 PDE 方程组的初始边界值问题求解。可以将这些看作一个变量的 ODE，它们也会随着时间而变化。

pdepe 要求解的一维方程大概可分为以下两类。

（1）带时间导数的方程是抛物形方程。例如，热方程 $\dfrac{\partial u}{\partial t}=\dfrac{\partial^2 u}{\partial x^2}$。

（2）不带时间导数的方程是椭圆形方程。例如，拉普拉斯方程 $\dfrac{\partial^2 u}{\partial x^2}=0$。

pdepe 要求方程组中存在至少一个抛物形方程。也就是说，方程组中至少一个方程必须包含时间导数。pdepe 还可求解某些二维和三维问题，这些问题由于角对称而简化为一维问题。

2）求解一维 PDE

一维 PDE 包含函数 $u(x,t)$，该函数依赖于时间 t 和一个空间变量 x。求解器 pdepe 求解以下形式的一维抛物形和椭圆形 PDE 的方程组。

$$c\left(x,t,u,\frac{\partial u}{\partial x}\right)\frac{\partial u}{\partial t} = x^{-m}\frac{\partial}{\partial x}\left(x^m f\left(x,t,u,\frac{\partial u}{\partial x}\right)\right) + s\left(x,t,u,\frac{\partial u}{\partial x}\right)$$

方程具有以下属性。

（1）PDE 在 $t_0 \leqslant t \leqslant t_f$ 和 $a \leqslant x \leqslant b$ 时成立。

（2）空间区间 $[a,b]$ 必须为有限值。

（3）m 可以是 0、1 或 2，分别对应平面、柱状或球面对称性。如果 $m>0$，则 $a \geqslant 0$ 也必须成立。

（4）系数 $f\left(x,t,u,\frac{\partial u}{\partial x}\right)$ 是能量项，$s\left(x,t,u,\frac{\partial u}{\partial x}\right)$ 是源项。

（5）能量项必须取决于偏导数 $\frac{\partial u}{\partial x}$。

关于时间的偏导数耦合只限于与对角矩阵 $c\left(x,t,u,\frac{\partial u}{\partial x}\right)$ 相乘。此矩阵的对角线元素为零或正数。为零的元素对应椭圆形方程，任何其他元素对应抛物形方程。必须至少存在一个抛物形方程。如果 x 的某些孤立值是网格点（即计算解的位置），那么在这些值处，抛物形方程对应的 c 元素可能消失。当物质界面上有网格点时，允许 c 和 s 中出现界面导致的不连续点。

（1）求解过程。

要使用 pdepe 求解 PDE，必须定义 c、f 和 s 的方程系数、初始条件、解在边界处的行为以及在其上计算解的点网格。调用函数 sol＝pdepe(m,pdefun,icfun,bcfun,xmesh,tspan) 使用以下信息计算指定网格上的一个解。其中，m 是对称常量，pdefun 定义要求解的方程，icfun 定义初始条件，bcfun 定义边界条件，xmesh 是 x 的空间值向量，tspan 是 t 的时间值向量。xmesh 和 tspan 向量共同构成一个二维网格，pdepe 在该网格上计算解。

（2）方程。

必须按照 pdepe 所需的标准形式表示 PDE。以这种形式编写，可以读取系数 c、f、s 的值。在 MATLAB 中可以用以下形式的函数编写方程代码。

```
function [c,f,s] = pdefun(x,t,u,dudx)
c = 1;
f = dudx;
s = 0;
end
```

在实例中，pdefun 定义方程 $\frac{\partial u}{\partial t} = \frac{\partial^2 u}{\partial x^2}$。如果有多个方程，则 c、f 和 s 均为向量，其中每个元素对应一个方程。

（3）初始条件。

在初始时间 $t = t_0$ 时，针对所有 x，解分量均满足以下格式的初始条件。

$$u(x,t_0) = u_0(x)$$

在 MATLAB 中，可以用以下形式的函数对初始条件进行编码。

```
function u0 = icfun(x)
```

```
u0 = 1;
end
```

在实例中，$u_0 = 1$ 定义 $u_0(x, t_0) = 1$ 的初始条件。如果有多个方程，则 $\boldsymbol{u}_0$ 是一个向量，其中每个元素定义一个方程的初始条件。

（4）边界条件。

在边界 $x = a$ 或 $x = b$ 时，针对所有 t，解分量满足以下形式的边界条件。

$$p(x, t, u) + q(x, t) f\left(x, t, u, \frac{\partial u}{\partial x}\right) = 0$$

$q(x, t)$ 是对角线矩阵，其元素全部是零或全部是非零。请注意，边界条件以能量 f（而非关于 x 的 u 的偏导数）形式表示。同时，在 $p(x, t, u)$ 和 $q(x, t)$ 这两个系数之间，只有 p 可以依赖于 u。在 MATLAB 中，可以用以下形式的函数对边界条件进行编码。

```
function [pL,qL,pR,qR] = bcfun2(xL,uL,xR,uR,t)
pL = uL;
qL = 0;
pR = uR - 1;
qR = 0;
end
```

q_L 和 p_L 是左边界的系数，p_R 和 q_R 是右边界的系数。其中每个元素定义一个方程的边界条件。

$$u_L(x_L, t) = 0$$
$$u_R(x_R, t) = 0$$

如果有多个方程，则输出 q_L、p_L、p_R 和 q_R 是向量，其中每个元素定义一个方程的边界条件。

（5）积分选项。

可以选择 MATLAB PDE 求解器中的默认积分属性来处理常见问题。在某些情况下，可以通过覆盖这些默认值来提高求解器的性能。为此，请使用 odeset 创建一个 options 结构体。然后，将该结构体作为最后一个输入参数传递给 pdepe。

```
sol = pdepe(m,pdefun,icfun,bcfun,xmesh,tspan,options)
```

（6）解的计算。

在用 pdepe 求解方程后，MATLAB 将以三维数组 sol 返回解，其中，sol(i, j, k) 包含在 $t(i)$ 和 $x(j)$ 处计算的解的第 k 个分量。通常，可以使用命令 u = sol(:,:,k) 提取第 k 个解分量。

指定的时间网格仅用于输出目的，不影响求解器采用的内部时间步。但是，指定的空间网格会影响解的质量和速度。求解方程后，可以使用 pdeval 计算 pdepe 采用不同空间网格返回的解结构体。

2. 求解具有不连续性的 PDE

本节实例说明如何求解涉及物质界面的 PDE。物质界面使得问题在 $x = 0.5$ 处具有不连续点，初始条件在右边界 $x = 1$ 处具有不连续点。

【例 3-13】 以分段 PDE $\begin{cases} \dfrac{\partial u}{\partial t} = x^{-2} \dfrac{\partial}{\partial x}\left(x^2 5 \dfrac{\partial u}{\partial x}\right) - 1000 e^u, & 0 \leqslant x \leqslant 0.5 \\ \dfrac{\partial u}{\partial t} = x^{-2} \dfrac{\partial}{\partial x}\left(x^2 \dfrac{\partial u}{\partial x}\right) - e^u, & 0.5 \leqslant x \leqslant 1 \end{cases}$ 为例。

初始条件为：

$$u(x,0) = 0 (0 \leqslant x \leqslant 1)$$
$$u(1,0) = 1 (x = 1)$$

边界条件为：

$$\frac{\partial u}{\partial x} = 0 (x = 0)$$
$$u(1,t) = 1 (x = 1)$$

在 MATLAB 中求解该方程，需要对方程、初始条件和边界条件编写代码，然后在调用求解器 pdepe 之前选择合适的解网格。

（1）编写方程。

在编写方程代码前，需要确保它的形式符合 pdepe 求解器的要求。pdepe 所需的标准形式为：

$$c\left(x,t,u,\frac{\partial u}{\partial x}\right)\frac{\partial u}{\partial t} = x^{-m}\frac{\partial}{\partial x}\left(x^m f\left(x,t,u,\frac{\partial u}{\partial x}\right)\right) + s\left(x,t,u,\frac{\partial u}{\partial x}\right)$$

在实例中，PDE 采用了正确形式，因此可以读取系数的值。

$$\begin{cases} \dfrac{\partial u}{\partial t} = x^{-2}\dfrac{\partial}{\partial x}\left(x^2 5\dfrac{\partial u}{\partial x}\right) - 1000e^u, & 0 \leqslant x \leqslant 0.5 \\ \dfrac{\partial u}{\partial t} = x^{-2}\dfrac{\partial}{\partial x}\left(x^2\dfrac{\partial u}{\partial x}\right) - e^u, & 0.5 \leqslant x \leqslant 1 \end{cases}$$

能量项 $f\left(x,t,u,\dfrac{\partial u}{\partial x}\right)$ 和源项 $s\left(x,t,u,\dfrac{\partial u}{\partial x}\right)$ 的值根据 x 的值而变化。系数是：

$$m = 2$$

$$c\left(x,t,u,\frac{\partial u}{\partial x}\right) = 1$$

$$\begin{cases} f\left(x,t,u,\dfrac{\partial u}{\partial x}\right) = 5\dfrac{\partial u}{\partial x}, & (0 \leqslant x \leqslant 0.5) \\ f\left(x,t,u,\dfrac{\partial u}{\partial x}\right) = \dfrac{\partial u}{\partial x}, & (0.5 \leqslant x \leqslant 1) \end{cases}$$

$$\begin{cases} s\left(x,t,u,\dfrac{\partial u}{\partial x}\right) = -1000e^u, & (0 \leqslant x \leqslant 0.5) \\ s\left(x,t,u,\dfrac{\partial u}{\partial x}\right) = -e^u, & (0.5 \leqslant x \leqslant 1) \end{cases}$$

可以创建一个函数 pdex2pde 以编写方程代码，函数代码为：

```
function [c,f,s] = pdex2pde(x,t,u,dudx)
% x 是独立的空间变量
% t 是独立的时间变量
% u 是关于 x 和 t 微分的因变量
% dudx 是偏空间导数∂u/∂x
% 输出 c、f 和 s 对应于 pdepe 所需的标准 PDE 形式中的系数
c = 1;
if x <= 0.5
    f = 5 * dudx;
    s = - 1000 * exp(u);
else
    f = dudx;
    s = - exp(u);
```

```
end
end
```

（2）编写初始条件。

接下来，编写一个返回初始条件的函数。初始条件应用在第一个时间值处，并为 x 的任何值提供 $u(x,t_0)$ 的值。对应函数为：

```
function u0 = pdex2ic(x)
if x < 1
    u0 = 0;
else
    u0 = 1;
end
end
```

（3）编写边界条件。

编写一个计算边界条件的函数。对于区间 $a \leqslant x \leqslant b$ 上的问题，边界条件应用于所有 t 以及 $x = a$ 或 $x = b$ 的情形。求解器所需的边界条件的标准形式是：

$$p(x,t,u) = q(x,t) f\left(x,t,u,\frac{\partial u}{\partial x}\right) = 0$$

由于实例具有球面对称性（$m = 2$），pdepe 求解器会自动强制执行左边界条件以约束在原点的解，并忽略在边界函数中为左边界指定的任何条件。因此，对于左边界条件，可以指定 $p_L = q_L = 0$。对于右边界条件，可以用标准形式重写边界条件，并读取 p_R 和 q_R 的系数值。

对于 x，方程为 $u(1,t) = 1 \rightarrow (u-1) + 0 \cdot \dfrac{\partial u}{\partial x} = 0$。系数是：

$$p_R(1,t,u) = u - 1$$

$$q_R(1,t) = 0$$

边界函数应使用函数 pdex2bc。函数代码为：

```
function [pl,ql,pr,qr] = pdex2bc(xl,ul,xr,ur,t)
% 对于左边界,输入 xl 和 ul 对应于 u 和 x
% 对于右边界,输入 xr 和 ur 对应于 u 和 x
% t 是独立的时间变量
% 对于左边界,输出 pl 和 ql 对应于 pL(x,t,u)和 qL(x,t)(对于此问题,x = 0)
% 对于右边界,输出 pr 和 qr 对应于 pR(x,t,u)和 qR(x,t)(对于此问题,x = 1)
pl = 0;
ql = 0;
pr = ur - 1;
qr = 0;
end
```

（4）选择解网格。

空间网格应包括 $x = 0.5$ 附近的几个值以表示不连续界面，并包括 $x = 1$ 附近的点，因为在该点上具有不一致的初始值（$u(1,0) = 1$）和边界值（$u(1,t) = 0$）。对于较小的 t，解的变化很快，因此请使用可以解析这种急剧变化的时间步。

$x = [0 \ 0.1 \ 0.2 \ 0.3 \ 0.4 \ 0.45 \ 0.475 \ 0.5 \ 0.525 \ 0.55 \ 0.6 \ 0.7 \ 0.8 \ 0.9 \ 0.95 \ 0.975$
$\quad 0.99 \ 1]$;

$t = [0 \ 0.001 \ 0.005 \ 0.01 \ 0.05 \ 0.1 \ 0.5 \ 1]$;

（5）求解方程。

使用对称性值 m、PDE 方程、初始条件、边界条件以及 x 和 t 的网格来求解方程。

```
m = 2;
sol = pdepe(m,@pdex2pde,@pdex2ic,@pdex2bc,x,t);
```

pdepe 以三维数组 sol 形式返回解,其中,sol(i,j,k)是在 $t(i)$ 和 $x(j)$ 处计算的解 u_k 的第 k 个分量的逼近值。sol 的大小是 length$(t)\times$length$(x)\times$length(u_0),因为 u_0 为每个解分量指定初始条件。对于此问题,u 只有一个分量,因此 sol 是 8×18 矩阵,但通常可以使用命令 $u=$sol(:,:,k)提取第 k 个解分量。

从 sol 中提取第一个解分量。

```
u = sol(:,:,1);
```

(6) 对解进行绘图。

创建在 x 和 t 的所选网格点上绘制的解 u 的曲面图,如图 3-15 所示。由于 $m=2$ 问题是在具有球面对称性的球面几何中提出的,因此解仅在径向 x 方向上变化。

```
surf(x,t,u)
title('非均匀网格的数值解')
xlabel('距离 x')
ylabel('时间 t')
zlabel('解 u')
```

现在,只需绘制 x 和 u 即可获得曲面图中等高线的侧视图,如图 3-16 所示。在 $x=0.5$ 处添加一条线,以突出材料接口的效果。

```
plot(x,u,x,u,'*')
line([0.5 0.5], [-3 1], 'Color', 'k')
ylabel('时间 t')
ylabel('解 u')
title('侧视图')
```

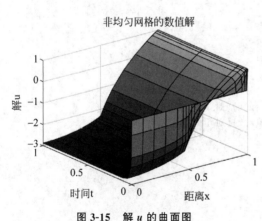

图 3-15 解 u 的曲面图

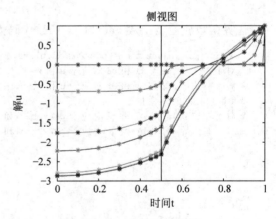

图 3-16 等高线侧视图

3. 求解 PDE 并计算偏导数

本节实例说明如何求解一个晶体管偏微分方程(PDE),并使用结果获得偏导数,这是求解更大型问题的一部分。

【例 3-14】 以如下 PDE 为例:

$$\frac{\partial u}{\partial t} = D\frac{\partial^2 u}{\partial x^2} - \frac{D_\eta}{L}\frac{\partial u}{\partial x}$$

方程中的 $u(x,t)$ 是描述 PNP 晶体管基极中过剩电荷载流子(或空穴)浓度的函数。D 和 η 是物理常量。该公式在区间 $0 \leqslant x \leqslant L$ 上对于时间 $t \geqslant 0$ 成立。

初始条件包括常量 K，由下式给出：

$$u(x,0) = \frac{KL}{D}\left(\frac{1 - \mathrm{e}^{-\eta(1-x/L)}}{\eta}\right)$$

该问题具有由下式给出的边界条件。

$$u(0,t) = u(L,t) = 0$$

对于固定 x，方程 $u(x,t)$ 的解将过剩电荷的坍塌描述为 $t \to \infty$。这种坍塌产生一种电流，称为发射极放电电流，它还有另一种常量 I_p：

$$I(t) = \left[\frac{I_p D}{K}\frac{\partial}{\partial x}u(x,t)\right]_{x=0}$$

由于在 $t=0$ 和 $t>0$ 时，$x=0$ 处的边界值不一致，该公式对 $t>0$ 有效。由于 PDE 对 $u(x,t)$ 有闭型级数解，可以通过解析方式和数值方式计算发射极放电电流，并对结果进行比较。

（1）定义物理常量。

要跟踪物理常量，请创建一个结构体数组，其中每个常量都有一个对应的字段。当稍后为方程、初始条件和边界条件定义函数时，可以将此结构体作为额外的参数传入，以便函数可以访问常量。

```
>> C.L = 1;
C.D = 0.1;
C.eta = 10;
C.K = 1;
C.Ip = 1;
```

（2）编写方程。

在编写方程代码前，需要确保它的形式符合 pdepe 求解器的要求：

$$c\left(x,t,u,\frac{\partial u}{\partial x}\right)\frac{\partial u}{\partial t} = x^{-m}\frac{\partial}{\partial x}\left(x^m f\left(x,t,u,\frac{\partial u}{\partial x}\right)\right) + s\left(x,t,u,\frac{\partial u}{\partial x}\right)$$

此形式的 PDE 为：

$$\frac{\partial u}{\partial t} = x^0\frac{\partial}{\partial x}\left(x^0 D\frac{\partial u}{\partial x}\right) - \frac{D_\eta}{L}\frac{\partial u}{\partial x}$$

因此，方程中的系数的值为：

- $m=0$（没有角对称性的笛卡儿坐标）
- $c\left(x,t,u,\dfrac{\partial u}{\partial x}\right) = 1$
- $f\left(x,t,u,\dfrac{\partial u}{\partial x}\right) = D\dfrac{\partial u}{\partial x}$
- $s\left(x,t,u,\dfrac{\partial u}{\partial x}\right) = -\dfrac{D_\eta}{L}\dfrac{\partial u}{\partial x}$

根据需要，建立函数 transistorPDE 以编写方程代码，函数代码为：

```
function [c,f,s] = transistorPDE(x,t,u,dudx,C)
% x 是独立的空间变量
% t 是独立的时间变量
% u 是关于 x 和 t 微分的因变量
% dudx 是偏空间导数∂u/∂x
% C 是包含物理常量的额外输入
% 输出 c、f 和 s 对应于 pdepe 所需的标准 PDE 形式中的系数
D = C.D;
eta = C.eta;
```

```
L = C.L;
c = 1;
f = D * dudx;
s = - (D * eta/L) * dudx;
end
```

（3）初始条件。

编写一个返回初始条件的函数 transistorIC。初始条件应用在第一个时间值外，并为任意 x 提供 $u(x,t_0)$ 的值。

初始条件为：

$$u(x,0) = \frac{KL}{D}\left(\frac{1 - \mathrm{e}^{-\eta(1-x/L)}}{\eta}\right)$$

对应的函数代码为：

```
function u0 = transistorIC(x,C)
K = C.K;
L = C.L;
D = C.D;
eta = C.eta;
u0 = (K * L/D) * (1 - exp( - eta * (1 - x/L)))/eta;
end
```

（4）编写边界条件。

编写一个计算边界条件 $u(0,t) = u(1,t) = 0$ 的函数。对于在区间 $a \leqslant x \leqslant b$ 上的问题，边界条件将应用于所有 t 以及 $x = a$ 或 $x = b$ 的情形。求解器所需的边界条件的标准形式是：

$$p(x,t,u) + q(x,t)f\left(x,t,u,\frac{\partial u}{\partial x}\right) = 0$$

以这种形式编写此问题的边界条件是：

① 对于 $x = 0$，方程为 $u + 0 \cdot \mathrm{d}\dfrac{\partial u}{\partial x} = 0$。系数为：

- $p_{\mathrm{L}}(x,t,u) = u$
- $q_{\mathrm{L}}(x,t) = 0$

② 同样，对于 $x = 1$，方程为 $u + 0 \cdot \mathrm{d}\dfrac{\partial u}{\partial x} = 0$。系数为：

- $p_{\mathrm{R}}(x,t,u) = u$
- $q_{\mathrm{R}}(x,t) = 0$

边界函数 transistorBC 的代码为：

```
function [pl,ql,pr,qr] = transistorBC(xl,ul,xr,ur,t)
% 对于左边界,输入 xl 和 ul 对应于 x 和 u
% 对于右边界,输入 xr 和 ur 对应于 x 和 u
% t 是独立的时间变量
% 对于左边界,输出 pl 和 ql 对应于 pL(x,t,u)和 qL(x,t)(对于此问题,x = 0)
% 对于右边界,输出 pr 和 qr 对应于 pR(x,t,u)和 qR(x,t)(对于此问题,x = 1)
pl = ul;
ql = 0;
pr = ur;
qr = 0;
end
```

（5）选择解网格。

解网格定义 x 和 t 的值，求解器基于它们来计算解。由于此问题的解变化很快，可使用一个相对精细的网格,其中包含 50 个位于 $0 \leqslant x \leqslant L$ 区间中的空间点和 50 个位于 $0 \leqslant t \leqslant 1$ 区间中的时间点。

```
>> x = linspace(0,C.L,50);
t = linspace(0,1,50);
```

(6) 求解方程。

最后,使用对称性值 m、PDE 方程、初始条件、边界条件以及 x 和 t 的网格来求解方程。由于 pdepe 函数需要使用 PDE 方程的四个输入作为初始条件,因此需要创建函数句柄,将由物理常量组成的结构体作为额外输入来传入。

```
>> m = 0;
eqn = @(x,t,u,dudx) transistorPDE(x,t,u,dudx,C);
ic = @(x) transistorIC(x,C);
sol = pdepe(m,eqn,ic,@transistorBC,x,t);
```

pdepe 以三维数组 sol 形式返回解,其中,sol(i,j,k) 是在 $t(i)$ 和 $x(j)$ 处计算的解 u_k 的第 k 个分量的逼近值。对于此问题,u 只有一个分量,但通常可以使用命令 $u = sol(:,:,k)$ 提取第 k 个解分量。

```
>> u = sol(:,:,1);
```

(7) 对解进行绘图。

创建在 x 和 t 的所选网格点上绘制的解 u 的曲面图,如图 3-17 所示。

```
>> surf(x,t,u)
title('数值解(50 个网格点)')
xlabel('距离 x')
ylabel('时间 t')
zlabel('解 u(x,t)')
```

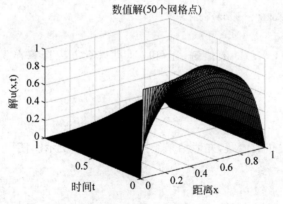

图 3-17 数值解曲面图

下面,只需绘制 x 和 u 即可获得曲面图中等高线的侧视图,如图 3-18 所示。

```
>> plot(x,u)
xlabel('距离 x')
ylabel('解 u(x,t)')
title('侧视图')
```

(8) 计算发射极放电电流。

使用 $u(x,t)$ 的级数解,发射极放电电流可以表示为无穷级数:

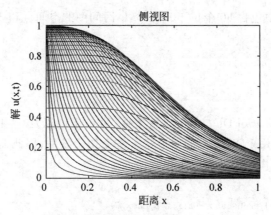

图 3-18 侧视图

$$I(t) = 2\pi^2 I_p \left(\frac{1-\mathrm{e}^{-\eta}}{\eta} \right) \sum_{n=1}^{\infty} \frac{n^2}{n^2\pi^2 + \eta^2/4} \mathrm{e}^{-\frac{\mathrm{d}t}{L^2}(n^2\pi^2 + \eta^2/4)}$$

编写一个函数,以使用级数中的 40 个项计算 $I(t)$ 的解析解。唯一的变量是时间,但要将常量结构体指定为函数的另一个输入。

```
function It = serex3(t,C)          % 用级数展开近似 I(t)
Ip = C.Ip;
eta = C.eta;
D = C.D;
L = C.L;
It = 0;
for n = 1:40                       % 40 个项
  m = (n * pi)^2 + 0.25 * eta^2;
  It = It + ((n * pi)^2 / m) * exp( - (D/L^2) * m * t);
end
It = 2 * Ip * ((1 - exp( - eta))/eta) * It;
end
```

使用 pdepe 计算 $u(x,t)$ 的数值解,还可以通过以下方程计算在 $x=0$ 处的 $I(t)$ 的数值逼近:

$$I(t) = \left[\frac{I_p D}{K} \frac{\partial}{\partial x} u(x,t) \right]_{x=0}$$

计算 $I(t)$ 的解析解和数值解,并对结果绘图,如图 3-19 所示。使用 pdeval 计算 $\dfrac{\partial u}{\partial x}$ 在 $x=0$ 处的值。

```
>> nt = length(t);
I = zeros(1,nt);
seriesI = zeros(1,nt);
iok = 2:nt;
for j = iok
    % 在时间 t(j),计算 x = 0 时的 du/dx
    [~,I(j)] = pdeval(m,x,u(j,:),0);
    seriesI(j) = serex3(t(j),C);
end
% 数值解的形式为 I(t) = (I_p * D/K) * du(0,t)/dx
I = (C.Ip * C.D/C.K) * I;
plot(t(iok),I(iok),'o',t(iok),seriesI(iok))
legend('From PDEPE + PDEVAL','From series')
```

```
title('数值解 I(t)')
xlabel('时间 t')
```

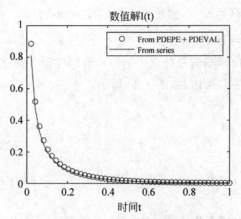

图 3-19 $I(t)$ 的解析解与数值解

从图 3-19 可看出，结果相当吻合。通过使用更精细的解网格，可以进一步改进 pdepe 得出的数值结果。

3.3 傅里叶变换与滤波

变换和滤波器是用于处理和分析离散数据的工具，常用在信号处理应用和计算数学中。当数据表示为时间或空间的函数时，傅里叶变换会将数据分解为频率分量。fft 函数使用快速傅里叶变换算法，相对于其他算法直接实现，这种方式能够减少计算成本。

3.3.1 傅里叶变换

傅里叶变换是将按时间或空间采样的信号与按频率采样的相同信号进行关联的数学公式。在信号处理中，傅里叶变换可以揭示信号的重要特征（即其频率分量）。

对于包含 n 个均匀采样点的向量 x，其傅里叶变换定义为：

$$y_{k+1} = \sum_{j=0}^{n-1} \omega^{jk} x_j + 1$$

$\omega = e^{-2\pi i/n}$ 是 n 个复单位根之一，其中，i 是虚数单位。对于 x 和 y，索引 j 和 k 的范围为 $0 \sim n-1$。在 MATLAB 中使用快速傅里叶变换算法 fft 函数来计算数据的傅里叶变换。

1. 含噪信号

在科学应用中，信号经常遭到随机噪声破坏，掩盖其频率分量。傅里叶变换可以清除随机噪声并显现频率。

【例 3-15】 以正弦信号 x 为例，该信号是时间 t 的函数，频率分量为 15Hz 和 20Hz。使用在 10s 周期内以 $\frac{1}{50}$ s 为增量进行采样的时间向量。计算并绘制以零频率为中心的含噪信号的功率谱。

```
>> x = sin(2 * pi * 15 * t) + sin(2 * pi * 20 * t);
y = fft(x);
n = length(x);
```

```
fshift = ( − n/2:n/2 − 1) * (50/n);
yshift = fftshift(y);
```

在原始信号 x 中注入高斯噪声,创建一个新信号 xnoise。

```
>> xnoise = x + 2.5 * gallery('normaldata',size(t),4);
```

频率函数形式的信号功率是信号处理中的一种常用度量。功率是信号的傅里叶变换按频率样本数进行归一化后的平方幅值,如图 3-20 所示。

```
ynoise = fft(xnoise);
ynoiseshift = fftshift(ynoise);
power = abs(ynoiseshift).^2/n;
plot(fshift,power)
title('功率')
```

2. 计算效率

直接使用傅里叶变换公式分别计算 y 的 n 个元素需要 n^2 数量级的浮点运算。使用快速傅里叶变换算法,则只需 $n\log n$ 数量级的运算。在处理包含成百上千万个数据点的数据时,这一计算效率会带来很大的优势。在 n 为 2 的幂时,许多专门的快速傅里叶变换实现可进一步提高效率。

【例 3-16】 载入包含太平洋蓝鲸鸣声的文件 bluewhale.au,并对其中一部分数据进行格式化。可使用命令 sound(x,fs) 来收听完整的音频文件。

```
>> whaleFile = 'bluewhale.au';
[x,fs] = audioread(whaleFile);
whaleMoan = x(2.45e4:3.10e4);
t = 10 * (0:1/fs:(length(whaleMoan) − 1)/fs);
plot(t,whaleMoan)                         % 效果如图 3 − 21 所示
xlabel('时间(seconds)')
ylabel('幅度')
xlim([0 t(end)])
```

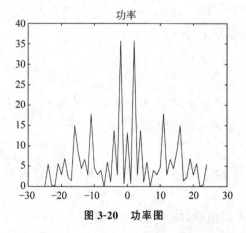

图 3-20　功率图

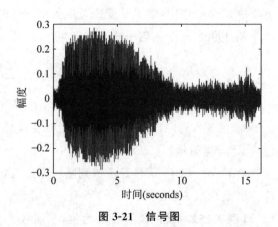

图 3-21　信号图

指定新的信号长度,该长度是大于原始长度的最邻近的 2 的幂。然后使用 fft 和新的信号长度计算傅里叶变换。fft 会自动用零填充数据,以增加样本大小。此填充操作可以大幅提高变换计算的速度,对于具有较大质因数的样本大小更是如此。

```
>> m = length(whaleMoan);
n = pow2(nextpow2(m));
y = fft(whaleMoan,n);
```

绘制信号的功率谱，如图 3-22 所示。绘图指示，鸣音包含约 17Hz 的基本频率和一系列谐波（其中强调了第二个谐波）。

```
>> f = (0:n-1) * (fs/n)/10;        % 频率向量
power = abs(y).^2/n;               % 功率谱
plot(f(1:floor(n/2)),power(1:floor(n/2)))
xlabel('频率')
ylabel('功率')
```

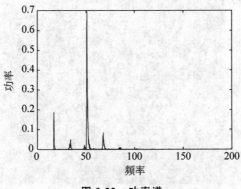

图 3-22　功率谱

3.3.2　二维傅里叶变换

fft 函数将二维数据变换为频率空间。例如，可以变换二维光学掩模以揭示其衍射模式。

1. 二维傅里叶定义

以下公式定义 $m \times n$ 矩阵 X 的离散傅里叶变换 Y。

$$Y_{P+1,q+1} = \sum_{j=0}^{m-1} \sum_{k=0}^{n-1} \omega_m^{jp} \omega_n^{kq} X_{j+1,k+1}$$

ω_m 和 ω_n 是以下方程所定义的复单位根。

$$\omega_m = e^{-2\pi i/m}$$

$$\omega_n = e^{-2\pi i/n}$$

i 是虚数单位，p 和 j 是值范围从 0 到 $m-1$ 的索引，q 和 k 是值范围从 0 到 $n-1$ 的索引。在此公式中，X 和 Y 的索引平移 1 位，以反映 MATLAB 中的矩阵索引。

计算 X 的二维傅里叶变换等同于首先计算 X 每列的一维变换，然后获取每行结果的一维变换。换言之，函数 fft2(X) 等同于 $Y = fft(fft(X).').'$。

2. 二维衍射模式

在光学领域，傅里叶变换可用于描述平面波入射到带有小孔的光学掩模上所产生的衍射模式。

【**例 3-17**】　对光学掩模使用 fft2 函数来计算其衍射模式。

```
% 创建用于定义带有小圆孔的光学掩模的逻辑数组。
>> n = 2^10;                  % 掩模大小
M = zeros(n);
I = 1:n;
x = I - n/2;                  % 掩模 x 坐标
y = n/2 - I;                  % 掩模 y 坐标
[X,Y] = meshgrid(x,y);        % 创建二维掩模网格
```

```
R = 10;                        %孔径半径
A = (X.^2 + Y.^2 <= R^2);      %半径为R的圆孔
M(A) = 1;                      %将孔径内的掩码元素设置为1
imagesc(M)                     %绘制掩模,如图3-23所示
axis image
```

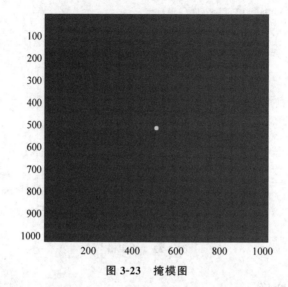

图 3-23　掩模图

使用 fft2 计算掩模的二维傅里叶变换,并使用 fftshift 函数重新排列输出,从而使零频率分量位于中央。绘制生成的衍射模式频率,如图 3-24 所示。蓝色指示较小的幅值,黄色指示较大的幅值。

```
>> DP = fftshift(fft2(M));
imagesc(abs(DP))
axis image
```

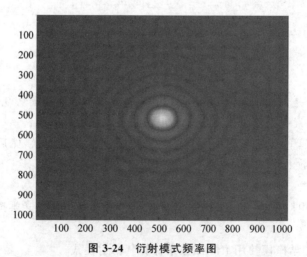

图 3-24　衍射模式频率图

为增强小幅值区域的细节,需绘制衍射模式的二维对数(如图 3-25 所示)。极小的幅值会受数值舍入误差影响,而矩形网格则会导致径向非对称性。

```
>> imagesc(abs(log2(DP)))
axis image
```

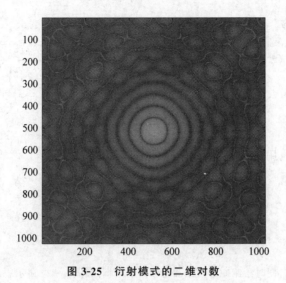

图 3-25　衍射模式的二维对数

3.3.3　滤波数据

滤波器是一种数据处理技术,可滤掉数据中的高频波动部分使之平滑或从数据中删除特定频率的周期趋势。在 MATLAB 中,filter 函数会根据以下差分方程对数据 x 的向量进行滤波,该差分方程描述一个抽头延迟线滤波器。

$$a(1)y(n) = b(1)x(n) + b(2)x(n-1) + \cdots + b(N_b)x(n-N_b+1) -$$
$$a(2)y(n-1) - \cdots - a(N_a)y(n-N_a+1)$$

在方程中,a 和 b 是滤波器系数的向量,N_a 是反馈滤波器阶数,N_b 是前馈滤波器阶数。n 是 x 的当前元素的索引。输出 $y(n)$ 是 x 和 y 的当前元素和前面元素的线性组合。

filter 函数使用指定的系数向量 a 和 b 对输入数据 x 进行滤波。它是实现移动平均值滤波器的一种方式,是一种常见的数据平滑技术。

【例 3-18】　以下差分方程描述一个滤波器,它对关于当前小时和前三个小时的数据的时间相关数据求平均值。

$$y(n) = \frac{1}{4}x(n) + \frac{1}{4}x(n-1) + \frac{1}{4}x(n-2) + \frac{1}{4}x(n-3)$$

导入描述交通流量随时间变化的数据,并将第一列车辆计数分配给向量 x。

```
>> load count.dat
x = count(:,1);
%创建滤波器系数向量
a = 1;
b = [1/4 1/4 1/4 1/4];
%计算数据的 4 小时移动平均值,同时绘制原始数据和滤波后的数据,如图 3-26 所示
y = filter(b,a,x);
t = 1:length(x);
plot(t,x,'--',t,y,'-')
legend('原始数据','滤波数据')
```

此外,还可以修改数据振幅。在数字信号处理中,滤波器通常由传递函数表示。以下差分方程的 Z 变换:

$$a(1)y(n) = b(1)x(n) + b(2)x(n-1) + \cdots + b(N_b)x(n-N_b+1) -$$
$$a(2)y(n-1) - \cdots - a(N_a)y(n-N_a+1)$$

对应的传递函数为

$$Y(z) = H(z^{-1})X(z) = \frac{b(1) + b(2)z^{-1} + \cdots + b(N_b)z^{-N_b+1}}{a(1) + a(2)z^{-1} + \cdots + a(N_a)z^{-N_a+1}} X(z)$$

实例中使用传递函数

$$H(z^{-1}) = \frac{b(z^{-1})}{a(z^{-1})} = \frac{2 + 3z^{-1}}{1 + 0.2z^{-1}}$$

【例3-19】 通过应用传递函数来修改数据向量的振幅。

```
>> % 加载数据并将第一列分配到向量 x
load count.dat
x = count(:,1);
% 根据传递函数 H(Z⁻¹)创建滤波器系数向量
a = [1 0.2];
b = [2 3];
% 计算滤波后的数据,同时绘制原始数据和滤波后的数据,如图3-27所示。此滤波器主要修改原始
% 数据的振幅
y = filter(b,a,x);
t = 1:length(x);
plot(t,x,'--',t,y,'-')
legend('原始数据','滤波数据')
```

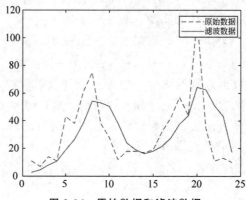

图3-26 原始数据和滤波数据

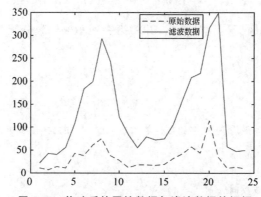

图3-27 修改后的原始数据与滤波数据的振幅

第 **4** 章

数据建模实战

以数据为基础而建立数学模型的方法称为数据建模方法,包括降维、回归、统计、机器学习、深度学习、灰色预测、主成分分析、神经网络、时间序列分析等方法,其中最常用的方法是回归方法。本章主要介绍在数学建模中常用的数据降维和几种回归方法的 MATLAB 实现过程。

4.1　数　据　降　维

降维是指采用某种映射方法,将原高维空间中的数据点映射到低维空间中。目前大部分降维算法处理向量表达的数据,也有一些降维算法处理高阶张量表达的数据。本节主要介绍主成分降维(Principal Component Analysis,PCA)。

4.1.1　PCA 概述

PCA 是一种常见的数据分析方式,常用于高维数据的降维,可用于提取数据的主要特征分量。

1. 主成分分析

PCA 是将多个变量通过线性变换以选出较少个数重要变量的一种多元统计分析方法,又称为主成分分析。主成分分析是数学上对数据降维的一种方法。其基本思想是设法将原来众多的具有一定相关性的指标 $X_1,X_2,\cdots,X_p$(如 p 个指标)重新组合成一组较少个数的互不相关的综合指标 F_m 来代替原来的指标。那么综合指标应该怎样去提取,使其既能最大限度地反映原变量 X_p 所代表的信息,又能保证新指标之间保持相互无关(信息不重叠)?

设 F_1 表示原变量的第一个线性组合所形成的主成分指标,即 $F_1=a_{11}X_1+a_{21}X_2+a_{p1}X_p$,由数学知识可知,每一个主成分所提取的信息量可用其方差来度量,其方差 $\mathrm{Var}(F_1)$ 越大,表示 F_1 包含的信息越多。常常希望第一主成分 F_1 所包含的信息量最大,因此在所有的线性组合中选取的 F_1 应该是 $X_1,X_2,\cdots,X_p$ 的所有线性组合中方差最大的,因此称 F_1 为第一主成分。如果第一主成分不足以代表原来 p 个指标的信息,再考虑选取第二个主成分指标 F_2。为有效地反映原信息,F_1 已有的信息就不需要再出现在 F_2 中了,即 F_2 与 F_1 要保持独立、不相关,用数学语言表达就是其协方差 $\mathrm{Cov}(F_1,F_2)=0$,所以 F_2 是 F_1 不相关的 X_1,

$X_2,\cdots,X_p$ 的所有线性组合中方差最大的,因此称 F_2 为第二主成分。以此类推,构造出的 $F_1,F_2,\cdots,F_m$ 为原变量指标 $X_1,X_2,\cdots,X_p$ 的第一、第二、$\cdots$、第 m 主成分,即

$$\begin{cases} F_1 = a_{11}X_1 + a_{12}X_2 + a_{1p}X_p \\ F_2 = a_{21}X_1 + a_{22}X_2 + a_{2p}X_p \\ \cdots \\ F_m = a_{m1}X_1 + a_{m2}X_2 + a_{mp}X_p \end{cases}$$

根据以上分析可知:

(1) F_i 与 F_j 互不相关,即 $\mathrm{Cov}(F_i,F_j)=0$,并有 $\mathrm{Var}(F_i)=a_i^{\mathrm{T}}\sum a_i$,其中,$\sum$ 为 X 的协方差阵。

(2) F_1 是 $X_1,X_2,\cdots,X_p$ 的一切线性组合(系数满足上述要求)中方差最大的,$\cdots$,即 F_m 是与 $F_1,F_2,\cdots,F_{m-1}$ 都不相关的 $X_1,X_2,\cdots,X_p$ 的所有线性组合中方差最大者。

$F_1,F_2,\cdots,F_m(m\leqslant p)$ 为构造的新变量指标,即原变量指标的第一、第二、$\cdots\cdots$、第 m 主成分。

由以上可知,主成分分析的主要任务有以下两点。

(1) 确定各主成分 $F_i(i=1,2,\cdots,m)$ 关于原变量 $X_j(j=1,2,\cdots,p)$ 的表达式,即系数 $a_{ij}(i=1,2,\cdots,m;j=1,2,\cdots,p)$。从数学上可以证明,原变量协方差矩阵的特征根是主成分的方差,所以前 m 个较大特征根就代表前 m 个较大的主成分方差值;原变量协方差矩阵前 m 个较大的特征值 λ_i(这样选取才能保证主成分的方差依次最大)所对应的特征向量就是相应主成分 F_i 表达式的系数 a_i。为了加以限制,系数 a_i 启用的是 λ_i 对应的单位化的特征向量,即有 $a_i^{\mathrm{T}}a_i=1$。

(2) 计算主成分载荷,主成分载荷用于反映主成分 F_i 与原变量 X_j 之间的相互关联程度:$P(Z_k,x_i)=\sqrt{\lambda_k}a_{ki}(i=1,2,\cdots,m;k=1,2,\cdots,p)$。

2. PCA 降维的两个准则

PCA 降维的准则有以下两个。

(1) 最近重构性:就是前面介绍的样本集中的所有点,重构后的点距离原来的点的误差之和最小。

(2) 最大可分性:样本点在低维空间的投影尽可能分开。

可以证明,最近重构性就等价于最大可分性。证明如下:对于样本点 x_i,它在降维后空间中的投影是 z_i。根据

$$x = (w_1, w_2, \cdots, w_d) \begin{bmatrix} z_i^{(1)} \\ z_i^{(2)} \\ \vdots \\ z_i^{(d)} \end{bmatrix} = Wz_i$$

由投影矩阵的性质,以及 x 与 x_i 的关系,则有:$z_i = W^{\mathrm{T}}x_i$。

由于样本数据进行了中心化:即 $\sum_i x_i = (0,0,\cdots,0)^{\mathrm{T}}$,故投影后,样本点的方差为:

$$\sum_{i=1}^{N} W^{\mathrm{T}} x_i x_i^{\mathrm{T}} W$$

令 $X = \{x_1, x_2, \cdots, x_N\}$ 为 $n \times N$ 维矩阵，于是根据样本点的方差最大，优化目标可写为：

$$\max_{W} \operatorname{tr}(W^T X X^T W)$$

$$\text{s. t.} \quad W^T W = I$$

3. PCA 应用范围

PCA 的主要应用范围如下。

（1）数据压缩。

数据压缩或者数据降维首先能够减少内存或者硬盘的使用，如果内存不足或者计算的时候出现内存溢出等问题，就需要使用 PCA 获取低维度的样本特征。同时，数据降维能够加快机器学习的速度。

（2）数据可视化。

在很多情况下，可能需要查看样本特征，但是高维度的特征根本无法观察，这个时候可以将样本的特征降维到二维或者三维，也就是将样本的特征维数降到两个特征或者三个特征，这样就可以采用可视化观察数据。

4.1.2　PCA 的降维应用

下面通过一个例子来演示 PCA 的降维应用。

【例 4-1】 利用 PCA 把二维数据降为一维数据。

```
load ('ex7data1.txt');
%变成一维
K = 1;
%对数据归一化
means = mean(X);
X_means = bsxfun(@minus, X, means);
sigma = std(X_means);
X_std = bsxfun(@rdivide, X_means, sigma);
%绘制原始数据
scatter(X_std(:,1), X_std(:,2),'ro');
hold on;
[m n] = size(X);
%计算二维到一维的变换矩阵
sigma = 1/m * X_std' * X_std;
U = zeros(n);
%U为特征向量构成的n*n矩阵,S为对角矩阵,对角线上的元素为特征值
[U S D] = svd(sigma);
U_reduce = U(:,1:K);
Z = X_std * U_reduce;
X_rec = Z * U_reduce';
scatter(X_rec(:,1), X_rec(:,2),'bo');
%在原数据和降维后的数据间连线
for i = 1 : m
    plot([X_std(i,1) X_rec(i, 1)], [X_std(i, 2) X_rec(i, 2)], 'k.');
end;
[c, cc] = min(X(:,1));
[d, dd] = max(X(:,1));
plot([X_rec(cc,1) X_rec(dd, 1)], [X_rec(cc,2) X_rec(dd, 2)], 'b-- ');
axis([-3 3 -3 3]);
```

运行程序，效果如图 4-1 所示。

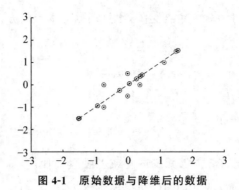

图 4-1　原始数据与降维后的数据

4.2　一　元　回　归

根据回归方法中因变量的个数和回归函数的类型（线性或非线性），可将回归方法分为：一元线性回归、一元非线性回归、多元回归。另外，还有两种特殊的回归方式，一种是在回归过程中可以调整变量数的回归方法，称为逐步回归；另一种是以指数结构函数作为回归模型的回归方法，称为 Logistic 回归。本节将介绍一元回归方法。

4.2.1　一元线性回归

在回归分析中，只包括一个自变量和一个因变量，且二者的关系可用一条直线近似表示，这种回归分析称为一元线性回归分析。

一元线性回归的基本形式是：

$$y_i = \beta_0 + \beta_1 x_i + \varepsilon_i, \quad i = 1, 2, \cdots, n$$

通过这个基本形式可以得到一个结论：

$$y_i \sim N(\beta_0 + \beta_1 x_i, \sigma^2)$$

回归函数就是用来预测非确定性关系的，因此对于一元线性回归，估计系数自然就是估计 β_0 和 β_1。

【例 4-2】　近十年来，某市社会商品零售总额与职工工资总额（单位：亿元）的数据见表 4-1，请建立社会商品零售总额与职工工资总额数据的回归模型。

表 4-1　社会商品零售总额和职工工资总额　　　　　　　　　　　　　单位：亿元

职工工资总额	23.8	27.6	31.6	32.4	33.7	34.9	43.2	52.8	63.8	73.4
社会商品零售总额	41.4	51.8	61.7	67.9	68.7	77.5	95.9	137.4	155.0	175.0

该问题是典型的一元回归问题，但先要确定是线性还是非线性，然后就可以利用对应的回归方法建立它们之间的回归模型了，具体实现的 MATLAB 代码如下。

（1）输入数据。

```
>> clear all
x = [23.80,27.60,31.60,32.40,33.70,34.90,43.20,52.80,63.80,73.40];
y = [41.4,51.8,61.70,67.90,68.70,77.50,95.90,137.40,155.0,175.0];
```

（2）采用最小二乘回归。

```
figure                          % 如图 4-2 所示
plot(x,y,'r*')                  % 作散点图
xlabel('x(职工工资总额)')        % 横坐标名
ylabel('y(社会商品零售总额)')    % 纵坐标名
```

```
% 采用最小二乘拟合
Lxx = sum((x - mean(x)).^2);
Lxy = sum((x - mean(x)).*(y - mean(y)));
b1 = Lxy/Lxx;
b0 = mean(y) - b1 * mean(x);
y1 = b1 * x + b0;
hold on
plot(x, y1);
```

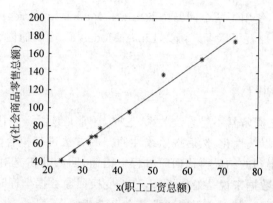

图 4-2　最小二乘拟合

在以上操作中,在采用最小二乘回归之前,先绘制了数据的散点图,这样就可以从图形上判断这些数据是否近似呈线性关系。当发现它们的确近似在一条线上后,再用线性回归的方法进行回归,这样也更符合分析数据的一般思路。

（3）采用 LinearModel.fit 函数进行线性回归。

```
>> m2 = LinearModel.fit(x, y)
m2 =
线性回归模型:
    y ~ 1 + x1
估计系数:
                 Estimate      SE        tStat        pValue
                 _____    _____    _____    _____
    (Intercept)   -23.549     5.1028     -4.615      0.0017215
    x1             2.7991     0.11456    24.435      8.4014e-09
观测值数目:10,误差自由度:8
均方根误差:5.65
R 方:0.987,调整 R 方 0.985
F 统计量(常量模型):597,p 值 = 8.4e-09
```

（4）采用 regress 函数进行回归。

```
>> Y = y';
X = [ones(size(x, 2), 1), x'];
[b, bint, r, rint, s] = regress(Y, X)
b =
   -23.5493
     2.7991
bint =
   -35.3165   -11.7822
     2.5350     3.0633
r =
    -1.6697
    -1.9064
    -3.2029
```

```
    …
rint =
    − 14.1095    10.7701
    − 14.7237    10.9109
    − 16.1305     9.7247
    …
s =
      0.9868    597.0543      0.0000      31.9768
```

在以上回归程序中,使用了两个回归函数 LinearModel. fit 和 regress。在实际使用中,只要根据需要选用其中一种就可以了。函数 LinearModel. fit 输出的内容为典型的线性回归的参数。

4.2.2　一元非线性回归

实际问题中,变量之间常常不是直线关系,这时,通常是选配一条比较接近的曲线,通过变量替换把非线性方程加以线性化,然后按照线性回归的方法进行拟合。对变换后的数据进行线性回归分析,之后将得到的结果再代回原方程。因而,回归分析是对变换后的数据进行的,所得结果仅对变换后的数据来说是最佳拟合,当再变换回原数据坐标时,所得的回归曲线严格地说并不是最佳拟合,不过,其拟合程度通常是令人满意的。

不是所有的一元非线性函数都能转换成一元线性函数,但任何复杂的一元连续函数都可用高阶多项式近似表示,因此对于那些较难直线化的一元函数,可用下式来拟合。

$$\hat{y} = b_0 + b_1 x + b_2 x^2 + \cdots + b_n x^n$$

如果令 $X_1 = x, X_2 = x^2, \cdots, X_n = x^n$,则上式可以转换为多元线性方程:

$$\hat{y} = b_0 + b_1 X_1 + b_2 X_2 + \cdots + b_n X_n$$

这样就可以用多元线性回归分析求出系数 $b_0, b_1, \cdots, b_n$。

虽然多项式的阶数越高,回归方程与实际数据拟合程度越高,但阶数越高,回归计算过程中的舍入误差的积累也越大,所以当阶数 n 过高时,回归方程的精确度反而会降低,甚至得不到合理的结果。故一般取 $n = 3 \sim 4$。

【例 4-3】　为了解百货商店销售额 x 与流通费率(这是反映商业活动的一个质量指标,指每元商品流转额所分摊的流通费用)y 之间的关系,收集了 9 个商店的有关数据(见表 4-2)。请建立它们关系的数学模型。

表 4-2　9 个商店的有关数据

样　本　点	x-销售额/万元	y-流通费率/%
1	1.5	7.0
2	4.5	4.8
3	7.5	3.6
4	10.5	3.1
5	13.5	2.7
6	16.5	2.5
7	19.5	2.4
8	22.5	2.3
9	25.5	2.2

为了得到 x 与 y 之间的关系,先绘制出它们之间的散点图,如图 4-3 所示。由该图可以判断它们之间的关系近似为对数关系或指数关系,为此可以利用这两种函数形式进行非线性拟合,具体实现步骤及每个步骤的结果如下。

（1）输入数据。

```
>> clear all;
x = [1.5, 4.5, 7.5,10.5,13.5,16.5,19.5,22.5,25.5];
y = [7.0,4.8,3.6,3.1,2.7,2.5,2.4,2.3,2.2];
plot(x,y,'*');
xlabel('销售额 x/万元');ylabel('流通费率 y/%')
```

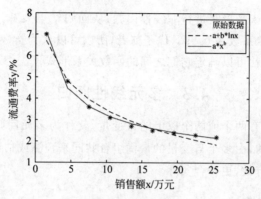

图 4-3　散点图

（2）对数形式非线性回归。

```
>> m1 = @(b,x) b(1) + b(2) * log(x);
nonlinfit1 = fitnlm(x,y,m1,[0.01;0.01])
b = nonlinfit1.Coefficients.Estimate;
Y1 = b(1,1) + b(2,1) * log(x);
hold on
plot(x,Y1,'-- k')
nonlinfit1 =
非线性回归模型:
    y ~ b1 + b2 * log(x)
估计系数:
```

	Estimate	SE	tStat	pValue
b1	7.3979	0.26667	27.742	2.0303e−08
b2	−1.713	0.10724	−15.974	9.1465e−07

```
观测值数目:9,误差自由度:7
均方根误差: 0.276
R 方: 0.973,调整 R 方 0.969
F 统计量(常量模型): 255,p 值 = 9.15e−07
```

（3）指数形式非线性回归。

```
>> m2 = 'y ~ b1 * x^b2';
nonlinfit2 = fitnlm(x,y,m2,[1;1])
b1 = nonlinfit2.Coefficients.Estimate(1,1);
b2 = nonlinfit2.Coefficients.Estimate(2,1);
Y2 = b1 * x.^b2;
hold on
plot(x,Y2,'r')
legend('原始数据','a + b * lnx','a * x^b')
nonlinfit2 =
```

非线性回归模型：

$y \sim b1 * x^{\wedge} b2$

估计系数：

	Estimate	SE	tStat	pValue
b1	8.4112	0.19176	43.862	8.3606e-10
b2	-0.41893	0.012382	-33.834	5.1061e-09

观测值数目：9，误差自由度：7
均方根误差：0.143
R 方：0.993，调整 R 方 0.992
F 统计量(零模型)：3.05e+03，p 值 = 5.1e-09

在实例中，选择两种函数形式进行非线性回归，从回归结果来看，对数形式的决定系数为0.973，而指数形式的决定系数为 0.993，优于前者，所以可以认为指数形式的函数形式更符合 y 与 x 之间的关系，这样就可以确定它们之间的函数关系形式了。

4.3 多元线性回归

在回归分析中，如果有两个或两个以上的自变量，就称为多元回归。事实上，一种现象常常是与多个因素相联系的，由多个自变量的最优组合共同来预测或估计因变量，比只用一个自变量进行预测或估计更有效，更符合实际。

4.3.1 多元线性回归概述

在实际经济问题中，一个变量往往受到多个变量的影响。例如，家庭消费支出，除了受家庭可支配收入的影响外，还受诸如家庭所有财富、物价水平、金融机构存款利息等多种因素的影响，表现在线性回归模型中的解释变量有多个。这样的模型被称为多元线性回归模型。

$$y = \beta_0 + \beta_1 X_1 + \beta_2 X_2 + \cdots + \beta_n X_n + \varepsilon$$

上式表示数据中，因变量 y 可以近似地表示为自变量 $X_1, X_2, \cdots, X_n$ 的线性函数。

β_0 为常数项，$\beta_1, \beta_2, \cdots, \beta_n$ 为偏回归系数，表示在其他自变量保持不变时，$X_i (i=1, 2, \cdots, n)$ 增加或减少一个单位的 y 的平均变化量，ε 是去除 n 个自变量对 y 影响后的随机误差(残差)。

4.3.2 多元线性回归的应用

在 MATLAB 中，提供了 regress 函数用于实现多元线性回归。函数的调用格式如下。

b=regress(y,X)：返回向量 **b**，其中包含向量 **y** 中的响应对矩阵 **X** 中的预测变量的多元线性回归的系数估计值。要计算具有常数项(截距)的模型的系数估计值，可在矩阵 **X** 中包含一个由 1 构成的列。

[b,bint]=regress(y,X)：还返回系数估计值的 95% 置信区间的矩阵 bint。

[b,bint,r]=regress(y,X)：还返回由残差组成的向量 **r**。

[b,bint,r,rint]=regress(y,X)：还返回矩阵 rint，其中包含可用于诊断离群值的区间。

[b,bint,r,rint,stats]=regress(y,X)：还返回向量 stats，其中包含 R2 统计量、F 统计量及其 p 值，以及误差方差的估计值。矩阵 **X** 必须包含一个由 1 组成的列，以便软件正确计算模型统计量。

[＿＿＿]＝regress(y,X,alpha)：使用 $100 \times (1-\text{alpha})\%$ 置信水平来计算 bint 和 rint。可以指定上述任一语法中的输出参数组合。

【例 4-4】　水泥凝固时放出的热量 y 与水泥中的四种化学成分 x_1、x_2、x_3、x_4 有关,现测得一组数据如下,试确定多元线性模型。

```
>> clear all;
Y = y';                                    % 把行向量转秩为列向量
x1 = [7 1 11 11 7 11 3 1 2 21 1 11 10];
x2 = [26 29 56 31 52 56 71 31 54 47 40 66 68];
x3 = [6 15 8 8 6 9 17 22 18 4 23 9 8];
x4 = [60 52 20 47 33 22 6 44 22 26 34 12 12];
y = [78.5 74.3 104.3 87.6 95.9 109.2 102.7 72.5 93.1 115.9 83.8 113.3 109.4];
X = [ones(length(y),1),x1',x2',x3',x4'];   % 把行向量转秩为列向量
Y = y';                                    % 把行向量转秩为列向量
[b,bint,r,rint,stats] = regress(Y,X);
b,bint,stats
b =
    32.4907
     1.8475
     0.8192
     0.4120
     0.1595
bint =
     - 118.7461     183.7275
         0.2503       3.4447
       - 0.7417       2.3802
       - 1.2170       2.0410
       - 1.3724       1.6915
stats =
       0.9842   124.4075     0.0000     5.3711
```

因此,得到 $y = -32.4907 + 1.8475x_1 + 0.8192x_2 + 0.4120x_3 + 0.1595x_4$ 成立。

4.4　逐 步 回 归

逐步回归,是指逐步将自变量输入模型,如果模型具统计学意义,将其纳入在回归模型中,同时移出不具有统计学意义的变量,最终得到一个自动拟合的回归模型,其本质上还是线性回归。

4.4.1　逐步回归的概念

逐步回归的基本思想是通过剔除变量中不太重要但又和其他变量高度相关的变量,降低多重共线性程度。将变量逐个引入模型,每引入一个解释变量后都要进行 F 检验,并对已经选入的解释变量逐个进行 t 检验,当原来引入的解释变量由于后面解释变量的引入变得不再显著时,则将其剔除,以确保每次引入新的变量之前回归方程中只包含显著性变量。这是一个反复的过程,直到既没有显著的解释变量选入回归方程,也没有不显著的解释变量从回归方程中剔除为止,以保证最后所得到的解释变量集是最优的。

逐步回归法的好处是将统计上不显著的解释变量剔除,最后保留在模型中的解释变量之间多重共线性不明显,而且对被解释变量有较好的解释贡献。但是应特别注意,逐步回归法可能因为剔除了重要的相关变量而导致设定偏误。

4.4.2　逐步型选元法

逐步回归法选择变量的过程包含两个基本步骤：一是从回归模型中剔除经检验不显著的变量，二是引入新变量到回归模型中。常用的逐步型选元法有向前法和向后法。

1. 向前法

向前法的思想是变量由少到多，每次增加一个，直至没有可引入的变量为止。具体步骤如下。

步骤1：对 p 个回归自变量 $X_1,X_2,\cdots,X_p$ 分别同因变量 Y 建立一元回归模型 $Y=\beta_0+\beta_iX_i+\varepsilon(i=1,2,\cdots,p)$ 计算变量 X_i，以及相应的回归系数的 F 检测统计量的值，记为 $F_1^{(1)}$，$F_2^{(1)},\cdots,F_p^{(1)}$，取其中的最大值 $F_{i1}^{(1)}$，即 $F_{i1}^{(1)}=\max\{F_1^{(1)},\cdots,F_p^{(1)}\}$，对给定的显著性水平 α，记相应的临界值 F^1，$F_{i1}^{(1)}\geqslant F^1$，则将 X_{i1} 引入回归模型，记 I_1 为选入变量指标集合。

步骤2：建立因变量 Y 与自变量子集 $\{X_{i1},X_1\},\cdots,\{X_{i1},X_{i1-1}\},\{X_{i1},X_{i1+1}\},\cdots,\{X_{i1},X_p\}$ 的二元回归模型（即此回归模型的回归元为二元的），共有 $p-1$ 个。计算变量的回归系数 F 检验的统计量，记为 $F_k^{(2)}(k\neq I_1)$，选其中最大者，记为 $F_{i2}^{(2)}$，对应自变量脚本标记为 i_2，即 $F_{i2}^{(2)}=\max\{F_1^{(2)},\cdots,F_{i1-1}^{(2)},F_{i1+1}^{(2)},F_p^{(2)}\}$。对给定的显著性水平 α，记相应的临界值为 F^1，$F_{i1}^{(2)}\geqslant F^2$，则将变量 X_{i2} 引入回归模型。否则，终止变量引入过程。

步骤3：考虑因变量对变量子集 $\{X_{i1},X_{i2},X_p\}$ 的回归，重复步骤2。

依此方法重复进行，每次从未引入回归模型的自变量中选取一个，直到经检验没有变量引入为止。

2. 向后法

向后法与向前法正好相反，它事先将全部自变量选入回归模型，再逐个剔除对残差平方和贡献较小的自变量。

4.4.3　逐步回归的应用

在 MATLAB 中，提供了 stepwiselm 函数实现逐步回归分析。函数的调用格式如下。

mdl=stepwiselm(tbl)：从常数模型开始，使用逐步回归为表或数据集数组 tbl 中的变量创建线性模型，以添加或删除预测值。stepwiselm 使用 tbl 的最后一个变量作为响应变量，并使用正向和反向逐步回归来确定最终模型。

mdl=stepwiselm(X,y)：使用矩阵 $\boldsymbol{X}$ 的列向量组成的子集来建立一个对 y 进行预测的回归模型。

mdl=stepwiselm(__,modelspec)：使用前面语法中的任何输入参数组合指定起始模型规范。

mdl=stepwiselm(__,Name,Value)：使用一个或多个名称-值对参数指定附加选项。例如，可以指定分类变量、模型中使用的最小或最大项集、要采取的最大步数或 stepwiselm 用于添加或删除项的标准。

【例4-5】　某建材公司对某年20个地区的建材销售量 Y（千方）、推销开支、实际账目数、同类商品竞争数和地区销售潜力分别进行了统计，如表4-3所示。分析推销开支、实际账目数、同类商品竞争数和地区销售潜力对建材销售量的影响。试建立回归模型，并分析哪些是主要的影响因素。

表 4-3 材料分析表

X=	x_1	x_2	x_3	x_4	Y
1	5.5	31	10	8	79.3
2	2.5	55	8	6	200.1
3	8.0	67	12	9	163.2
4	3.0	50	7	16	146.0
5	3.0	38	8	15	200.1
6	2.9	71	12	17	177.7
7	8.0	30	12	8	30.9
8	9.0	56	5	10	291.9
9	4.0	42	8	4	160.0
10	6.5	73	5	16	339.4
11	5.5	60	11	7	159.6
12	5.0	44	12	12	86.3
13	6.0	50	6	6	237.5
14	5.0	39	10	4	107.2
15	3.5	55	10	4	155.0
16	8.0	70	6	14	201.4
17	6.0	40	11	6	100.2
18	4.0	50	11	8	135.8
19	7.5	62	9	13	223.3
20	7.0	59	9	11	195.0

设变量:

- 推销开支:x_1。
- 实际账目数:x_2。
- 同类商品竞争数:x_3。
- 地区销售潜力:x_4。

使用逐步回归步骤如下。

- 表示 x_1,x_2,x_3,x_4。
- 生成对应的向量组。
- 使用 stepwise 实现逐步回归。

实现的 MATLAB 代码如下。

```
>> clear all;
x1 = [5.5  2.5  8  3  3  2.9  8  9  4  6.5  5.5  5  6  5  3.5  8  6  4  7.5  7]'; %%(20维)
x2 = [31  55  67  50  38  71  30  56  42  73  60  44  50  39  55  70  40  50  62  59]';
x3 = [10 8  12  7 8  12  12  5 8  5 11  12  6  10  10  6  11  11  9  9]';
x4 = [8 6  9 16  15  17  8 10  4  16  7 12  6  4  4  14  6  8  13  11]';
y = [79.3  200.1 163.2  146  200.1  177.7  30.9  291.9  160  339.4  159.6  86.3  237.5
107.2  155  201.4  100.2  135.8  223.3  195]';
X = [ones(size(x1)),x1,x2,x3,x4];
stepwise(X(:,2:end), y)          % 效果如图 4-4 所示
```

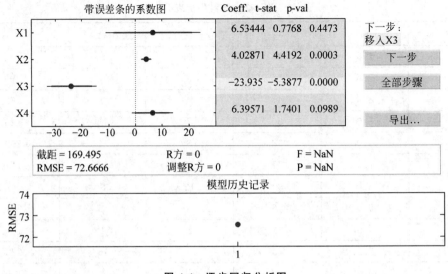

图 4-4　逐步回归分析图

4.5　Logistic 回归

Logistic 回归又称为 Logistic 回归分析，是一种广义的线性回归分析模型，常用于数据挖掘、疾病自动诊断、经济预测等领域。例如，探讨引发疾病的危险因素，并根据危险因素预测疾病发生的概率等。

4.5.1　Logistic 回归概述

Logistic 回归是用于处理二分类问题的，所以输出的标记 $y = \{0, 1\}$，并且线性回归模型产生的预测值 $z = wx + b$ 是一个实值，所以将实值 z 转换成 0/1 值即可，有一个可选函数是"单位阶跃函数"：

$$y = \begin{cases} 0, & z < 0 \\ 0.5, & z = 0 \\ 1, & z > 0 \end{cases}$$

如果预测值大于 0 便判断为正例，小于 0 则判断为反例，等于 0 则可任意判断。但是单位阶跃函数是非连续的函数，这里需要一个连续的函数，Sigmoid 函数便可以很好地取代单位阶跃函数：

$$y = \frac{1}{1 + e^{-z}}$$

Sigmoid 函数在一定程度上近似单位阶跃函数，同时单调可微。这样在原来的线性回归模型上，Sigmoid 函数便形成了 Logistic 回归模型的预测函数，可以用于二分类问题：

$$y = \frac{1}{1 + e^{-(w^T x + b)}}$$

对上式的预测函数做一个变换为：

$$\ln \frac{y}{1-y} = w^T x + b$$

观察上式可得：如果将 y 视为样本 x 作为正例的可能性，则 $1-y$ 便是其反例的可能性。二者的比值便被称为"概率"，反映了 x 作为正例的相对可能性，这也是 Logistic 回归又被称为对数概率回归的原因。

4.5.2 Logistic 回归的应用

普通线性回归可用于将直线或具有线性参数的函数与具有正态分布误差的数据相拟合, 这是最常用的回归模型, 但并非总是符合实际需要。广义线性模型通过两种方式对线性模型 进行扩展。首先, 通过引入联系函数, 放宽了参数的线性假设。其次, 可以对正态分布之外的 误差分布进行建模。

【例 4-6】 使用 glmfit 和 glmval 来拟合和计算广义线性模型。

具体步骤如下。

(1) 广义线性模型。

回归模型使用一个或多个预测变量(通常表示为 x_1、x_2 等)来定义一个响应变量(通常表示为 y)的分布。最常用的回归模型, 即普通线性回归模型, 将 y 建模为正态随机变量, 其均值是预测变量的线性函数 $b_0 + b_1 x_1 + \cdots$, 其方差是常量。在只有一个预测变量 x 的最简单的情况下, 该模型可以表示为由符合高斯分布的点组成的一条直线。

```
>> mu = @(x) - 1.9 + .23 * x;
x = 5:.1:15;
yhat = mu(x);
dy = - 3.5:.1:3.5; sz = size(dy); k = (length(dy) + 1)/2;
x1 = 7 * ones(sz); y1 = mu(x1) + dy; z1 = normpdf(y1,mu(x1),1);
x2 = 10 * ones(sz); y2 = mu(x2) + dy; z2 = normpdf(y2,mu(x2),1);
x3 = 13 * ones(sz); y3 = mu(x3) + dy; z3 = normpdf(y3,mu(x3),1);
plot3(x,yhat,zeros(size(x)),'b-', ...      % 效果如图 4 - 5 所示
        x1,y1,z1,'r-', x1([k k]),y1([k k]),[0 z1(k)],'r:', ...
        x2,y2,z2,'r-', x2([k k]),y2([k k]),[0 z2(k)],'r:', ...
        x3,y3,z3,'r-', x3([k k]),y3([k k]),[0 z3(k)],'r:');
zlim([0 1]);
xlabel('X'); ylabel('Y'); zlabel('概率密度');
grid on; view([- 45 45]);
```

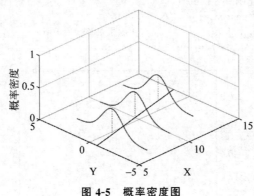

图 4-5　概率密度图

在广义线性模型中, 响应变量的均值建模为对预测变量的线性函数的单调非线性变换 g $(b_0 + b_1 x_1 + \cdots)$。变换 g 的逆称为"联系"函数。示例包括对数概率(Sigmoid)联系和对数联系。此外, y 可能具有非正态分布, 例如, 二项分布或泊松分布。例如, 具有对数联系和一个预测变量 x 的泊松回归可以表示为由符合泊松分布的点组成的一条指数曲线。

```
>> mu = @(x) exp( - 1.9 + .23 * x);
x = 5:.1:15;
yhat = mu(x);
x1 = 7 * ones(1,5); y1 = 0:4; z1 = poisspdf(y1,mu(x1));
```

```
x2 = 10 * ones(1,7); y2 = 0:6; z2 = poisspdf(y2,mu(x2));
x3 = 13 * ones(1,9); y3 = 0:8; z3 = poisspdf(y3,mu(x3));
plot3(x,yhat,zeros(size(x)),'b-', ...                      % 效果如图 4-6 所示
        [x1; x1],[y1; y1],[z1; zeros(size(y1))],'r-', x1,y1,z1,'r.', ...
        [x2; x2],[y2; y2],[z2; zeros(size(y2))],'r-', x2,y2,z2,'r.', ...
        [x3; x3],[y3; y3],[z3; zeros(size(y3))],'r-', x3,y3,z3,'r.');
zlim([0 1]);
xlabel('X'); ylabel('Y'); zlabel('概率');
grid on; view([-45 45]);
```

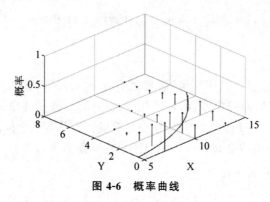

图 4-6　概率曲线

（2）拟合逻辑回归。

本实例中包含一个实验,以帮助建模不同重量的汽车在里程测试中未通过的比例。数据包括被测汽车的重量、汽车数量以及失败次数等观测值。

```
>> % 一组汽车重量
weight = [2100 2300 2500 2700 2900 3100 3300 3500 3700 3900 4100 4300]';
% 每种重量下测试的汽车数量
tested = [48 42 31 34 31 21 23 23 21 16 17 21]';
% 每种重量下未通过测试的汽车数量
failed = [1 2 0 3 8 8 14 17 19 15 17 21]';
% 每种重量的汽车故障比例
proportion = failed ./ tested;
plot(weight,proportion,'s')                          % 效果如图 4-7 所示。
xlabel('重量'); ylabel('比例');
```

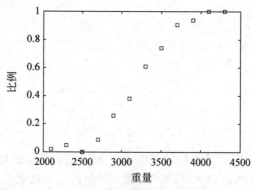

图 4-7　汽车失败比例值对汽车重量的函数关系图

图 4-7 是汽车失败比例值对汽车重量的函数关系图。可以合理地假设失败次数来自二项分布,其概率参数 p 随着重量增加而增加。但是,p 与重量的确切关系应该是怎样的呢?

下面可以尝试用一条直线来拟合这些数据，如图 4-8 所示。

```
>> linearCoef = polyfit(weight,proportion,1);
linearFit = polyval(linearCoef,weight);
plot(weight,proportion,'s', weight,linearFit,'r-', [2000 4500],[0 0],'k:', [2000 4500],[1 1],'k:')
xlabel('重量'); ylabel('比例');
```

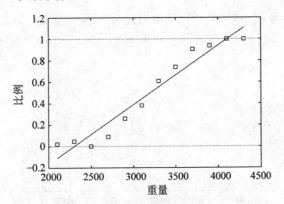

图 4-8　数据的线性拟合效果

这种线性拟合有以下两个问题。

① 线上存在小于 0 和大于 1 的预测比例值。

② 因为这些比例值是有界的，因而不符合正态分布。这违反了拟合简单线性回归模型需满足的假设之一。

使用更高阶的多项式可能会有所帮助，如图 4-9 所示。

```
>> [cubicCoef,stats,ctr] = polyfit(weight,proportion,3);
cubicFit = polyval(cubicCoef,weight,[],ctr);
plot(weight,proportion,'s', weight,cubicFit,'r-', [2000 4500],[0 0],'k:', [2000 4500],[1 1],'k:')
xlabel('重量'); ylabel('比例');
```

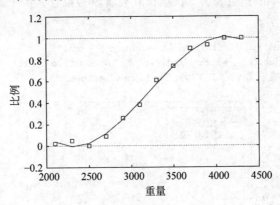

图 4-9　高阶多项式拟合效果

然而，此拟合仍然存在类似的问题。如图 4-9 所示，当重量值超过 4000 时，拟合的失败比例值开始下降；但事实上，重量值进一步增大时，情况应与此相反。当然，这仍然违反正态分布的假设。

在这种情况下，更好的方法是使用 glmfit 来拟合一个逻辑回归模型。逻辑回归是广义线性模型的特例，比线性回归更适合这些数据，原因有两个：首先，它使用适合二项分布的拟合方法；其次，逻辑联系将预测的比例值限制在[0,1]范围内。

对于逻辑回归，指定预测变量矩阵，再指定另一个一列包含失败次数、一列包含被测汽车数量的矩阵。同时还指定二项分布和对数概率联系，效果如图 4-10 所示。

```
>> [logitCoef,dev] = glmfit(weight,[failed tested],'binomial','logit');
logitFit = glmval(logitCoef,weight,'logit');
plot(weight,proportion,'bs', weight,logitFit,'r-');
xlabel('重量'); ylabel('比例');
```

如图 4-10 所示，重量变小时，拟合比例值渐近为 0；重量变大时，拟合比例值渐近为 1。

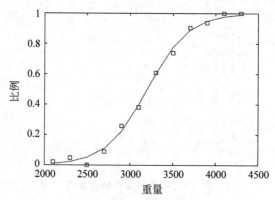

图 4-10　glmfit 函数拟合效果

（3）模型诊断。

glmfit 函数提供几个输出，用于检查拟合和测试模型。例如，可以比较两个模型的偏差值，以确定平方项是否可以显著改善拟合。

```
>> [logitCoef2,dev2] = glmfit([weight weight.^2],[failed tested],'binomial','logit');
pval = 1 - chi2cdf(dev-dev2,1)
pval =
        0.4019
```

对于这些数据，较大的 p 值表明二次项没有显著改善拟合。两个拟合的图显示拟合几乎没有差异，如图 4-11 所示。

```
>> logitFit2 = glmval(logitCoef2,[weight weight.^2],'logit');
plot(weight,proportion,'bs', weight,logitFit,'r-', weight,logitFit2,'g-.');
legend('数据','线性项','线性和二次项','Location','northwest');
```

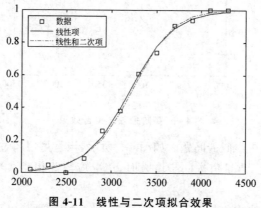

图 4-11　线性与二次项拟合效果

为了检查拟合的好坏，还可以查看 Pearson 残差的概率图，如图 4-12 所示。这些值已经归一化，因此当模型合理地拟合数据时，它们大致呈标准正态分布。（如果没有归一化，残差将具有不同的方差。）

```
>> [logitCoef,dev,stats] = glmfit(weight,[failed tested],'binomial','logit');
normplot(stats.residp);
```

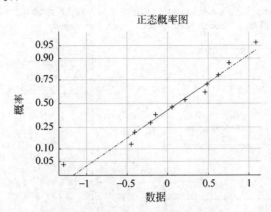

图 4-12　Pearson 残差的概率图

图 4-12 的残差图显示非常符合正态分布。

（4）计算模型预测。

当对模型满意后，即可使用它来进行预测，包括计算置信边界，如图 4-13 所示。这里分别对四种重量的汽车进行预测，看每 100 辆被测汽车中不能通过里程测试的汽车有多少辆。

```
>> weightPred = 2500:500:4000;
[failedPred,dlo,dhi] = glmval(logitCoef,weightPred,'logit',stats,.95,100);
errorbar(weightPred,failedPred,dlo,dhi,':');
```

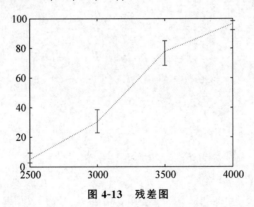

图 4-13　残差图

（5）二项模型的联系函数。

对于 glmfit 支持的五种分布，每一种都有一个典型（默认）的联系函数。对于二项分布，典型的联系为对数概率。但是，还有三个联系对二项模型敏感。所有四个联系的均值响应都在区间[0,1]内，如图 4-14 所示。

```
>> eta = -5:.1:5;
plot(eta,1 ./ (1 + exp(-eta)),'-.', eta,normcdf(eta), '--', ...
    eta,1 - exp(-exp(eta)),':', eta,exp(-exp(eta)),'-');
xlabel('预测因子的线性函数'); ylabel('预测平均响应');
legend('对数概率','对数概率','complementary log-log','log-log','location','east');
```

例如，可以将具有概率比联系的拟合与具有对数概率联系的拟合进行比较，如图 4-15 所示。

```
>> probitCoef = glmfit(weight,[failed tested],'binomial','probit');
probitFit = glmval(probitCoef,weight,'probit');
plot(weight,proportion,'bs', weight,logitFit,'r-.', weight,probitFit,'g-');
legend('数据','Logit 模型','Probit 模型','Location','northwest');
```

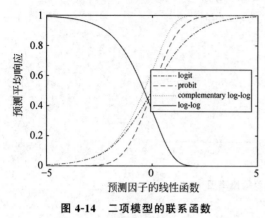

图 4-14　二项模型的联系函数

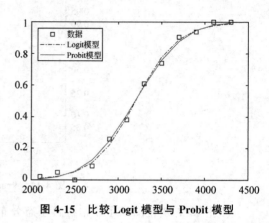

图 4-15　比较 Logit 模型与 Probit 模型

通常很难基于数据拟合效果判断四个联系函数中哪个较为适用,因此,往往基于理论来进行选择。

第 5 章

统计性数据分析实战

统计工具箱提供了用于描述数据、分析数据以及为数据建模的函数和 App。可以使用描述性统计量和绘图进行探索性数据分析,对数据进行概率分布拟合,生成进行蒙特卡罗仿真的随机数,以及执行假设检验。

5.1 统计量和统计图

描述性统计分析要对调查总体所有变量的有关数据做统计性描述,主要包括数据的频数分析、数据的集中趋势分析、数据离散程度分析、数据的分布,以及一些基本的统计图形。常见的分析方法包括对比分析法、平均分析法、交叉分析法等。

5.1.1 描述性统计量

描述性统计量是指通过生成汇总统计量,包括集中趋势、散度、形状和相关性方面的度量,以数值方式来探索数据。统计工具箱允许计算包含缺失(NaN)值的样本数据的汇总统计量。利用一元图、二元图和多元图,实现数据的可视化。可用选项包括箱线图、直方图和概率图。

1. 数据管理

在 MATLAB 中,可以使用多种不同的文件格式将数据导入和导出。有效格式包括表格数据、以制表符分隔的文件、Microsoft Excel 电子表格以及 SAS XPORT 文件。统计工具箱还提供了更多数据类型,用于处理分组变量和分类数据。此工具箱还支持 MATLAB 中许多(但不是全部)可用的数据类型。

统计工具箱中包括表 5-1 中的实例数据集。要将数据集加载到 MATLAB 工作区中,可输入:

```
load filename
```

其中,filename 是表中列出的文件之一。

数据集包含单独的数据变量、具有引用的描述变量以及封装数据集及其描述的数据集数组(如果适用)。

表 5-1 常用的实例数据集

文　件	数据集的描述
acetylene. mat	具有相关预测变量的化学反应数据
arrhythmia. mat	来自 UCI 机器学习存储库的心律失常数据
carbig. mat	汽车的测量值，1970—1982
carsmall. mat	carbig. mat 的子集。汽车的测量值，1970、1976、1982
census1994. mat	来自 UCI 机器学习存储库的成人数据
cereal. mat	早餐谷物成分
cities. mat	美国大都市地区的生活质量评分
discrim. mat	用于判别分析的 cities. mat 版本
examgrades. mat	0～100 分的考试成绩
fisheriris. mat	Fisher 1936 年的鸢尾花数据
flu. mat	Google 流感趋势估计的美国不同地区的 ILI(流感样疾病)百分比,疾病预防控制中心根据哨点提供商报告对 ILI 百分比进行了加权
gas. mat	1993 年马萨诸塞州的汽油价格
hald. mat	水泥发热与原料混合
hogg. mat	牛奶的不同配送方式中的细菌数量
hospital. mat	仿真的医疗数据
humanactivity. mat	5 种活动的人类活动识别数据：坐、站、走、跑和跳舞
imports-85. mat	1985 年来自 UCI 存储库的自动导入数据库
ionosphere. mat	来自 UCI 机器学习存储库的电离层数据集
kmeansdata. mat	四维聚类数据
lawdata. mat	15 所法学院的平均分数和 LSAT 分数
mileage. mat	两家工厂的三种汽车型号的里程数据
moore. mat	关于 5 个预测变量的生化需氧量
morse. mat	非编码人员对摩尔斯电码的识别情况
nlpdata. mat	从 MathWorks 文档中提取的自然语言处理数据
ovariancancer. mat	关于 4000 个预测变量的分组观测值
parts. mat	36 个圆形零件的大小偏差
polydata. mat	多项式拟合的样本数据
popcorn. mat	爆米花机型和品牌的爆米花产出
reaction. mat	Hougen-Watson 模型的反应动力学
sat. dat	按性别和测验分列的学术能力测验（SAT）平均分（表）
sat2. dat	按性别和测验分列的学术能力测验（SAT）平均分（csv）
spectra. mat	60 份汽油样本的近红外光谱和辛烷值
stockreturns. mat	仿真的股票回报

2. 数据类型

统计工具箱还另外提供了两种数据类型。要处理有序和无序的离散非数值数据,可以使用 nominal 和 ordinal 数据类型。要将多个变量(包括具有不同数据类型的变量)存储到一个对象中,可以使用 dataset 数组数据类型。但是,这些数据类型是统计和机器学习工具箱所独有的。要获得更好的跨产品兼容性,可分别使用 MATLAB 中提供的 categorical 或 table 数据类型。

【例 5-1】　使用数据集数组变量及其数据。

(1) 按名称访问变量。

可以通过使用变量(列)名称和点索引来访问变量数据或选择变量子集。加载样本数据集数组,显示 hospital 中变量的名称。

```
>> load hospital
hospital.Properties.VarNames(:)
ans =
  7×1 cell 数组
    {'LastName'      }
    {'Sex'           }
    {'Age'           }
    {'Weight'        }
    {'Smoker'        }
    {'BloodPressure' }
    {'Trials'        }
```

数据集数组中有 7 个变量(列)和 100 个观测值(行)。可以在工作区窗口中双击 hospital 以在变量编辑器中查看数据集数组。

(2) 绘制直方图。

绘制变量 Weight 中数据的直方图,如图 5-1 所示。

```
>> figure
histogram(hospital.Weight)
```

图 5-1 中的直方图显示体重呈双峰分布。

(3) 绘制按类别分组的数据。

绘制按 Sex 中的值分组(男性和女性)的 Weight 的箱线图。也就是说,使用变量 Sex 作为分组变量。

```
>> figure
boxplot(hospital.Weight,hospital.Sex)    % 效果如图 5 - 2 所示
```

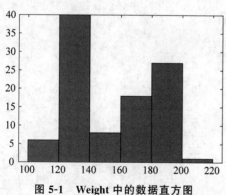

图 5-1　Weight 中的数据直方图

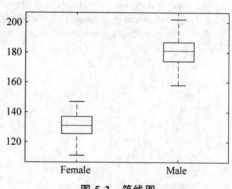

图 5-2　箱线图

图 5-2 的箱线图表明性别是体重呈双峰分布的原因。

(4) 选择一个变量子集。

创建一个新数据集数组,其中仅包含变量 LastName、Sex 和 Weight。可以通过名称或列号访问变量。

```
>> ds1 = hospital(:,{'LastName','Sex','Weight'});
ds2 = hospital(:,[1,2,4]);
```

数据集数组 ds1 和 ds2 是等同的。在对数据集数组进行索引时,使用括号()可保留数据类型;也就是说,基于数据集数组的子集创建一个数据集数组。还可以使用变量编辑器基于变量和观测值的子集创建一个新数据集数组。

（5）转换变量数据类型。

将变量 Smoker 的数据类型从逻辑值转换为名义值，标签为 No 和 Yes。

```
>> hospital.Smoker = nominal(hospital.Smoker,{'No','Yes'});
class(hospital.Smoker)
ans =
    'nominal'
```

（6）探查数据。

显示 Smoker 的前 10 个元素。

```
>> hospital.Smoker(1:10)
ans =
  10×1 nominal 数组
    Yes
    No
    No
    No
    No
    No
    Yes
    No
    No
    No
```

如果要更改名义数组中的水平标签，请使用 setlabels。

（7）添加变量。

变量 BloodPressure 是 100×2 数组。第一列对应于收缩压，第二列对应于舒张压。将此数组分成两个新变量 SysPressure 和 DiaPressure。

```
>> hospital.SysPressure = hospital.BloodPressure(:,1);
hospital.DiaPressure = hospital.BloodPressure(:,2);
hospital.Properties.VarNames(:)
ans =
  9×1 cell 数组
    {'LastName'     }
    {'Sex'          }
    {'Age'          }
    {'Weight'       }
    {'Smoker'       }
    {'BloodPressure'}
    {'Trials'       }
    {'SysPressure'  }
    {'DiaPressure'  }
```

可见，数据集数组 hospital 有两个新变量。

（8）按名称搜索变量。

使用 regexp 查找 hospital 中变量名称包含 'Pressure' 的变量。创建只包含这些变量的新数据集数组。

```
>> bp = regexp(hospital.Properties.VarNames,'Pressure');
bpIdx = cellfun(@isempty,bp);
bpData = hospital(:,~bpIdx);
bpData.Properties.VarNames(:)
ans =
  3×1 cell 数组
```

```
    {'BloodPressure'}
    {'SysPressure'  }
    {'DiaPressure'  }
```

可见,新数据集数组 bpData 仅包含血压变量。

(9) 删除变量。

从数据集数组 hospital 中删除变量 BloodPressure。

```
>> hospital.BloodPressure = [];
hospital.Properties.VarNames(:)
ans =
    8×1 cell 数组
    {'LastName'   }
    {'Sex'        }
    {'Age'        }
    {'Weight'     }
    {'Smoker'     }
    {'Trials'     }
    {'SysPressure'}
    {'DiaPressure'}
```

可见,变量 BloodPressure 不再在数据集数组中。

5.1.2 常用的统计量函数

根据样本数据计算描述性统计量,包括有关集中趋势、散度、形状、相关性和协方差的度量。制作数据的一般报表和交叉表,并计算分组数据的汇总统计量。如果数据中包含缺失(NaN)值,MATLAB 算术运算函数将返回 NaN。不过,统计工具箱提供的专用函数可以忽略这些缺失值,并返回使用其余值计算的数值。

下面介绍两个较为常用的统计量函数。

1. prctile 函数

prctile 函数用于计算数据集的百分位数。函数的调用格式如下。

$Y=\text{prctile}(X,p)$:根据区间 $[0,100]$ 中的百分比 p 返回数据向量或数组 X 中元素的百分位数。

- 如果 X 是向量,则 Y 是标量或向量,向量长度等于所请求百分位数的个数(length(p))。$Y(i)$ 包含第 $p(i)$ 个百分位数。
- 如果 X 是矩阵,则 Y 是行向量或矩阵,其中,Y 的行数等于所请求百分位数的个数(length(p))。Y 的第 i 行包含 X 的每一列的第 $p(i)$ 个百分位数。
- 对于多维数组,prctile 在 X 的第一个非单一维度上进行运算。

  $Y=\text{prctile}(X,p,'all')$:返回 X 的所有元素的百分位数。

  $Y=\text{prctile}(X,p,dim)$:返回运算维度 dim 上的百分位数。

  $Y=\text{prctile}(X,p,vecdim)$:基于向量 vecdim 所指定的维度返回百分位数。例如,如果 X 是矩阵,则 prctile(X,50,[1 2]) 返回 X 的所有元素的第 50 个百分位数,因为矩阵的每个元素都包含在由维度 1 和 2 定义的数组切片中。

  $Y=\text{prctile}(\underline{\quad\quad},'Method',method)$:使用上述任一语法中的输入参数组合,根据 method 的值,返回精确或近似百分位数。

【例 5-2】 计算数组中所有值的百分位数。

```
>> % 创建 3×5×2 数组 X
```

```
X = reshape(1:30,[3 5 2])
X(:,:,1) =
    1    4    7   10   13
    2    5    8   11   14
    3    6    9   12   15
X(:,:,2) =
   16   19   22   25   28
   17   20   23   26   29
   18   21   24   27   30
>> % 计算 X 的元素的第 40 个和第 60 个百分位数
Y = prctile(X,[40 60],'all')
Y =
   12.5000
   18.5000
```

2. corr 函数

corr 函数用于计算线性或秩相关性。函数的调用格式如下。

rho＝corr(X)：返回输入矩阵 X 中各列之间的两两线性相关系数矩阵。

rho＝corr(X,Y)：返回输入矩阵 X 和 Y 中各列之间的两两相关系数矩阵。

[rho,pval]＝corr(X,Y)：还返回 pval，它是一个 p 值矩阵，用于基于非零相关性备择假设来检验无相关性假设。

除了上述语法中的输入参数，[rho,pval]＝corr(____,Name,Value)还使用一个或多个名称-值对组参数指定选项。例如，'Type','Kendall'指定计算 Kendall tau 相关系数。

【例 5-3】 计算两个矩阵之间的相关性，并将其与两个列向量之间的相关性进行比较。

```
% 生成样本数据
>> rng('default')
X = randn(30,4);
Y = randn(30,4);
>> % 在矩阵 X 的第二列和矩阵 Y 的第四列之间引入相关性
Y(:,4) = Y(:,4) + X(:,2);
% 计算 X 和 Y 的列之间的相关性
rho,pval] = corr(X,Y)
rho =
    -0.1686   -0.0363    0.2278    0.3245
     0.3022    0.0332   -0.0866    0.7653
    -0.3632   -0.0987   -0.0200   -0.3693
    -0.1365   -0.1804    0.0853    0.0279

pval =
     0.3731    0.8489    0.2260    0.0802
     0.1045    0.8619    0.6491    0.0000
     0.0485    0.6039    0.9166    0.0446
     0.4721    0.3400    0.6539    0.8837
```

5.1.3　统计可视化

在 MATLAB 中，使用一元图(如箱线图和直方图)研究一元分布，使用二元图(如分组散点图和二元直方图)显示变量之间的关系，使用多元图(如 Andrews 图和图形符号图)可视化多个变量之间的关系。通过添加记录名称、最小二乘线条和参考曲线来自定义绘图。

下面介绍两个常用的函数。

1. boxplot 函数

在统计工具箱中,提供了 boxplot 函数绘制箱线图。函数的调用格式如下。

boxplot(x):创建 x 中数据的箱线图。如果 x 是向量,boxplot 绘制一个箱子;如果 x 是矩阵,boxplot 为 x 的每列绘制一个箱子。

在每个箱子上,中心标记表示中位数,箱子的底边和顶边分别表示第 25 个和 75 个百分位数。须线会延伸到不是离群值的最远端数据点,离群值会以'＋'符号单独绘制。

boxplot(x,g):使用 g 中包含的一个或多个分组变量创建箱线图。boxplot 为具有相同的一个或多个 g 值的各组 x 值创建一个单独的箱线。

boxplot(ax,____):使用坐标区图形对象 ax 指定的坐标区和任何上述语法创建箱线图。

boxplot(____,Name,Value):使用由一个或多个 Name 和 Value 对组参数指定的附加选项创建箱线图。例如,可以指定箱子样式或顺序。

函数的应用可参考例 5-1。

2. refline 函数

在统计工具箱中,提供了 refline 函数实现将参考线添加到绘图中。函数的调用格式如下。

refline(m,b):在当前坐标区中添加一条具有斜率 m 和截距 b 的参考线。

refline(coeffs):将由向量 coeffs 的元素定义的线添加到图窗中。

refline(ax,____):使用上述任一语法中的输入参数,向 ax 所指定坐标区中的图上添加一条参考线。

hline＝refline(____):使用上述任一语法中的输入参数,返回参考线对象 hline。在创建参考线后,使用 hline 修改其属性。

【例 5-4】 在均值处添加参考线。

```
>> % 为自变量 x 和因变量 y 生成样本数据
x = 1:10;
y = x + randn(1,10);
% 创建 x 和 y 的散点图,如图 5-3 所示
scatter(x,y,25,'b','*')
下面实现在散点图上叠加一条最小二乘线,如图 5-4 所示
>> refline
```

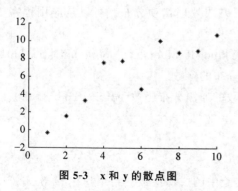

图 5-3 x 和 y 的散点图

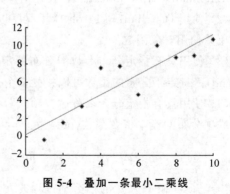

图 5-4 叠加一条最小二乘线

下面实现在散点图的均值处添加一条参考线,如图 5-5 所示。

```
>> mu = mean(y);
hline = refline([0 mu]);
hline.Color = 'r';
```

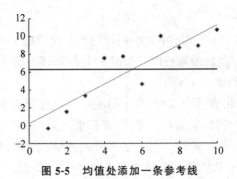

图 5-5　均值处添加一条参考线

5.2　概　率　分　布

概率分布,是概率论中的基本概念之一,主要用于表述随机变量取值的概率规律,可用来计算均值和中值等汇总统计量、可视化样本数据、生成随机数等。在 MATLAB 中可使用概率分布对象、命令行函数或交互式 App 来处理概率分布。

概率分布可分为离散概率分布和连续概率分布,下面针对这两种分布进行介绍。

5.2.1　离散概率分布

离散概率分布是指随机变量只能取有限(或可数无限)数量的值的概率分布。例如,在二项分布中,随机变量 X 只能取值 0 或 1。统计工具箱提供了几种处理离散概率分布的方法,包括概率分布对象、命令行函数和交互式 App。

1. 二项分布

二项分布即重复 n 次独立的伯努利实验。在每次实验中只有两种可能的结果,而且两种结果发生与否互相对立,并且相互独立,与其他各次实验结果无关,事件发生与否的概率在每一次独立实验中都保持不变,则这一系列实验总称为 n 重伯努利实验,当实验次数为 1 时,二项分布服从 0-1 分布。

在统计和机器学习工具箱中提供了如下几种处理二项分布的方法。

(1) 通过将概率分布拟合到样本数据(fitdist)或指定参数值(makedist)来创建概率分布对象 BinomialDistribution。然后,使用对象函数来评估分布、生成随机数等。

(2) 使用 Distribution Fitter 应用程序以交互方式处理二项分布。可以从应用程序中导出对象并使用对象函数。

(3) 使用具有指定分布参数的分布特定函数(binocdf、binopdf、binoinv、binostat、binofit、binornd)。特定于分布的函数可以接受多个二项分布的参数。

(4) 使用具有指定分布名称("二项式")和参数的通用分布函数(cdf、icdf、pdf、随机)。

二项分布的概率密度函数(pdf)为:

$$f(x \mid N, p) = \binom{N}{x} p^x (1-p)^{N-x}, \quad x = 0, 1, 2, \cdots, N$$

其中,x 是成功概率为 p 的伯努利过程的 N 次实验中的成功次数。结果是在 N 次实验中恰好 x 次成功的概率。对于离散分布,pdf 也称为概率质量函数(pmf)。

二项分布的累积分布函数(cdf)为:

$$F(x \mid N, p) = \sum_{i=0}^{x} \binom{N}{i} p^i (1-p)^{N-i}; \quad x = 0, 1, 2, \cdots, N$$

其中，x 是成功概率为 p 的伯努利过程的 N 次实验中的成功次数。结果是在 N 次实验中最多 x 次成功的概率。

下面对几个常用的二项分布函数进行介绍。

1) fitdist 函数

在统计工具箱中，提供了 fitdist 函数对数据进行概率分布对象拟合。函数的调用格式如下。

pd＝fitdist(x,distname)：通过对列向量 x 中的数据进行 distname 指定的分布拟合，创建概率分布对象。

pd＝fitdist(x,distname,Name,Value)：使用一个或多个名称-值对组参数指定的附加选项创建概率分布对象。例如，可以为迭代拟合算法指示删失数据或指定控制参数。

[pdca,gn,gl]＝fitdist(x,distname,'By',groupvar)：基于分组变量 groupvar 对 x 中的数据进行 distname 指定的分布拟合，以创建概率分布对象。它返回拟合后的概率分布对象的元胞数组 pdca、组标签的元胞数组 gn 以及分组变量水平的元胞数组 gl。

[pdca,gn,gl]＝fitdist(x,distname,'By',groupvar,Name,Value)：使用一个或多个名称-值对组参数指定的附加选项返回上述输出参数。

2) pdf 函数

在统计工具箱中，pdf 函数为概率密度函数。函数的调用格式如下。

y＝pdf('name',x,A)：返回由'name'和分布参数 A 指定的单参数分布族的概率密度函数（pdf），在 x 中的值处计算函数值。

y＝pdf('name',x,A,B)：返回由'name'以及分布参数 A 和 B 指定的双参数分布族的 pdf，在 x 中的值处计算函数值。

y＝pdf('name',x,A,B,C)：返回由'name'以及分布参数 A、B 和 C 指定的三参数分布族的 pdf，在 x 中的值处计算函数值。

y＝pdf('name',x,A,B,C,D)：返回由'name'以及分布参数 A、B、C 和 D 指定的四参数分布族的 pdf，在 x 中的值处计算函数值。

y＝pdf(pd,x)：返回概率分布对象 pd 的 pdf，在 x 中的值处计算函数值。

【例 5-5】 对数据进行正态分布拟合。

```
>> % 加载样本数据。创建包含患者体重数据的向量
load hospital
x = hospital.Weight;
% 通过对数据进行正态分布拟合来创建正态分布对象
pd = fitdist(x,'Normal')
pd =
  NormalDistribution
  正态 分布
      mu =     154    [148.728, 159.272]
    sigma = 26.5714   [23.3299, 30.8674]
```

参数估计值旁边的区间是分布参数的 95% 置信区间。

```
% 绘制分布的 pdf,如图 5-6 所示
>> x_values = 50:1:250;
y = pdf(pd,x_values);
plot(x_values,y,'LineWidth',2)
```

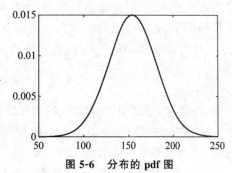

图 5-6 分布的 pdf 图

3）cdf 函数

在统计工具箱中，cdf 函数为累积分布函数。函数的调用格式如下。

$y = cdf('name', x, A)$：基于 x 中的值计算并返回由'name'和分布参数 A 指定的单参数分布族的累积分布函数（cdf）值。

$y = cdf('name', x, A, B)$：基于 x 中的值计算并返回由'name'以及分布参数 A 和 B 指定的双参数分布族的 cdf。

$y = cdf('name', x, A, B, C)$：基于 x 中的值计算并返回由'name'以及分布参数 A、B 和 C 指定的三参数分布族的 cdf。

$y = cdf('name', x, A, B, C, D)$：基于 x 中的值计算并返回由'name'以及分布参数 A、B、C 和 D 指定的四参数分布族的 cdf。

$y = cdf(pd, x)$：基于 x 中的值计算并返回概率分布对象 pd 的 cdf。

$y = cdf(\_\_\_\_, 'upper')$：使用可更精确计算极值上尾概率的算法返回 cdf 的补函数。'upper' 可以跟在上述语法中的任何输入参数之后。

【例 5-6】 计算正态分布 cdf。

```
% 创建均值 μ 等于 0、标准差 σ 等于 1 的标准正态分布对象
>> mu = 0;
sigma = 1;
pd = makedist('Normal','mu',mu,'sigma',sigma);
>> % 定义输入向量 x 以包含用于计算 cdf 的值
x = [-2,-1,0,1,2];
% 基于 x 中的值计算标准正态分布的 cdf 值
y = cdf(pd,x)
y =
    0.0228    0.1587    0.5000    0.8413    0.9772
```

y 中的每个值对应于输入向量 x 中的一个值。例如，在值 x 等于 1 时，对应的 cdf 值 y 等于 0.8413。

也可以不创建概率分布对象而直接计算同样的 cdf 值。使用 cdf 函数，再使用同样的 μ 和 σ 参数值指定一个标准正态分布。

```
>> y2 = cdf('Normal',x,mu,sigma)
y2 =
    0.0228    0.1587    0.5000    0.8413    0.9772
```

cdf 值与使用概率分布对象计算的值相同。

2. 多项式分布

多项式分布是二项分布的推广。二项分布（也叫伯努利分布）的典型例子是扔硬币，硬币正面朝上概率为 p，重复扔 n 次硬币，k 次为正面的概率即为一个二项分布概率。而多项分布就像扔骰子，有 6 个面对应 6 个不同的点数。二项分布时事件 X 只有两种取值，而多项分布的 X 有多种取值，多项分布的概率公式为：

$$f(x \mid n, p) = \frac{n!}{x_1! \cdots x_k!} p_1^{x_1} \cdots p_k^{x_k}$$

式中，k 是每个实验中可能出现的相互排斥的结果数，n 是实验总数。向量 $x = (x_1 \cdots x_k)$ 是每 k 个结果的观察数，包含总和为 n 的非负整数分量。向量 $p = (p_1 \cdots p_k)$ 是每 k 个结果的固定概率，包含总和为 1 的非负标量分量。

在 n 次实验中结果 i 的预期观察次数为：

$$E\{x_i\} = np_i$$

其中，p_i 是结果 i 的概率。方差的结果 i 是：

$$\text{var}(x_i) = np_i(1 - p_i)$$

结果 i 和 j 的协方差为：

$$\text{cov}(x_i, x_j) = -np_ip_j, \quad i \neq j$$

【例 5-7】 生成随机数，计算并绘制 pdf，以及使用概率分布对象计算多项式分布的描述性统计信息。

（1）定义分布参数。

创建一个包含每个结果概率的向量 p。结果 1 的概率为 $1/2$，结果 2 的概率为 $1/3$，结果 3 的概率为 $1/6$。每个实验的实验次数 n 为 5 次，重复次数为 8 次。

```
>> p = [1/2 1/3 1/6];
n = 5;
reps = 8;
```

（2）创建一个多项式概率分布对象。

使用"概率"参数的指定值 p 创建多项式概率分布对象。

```
>> pd = makedist('Multinomial','Probabilities',p)
pd =
  MultinomialDistribution
  Probabilities:
    0.5000    0.3333    0.1667
>> rng('default')              % 重复性
r = random(pd)
r =
    2
```

结果表明，本实验结果为 2。

（3）生成一个随机数矩阵。

还可以从多项式分布生成一个随机数矩阵，该矩阵报告了包含多个实验的多个实验结果。生成的矩阵，其中包含 $n=5$ 次实验和 8 次重复的实验结果。

```
>> r = random(pd, reps, n)
r =
    3    3    3    2    1
    1    1    2    2    1
    3    3    3    1    2
    2    3    2    2    2
    1    1    1    1    1
    1    2    3    2    3
    2    1    3    2    1
    3    1    2    1    1
```

结果矩阵中的每个元素都是一次实验的结果。列对应于每个实验中的 5 个实验，行对应于 8 个实验。例如，在第一个实验中（对应于第一行），5 个实验中的一个得出结果 1，5 个实验中的一个得出结果 2，5 个实验中的三个得出结果 3。

（4）计算并绘制 pdf。

计算分布的 pdf，并绘图，如图 5-7 所示。

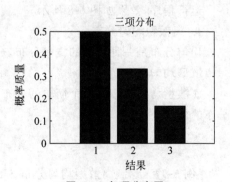

图 5-7 多项分布图

```
>> x = 1:3;
y = pdf(pd,x);
bar(x,y)
xlabel('结果')
ylabel('概率质量')
title('三项分布')
```

该图显示了每 k 个可能结果的概率质量。对于此分布,除 1、2 或 3 之外的任何 x 的 pdf 值均为 0。

(5) 计算描述性统计。

计算分布的均值、中值和标准差。

```
>> m = mean(pd)          % 均值
m =
    1.6667
>> med = median(pd)      % 中值
med =
    1
>> s = std(pd)           % 标准差
s =
    0.7454
```

3. 泊松分布

泊松分布适用于涉及计算在给定的时间段、距离、面积等范围内发生随机事件的次数的应用情形。应用泊松分布的例子包括盖革计数器每秒咔嗒的次数、每小时走入商店的人数,以及每 1000 英尺录像带的瑕疵数。

泊松的概率分布函数为:

$$f(x \mid \lambda) = \frac{\lambda^x}{x!} e^{-\lambda}; \quad x = 0, 1, 2, \cdots, \infty$$

泊松分布是接受非负整数值的单参数离散分布。参数 λ 既是分布的均值,也是分布的方差。因此,随着泊松随机数的特定样本中的数字变大,数字的变异性也变大。

泊松分布是二项分布的极限情况,其中,N 趋向无穷大,p 趋向零,而 $N_p = \lambda$。

泊松分布和指数分布是相关的。如果计数的数量遵循泊松分布,则单个计数之间的间隔遵循指数分布。

【例 5-8】 计算并绘制参数 $\lambda = 5$ 的泊松分布的 pdf。

```
>> x = 0:15;
y = poisspdf(x,5);
plot(x,y,'+')
```

运行程序,效果如图 5-8 所示。

4. 离散型均匀分布

均匀分布是一种简单的概率分布,分为离散型均匀分布和连续型均匀分布。此处介绍的是离散型均匀分布。

离散型均匀分布是一个简单的分布,它对从 1 到 N 的整数赋予相等的权重。离散型均匀分布的概率公式为:

$$y = f(x \mid N) = \frac{1}{N} I_{(1, \cdots, N)}(x)$$

【例 5-9】 绘制离散型均匀分布 cdf。

对于所有离散分布,cdf 是一个阶跃函数。图 5-9 显示了 $N = 10$ 的离散型均匀分布 cdf。

```
>> x = 0:10;
y = unidcdf(x,10);
figure;
stairs(x,y)
h = gca;
h.XLim = [0 11];
```

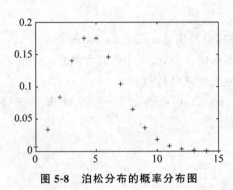

图 5-8 泊松分布的概率分布图

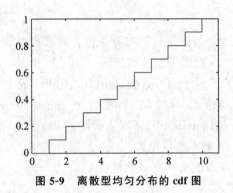

图 5-9 离散型均匀分布的 cdf 图

5.2.2 连续分布

连续型随机变量 X 的分布函数是连续的,它对应的分布为连续分布。常用的连续分布有正态分布、均匀分布、指数分布、伽马分布、贝塔分布等。其中,正态分布是最常用的连续分布,如测量误差、人的身高、年降雨量等都可用正态分布描述。

本节对几个常用的连续分布展开介绍。

1. 正态分布

正态分布,有时也称为高斯分布,是双参数曲线族。使用正态分布建模的通常理由是中心极限定理,该定理(粗略地)指出,随着样本大小趋向无穷大,来自任何具有有限均值和方差的分布的独立样本总和会收敛为正态分布。

统计工具箱提供了以下几种处理正态分布的方法。

(1)通过对样本数据进行概率分布拟合(fitdist)或通过指定参数值(makedist)来创建概率分布对象 NormalDistribution。然后使用对象函数来计算分布、生成随机数等。

(2)使用 Distribution Fitter App 以交互方式处理正态分布。

(3)将分布特定的函数(normcdf、normpdf、norminv、normlike、normstat、normfit、normrnd)与指定的分布参数结合使用。分布特定的函数可以接受多个正态分布的参数。

(4)将一般分布函数(cdf、icdf、pdf、random)与指定的分布名称('Normal')和参数结合使用。

1)参数估计

最大似然估计(MLE)是最大化似然函数的参数估计。正态分布的 μ 和 σ^2 的最大似然估计量分别是:

$$\bar{x} = \sum_{i=1}^{n} \frac{x_i}{n}$$

和

$$s_{\mathrm{MLE}}^2 = \frac{1}{n} \sum_{i=1}^{n} (x_i - \bar{x})^2$$

其中,$\bar{x}$ 是样本 $x_1, x_2, \cdots, x_n$ 的样本均值。样本均值是参数 μ 的无偏估计量。但是,s_{MLE}^2 是

参数 σ^2 的有偏估计量,这意味着其预期值不等于参数。

最小方差无偏估计量(MVUE)通常用于估计正态分布的参数。MVUE 是参数的所有无偏估计量中方差最小的估计量。正态分布的参数 μ 和 σ^2 的 MVUE 分别是样本均值 $\bar{x}$ 和样本方差 s^2。

$$s^2 = \frac{1}{n-1}\sum_{i=1}^{n}(x_i - \bar{x})^2$$

要对数据进行正态分布拟合并求出参数估计值,可使用 normfit、fitdist 或 mle。

(1) 对于未删失数据,normfit 和 fitdist 计算无偏估计值,mle 计算最大似然估计值。

(2) 对于删失数据,normfit、fitdist、mle 计算最大似然估计值。

与返回参数估计值的 normfit 和 mle 不同,fitdist 返回拟合的概率分布对象 NormalDistribution。对象属性 μ 和 σ 存储参数估计值。

2) 概率密度函数

正态概率密度函数是:

$$y = f(x \mid \mu, \sigma) = \frac{1}{\sigma\sqrt{2\pi}}e^{\frac{-(x-\mu)^2}{2\sigma^2}}, \quad x \in \Re$$

似然函数是被视为参数函数的 pdf。最大似然估计(MLE)是最大化 x 的固定值的似然函数的参数估计。

3) 累积分布函数

正态累积分布函数表示为:

$$p = F(x \mid \mu, \sigma) = \frac{1}{\sigma\sqrt{2\pi}}\int_{-\infty}^{x}\frac{-(t-\mu)^2}{2\sigma^2}dt, \quad x \in \Re$$

p 是参数为 μ 和 σ 的正态分布中的一个观测值落入 $(-\infty, x]$ 区间的概率。标准正态累积分布函数 $\Phi(x)$ 在功能上与误差函数 erf 相关。

$$\Phi(x) = \frac{1}{2}\left(1 - \text{erf}\left(-\frac{x}{\sqrt{2}}\right)\right)$$

其中,

$$\text{erf}(x) = \frac{2}{\sqrt{\pi}}\int_{0}^{x}e^{-t^2}dt = 2\Phi(\sqrt{2}\,x) - 1$$

【例 5-10】 拟合正态分布对象。

```
>> % 加载样本数据并创建包含学生考试成绩数据的第一列的向量
load examgrades
x = grades(:,1);
% 通过对数据进行正态分布拟合来创建正态分布对象
pd = fitdist(x,'Normal')
pd =
  NormalDistribution
  正态 分布
      mu = 75.0083   [73.4321, 76.5846]
   sigma =  8.7202   [7.7391, 9.98843]
```

参数估计值旁边的区间是分布参数的 95% 置信区间。

2. 指数分布

在概率理论和统计学中,指数分布(也称为负指数分布)是描述泊松过程中的事件之间的时间的概率分布,即事件以恒定平均速率连续且独立地发生的过程。指数分布与分布指数族的分类不同,后者是包含指数分布作为其成员之一的大类概率分布,也包括正态分布、二项分布、伽马分布、泊松分布等。

指数函数的一个重要特征是无记忆性(Memoryless Property,又称遗失记忆性)。这表示如果一个随机变量呈指数分布,当 $s,t \geqslant 0$ 时,有 $P(T>s+t \,|\, T>t)=P(T>s)$,即,如果 T 是某一元件的寿命,已知元件使用了 t 小时,它总共使用至少 $s+t$ 小时的条件概率,与从开始使用时算起它使用至少 s 小时的概率相等。

指数分布的概率密度公式为:

$$f(x)=\begin{cases} \lambda e^{-\lambda_x}, & x>0 \\ 0, & x \leqslant 0 \end{cases}$$

其中,$\lambda > 0$ 是分布的一个参数,常被称为率参数(rate parameter),即每单位时间内发生某事件的次数。指数分布的区间是 $[0,\infty)$。如果一个随机变量 X 呈指数分布,则可以写作 $X \sim$ Exponential(λ)。

累积分布函数为:

$$F(x;\lambda)=\begin{cases} 1-e^{-\lambda x}, & x \geqslant 0 \\ 0, & x<0 \end{cases}$$

【例 5-11】 将指数分布拟合到数据。

```
>> % 生成 100 个平均值为 700 的指数分布随机数样本
x = exprnd(700,100,1);                          % 生成样本
% 使用 fitdist 将指数分布拟合到数据
pd = fitdist(x,'exponential')
pd =
  ExponentialDistribution
  指数 分布
    mu = 661.084   [548.486, 812.502]
```

fitdist 返回一个指数分布对象。参数估计值旁边的区间是分布参数的 95% 置信区间。

```
>> % 使用分布函数估计参数
[muhat,muci] = expfit(x)                         % 分布特定函数
muhat =
  661.0843
muci =
  548.4859
  812.5023
>> [muhat2,muci2] = mle(x,'distribution','exponential') % 通用分布函数
muhat2 =
  661.0843
muci2 =
  548.4859
  812.5023
```

5.3 假设检验

统计工具箱中提供参数化假设检验和非参数化假设检验,帮助确定样本数据是否来自具有特定特征的总体。

(1)分布检验(如 Anderson-Darling 检验和单样本 Kolmogorov-Smirnov 检验)可以检验样本数据是否来自具有特定分布的总体。双样本 Kolmogorov-Smirnov 检验可以检验两组样本数据是否具有相同的分布。

（2）位置检验（如 z 检验和单样本 t 检验）可以检验样本数据是否来自具有特定均值或中位数的总体。双样本 t 检验或多重比较检验可以检验两组或多组样本数据是否具有相同的位置值。

（3）散度检验（如卡方方差检验）可以检验样本数据是否来自具有特定方差的总体。双样本 F 检验或多样本检验可以比较两个或多个样本数据集的方差。

5.3.1　K-S 检验

Kolmogorov-Smirnov 检验（K-S 检验）基于累积分布函数，用以检验一个经验分布是否符合某种理论分布或比较两个经验分布是否有显著性差异。

两样本 K-S 检验由于对两样本的经验分布函数的位置和形状参数的差异都敏感而成为比较两样本有用且常规的非参数方法之一。

K-S 检验的累积分布函数为：

$$F_n(x) = \frac{1}{n} \sum_{i=1}^{n} I_{|-\infty,x|}(X_i)$$

其中，$I_{|-\infty,x|}$ 为指示函数：

$$I_{|-\infty,x|}(X_i) = \begin{cases} 1, & X_i \leqslant x \\ 0, & X_i > x \end{cases}$$

对于一个样本集的累积分布函数 $F_n(x)$ 和一个假设的理论分布 $F(x)$，K-S 定义为：

$$D_n = \sup_x |F_n(x) - F(x)|$$

sup 是距离的上确界（supremum），如果 X_i 服从理论分布 $F(x)$，则当 n 趋于无穷时，D_n 趋于 0。

在 MATLAB 中，提供了 kstest 函数用来做单个样本的 Kolmogorov-Smirnov 检验；它可以做双侧检验，检验样本是否服从指定的分布；也可以做单侧检验，检验样本的分布函数是否在指定的分布函数之上或之下。

kstest 函数的调用格式如下。

h＝kstest(x)：检验样本 x 是否服从标准正态分布，原假设是 x 服从标准正态分布，对立假设是 x 不服从标准正态分布。当输出 $h=1$ 时，在显著性水平 $\alpha=0.05$ 下拒绝原假设；当 $h=0$ 时，则在显著性水平 $\alpha=0.05$ 下接受原假设。

h＝kstest(x,CDF)：检验样本 x 是否服从由 CDF 定义的连续分布。这里的 CDF 可以是包含两列元素的矩阵，也可以是概率分布对象，如 ProbDistUnivParam 类对象或 ProbDistUnivKernel 类对象。当 CDF 是包含两列元素的矩阵时，它的第 1 列表示随机变量的可能取值，可以是样本 x 中的值，也可以不是，但是样本 x 中的所有值必须在 CDF 的第 1 列元素的最小值与最大值之间。CDF 的第 2 列是指定分布函数 $G(x)$ 的取值。如果 CDF 为空（即[]），则检验样本 x 是否服从标准正态分布。

h＝kstest(x,CDF,alpha)：指定检验的显著性水平 alpha，默认值为 0.05。

h＝kstest(x,CDF,alpha,type)：用 type 参数指定检验的类型（双侧或单侧）。type 参数的可能取值如下。

（1）当 type＝'unequal'时即为双侧检验，对立假设是总体分布函数不等于指定的分布函数。

（2）当 type＝'larger'时为单侧检验，对立假设是总体分布函数大于指定的分布函数。

（3）当 type＝'smaller' 时为单侧检验，对立假设是总体分布函数小于指定的分布函数。其中，后两种情况下算出的检验统计量不用绝对值。

[h，p，ksstat，cv]＝kstest(…)：返回检验的 p 值、检验统计量的观测值 ksstat 和临界值 cv。

【例 5-12】　在 20 天内，从维尼纶正常生活时的生产报表中看到的维尼纶纤度（纤维的粗细程度的一种度量）的情况，有如下 100 个数据。

$$1.36,1.49,1.43,1.41,1.37,1.40,1.32,1.43,1.47,1.39,$$
$$1.41,1.36,1.40,1.34,1.42,1.42,1.45,1.35,1.42,1.39,$$
$$1.44,1.42,1.39,1.42,1.42,1.30,1.34,1.42,1.37,1.36,$$
$$1.37,1.34,1.37,1.37,1.44,1.45,1.32,1.48,1.40,1.45,$$
$$1.39,1.46,1.39,1.53,1.36,1.48,1.40,1.39,1.38,1.40,$$
$$1.36,1.45,1.50,1.43,1.38,1.43,1.41,1.48,1.39,1.45,$$
$$1.37,1.37,1.39,1.45,1.31,1.41,1.44,1.44,1.42,1.42,$$
$$1.35,1.36,1.39,1.40,1.38,1.35,1.42,1.43,1.42,1.42,$$
$$1.42,1.40,1.41,1.37,1.46,1.36,1.37,1.27,1.37,1.38,$$
$$1.42,1.34,1.43,1.42,1.41,1.41,1.44,1.48,1.55,1.37.$$

试根据这 100 个样本数据在 0.10 显著性水平下，用 Kolmogorov-Smirnov 检验对维尼纶纤度数据进行正态性检验。（将数据保存到 data.txt 中。）

解析：检验的原假设是维尼纶纤度服从正态分布。

其实现的 MATLAB 代码如下。

```
>> clear all;
X = load('data.txt');          % 加载数据
[mu,sigma] = normfit(X)
x = (X - mu)/sigma;
[h,p,stats,cv] = kstest(x,[],0.10,0)
```

运行程序，输出如下。

```
mu =
      1.4038
sigma =
        0.0474
h =
    logical
    0
p =
    0.2951
stats =
        0.2931
cv =
    0.3687
```

结果表明，接受原假设，即认为维尼纶纤度服从均值为 1.4038、标准差为 0.0474 的正态分布。

此外，MATLAB 还提供了 kstest2 函数用来做两个样本的 Kolmogorov-Smirnov 检验，它可以做双侧检验，检验两个样本是否服从相同的分布，也可以做单侧检验，检验一个样本的分布函数是否在另一个样本的分布函数之上或之下。函数的调用格式如下。

h＝kstest2(x_1，x_2)：检验样本 x_1 与 x_2 是否具有相同的分布，原假设是 x_1 与 x_2 来自相

同的连续分布,对立假设是来自于不同的连续分布。当输出 $h=1$ 时,在显著性水平 $\alpha=0.05$ 下拒绝原假设;当 $h=0$ 时,则在显著性水平 $\alpha=0.05$ 下接受原假设。这里并不要求 x_1 与 x_2 具有相同的长度。

$h=$kstest2$(x1,x2,alpha,type)$:指定检验的显著性水平 alpha,默认值为 0.05;并用参数 type 指定检验的类型(双侧或单侧)。type 参数的可能取值如下。

(1)当 type$=$'unequal'时即为双侧检验,对立假设是两个总体的分布函数不相等。

(2)当 type$=$'larger'时即为单侧检验,对立假设是第 1 个总体的分布函数大于第 2 个总体的分布函数。

(3)当 type$=$'smaller'时即为单侧检验,对立假设是第 1 个总体的分布函数小于第 2 个总体的分布函数。

$[h,p]=$kstest2$(\cdots)$:返回检验的渐近 p 值,当 p 值小于或等于给定的显著性水平 alpha 时,拒绝原假设。样本容量越大,p 值越精确,通常要求:

$$\frac{n_1 n_2}{n_1 + n_2} \geq 4$$

其中,n_1,n_2 分别为样本 x_1 和 x_2 的样本容量。

$[h,p,\text{ks2stat}]=$kstest2$(\cdots)$:返回检验统计量的观测值 ks2stat。

【例 5-13】 利用 kstest2 函数对创建的标准正态随机分布检验是否接受原假设,并绘制其分布曲线图。

```
>> clear all;
x = -1:1:5;
y = randn(20,1);
[h,p,k] = kstest2(x,y)
% 以下代码用于绘制测试统计图
F1 = cdfplot(x);
hold on
F2 = cdfplot(y);
set(F1,'LineWidth',2,'Color','r')
set(F2,'LineWidth',2)
legend([F1 F2],'F1(x)','F2(x)','Location','NW')
```

运行程序,输出如下,效果如图 5-10 所示。

```
h =
     0
p =
     0.2387
k =
     0.4214
```

结果表明,由于 $h=0$,所以在默认显著性下接受原假设。

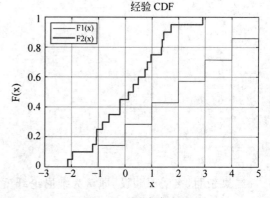

图 5-10　测试统计图

5.3.2　t 检验

t 检验,也称为 student t 检验(Student's t test),主要用于样本含量较小(例如 $n<30$)、总体标准差 σ 未知的正态分布资料。

单样本 t 检验是当总体标准差未知时位置参数的参数化检验。检验统计量的计算公式为:

$$t = \frac{\bar{x} - \mu}{s / \sqrt{n}}$$

其中,$\bar{x}$ 是样本均值,μ 是假设的总体均值,s 是样本标准差,n 是样本大小。在原假设下,检验统计量具有 Student t 分布和 $n-1$ 个自由度。

在 MATLAB 中,提供了 ttest 函数用于实现单样本 t 检验。函数的调用格式如下。

h=ttest(x):使用单样本 t 检验返回原假设的检验决策,该原假设假定 x 中的数据来自均值等于零且方差未知的正态分布。备择假设是总体分布的均值不等于零。如果检验在 5% 的显著性水平上拒绝原假设,则结果 h 为 1,否则为 0。

h=ttest(x,y):使用配对样本 t 检验返回针对原假设的检验决策,该原假设假定 $x-y$ 中的数据来自均值等于零且方差未知的正态分布。

h=ttest(x,y,Name,Value):返回配对样本 t 检验的检验决策,其中使用由一个或多个名称-值对组参数指定附加选项。

h=ttest(x,m):返回针对原假设的检验决策,该原假设假定 x 中的数据来自均值为 m 且方差未知的正态分布。备择假设是均值不为 m。

h=ttest(x,m,Name,Value):返回单样本 t 检验的检验决策,其中使用一个或多个名称-值对组参数指定附加选项。

[h,p]=ttest(____):还使用上述语法组中的任何输入参数返回检验的 p 值。

[h,p,ci,stats]=ttest(____):还返回 x(对于配对 t 检验则为 $x-y$)的均值的置信区间 ci,以及包含检验统计量信息的结构体 stats。

【例 5-14】 某种电子元件的寿命 X(以小时计)服从正态分布,μ、σ^2 均未知。现测得 16 只元件的寿命如下。

160 278 198 200 236 257 270 167 150 250 194 224 137
185 167 255

问是否有理由认为元件的平均寿命大于 220(小时)?

其实现的 MATLAB 代码如下。

```
>> clear all;
X = [160  278  198  200  236  257  270  167  150  250  194  224  137  185  167  255];
[h,p,ci] = ttest(X,220,0.005,1)
```

运行程序,输出如下。

```
h =
    0
p =
    0.8457
ci =
  174.4465       Inf        % 均值 225 在该置信区间内
```

结果表明,$h=0$ 表示在水平 $\alpha=0.05$ 下应该接受原假设 h_0,即认为元件的平均寿命不大于 220 小时。

5.3.3 双样本 t 检验

根据方差齐与不齐两种情况,应用不同的统计量进行检验。

方差不齐时,检验统计量为:

$$t = -\frac{\bar{x} - \bar{y}}{\sqrt{\dfrac{S_x^2}{m} + \dfrac{S_y^2}{n}}}$$

式中，$\bar{x}$ 和 $\bar{y}$ 表示样本 1 和样本 2 的均值；S_x^2 和 S_y^2 为样本 1 和样本 2 的方差；m 和 n 为样本 1 和样本 2 的数据个数。

方差齐时，检验统计量为：

$$t = -\frac{\bar{x} - \bar{y}}{S_w\sqrt{\dfrac{1}{m} + \dfrac{1}{n}}}$$

式中，S_w 为两个样本的标准差，它是样本 1 和样本 2 的方差的加权平均值的平方根，为：

$$S_W = \sqrt{\frac{(m-1)S_x^2 + (n-1)S_y^2}{m + n + 1}}$$

在不假设两个数据样本来自具有方差齐性的总体的情况下，原假设下的检验统计量具有近似 Student t 分布，其自由度的数目由 Satterthwaite 逼近给出。此检验有时称为 Welch t 检验。

在 MATLAB 中，提供了 ttest2 函数用于实现双样本 t 检验。函数的调用格式如下。

h＝ttest2(x,y)：使用双样本 t 检验返回原假设的检验决策，该原假设假定向量 x 和 y 中的数据来自均值相等、方差相同但未知的正态分布的独立随机样本。备择假设是 x 和 y 中的数据来自均值不相等的总体。如果检验在 5％的显著性水平上拒绝原假设，则结果 h 为 1，否则为 0。

h＝ttest2(x,y,Name,Value)：返回针对双样本 t 的检验决策，该检验使用由一个或多个名称-值对组参数指定的附加选项。例如，可以更改显著性水平或进行无须假设方差齐性的检验。

[h,p]＝ttest2(＿＿)：还使用上述语法中的任何输入参数返回检验的 p 值。

[h,p,ci,stats]＝ttest2(＿＿)：还返回总体均值差的置信区间 ci，以及包含检验统计量信息的结构体 stats。

【例 5-15】　下面分别给出文学家马克·吐温的 8 篇小品文以及斯诺德格拉斯的 10 篇小品文中的 3 个字母组成的单词的比例。

马克·吐温　0.225 0.262 0.217 0.240 0.230 0.229 0.235 0.217

斯诺德格拉斯　0.209 0.205 0.196 0.210 0.202 0.207 0.224 0.223 0.220 0.201

设两组数据分别来自正态总体，且两总体方差相等，但参数均未知。两样本相互独立，问两个作家所写的小品文中包含由 3 个字母组成的单词的比例是否有显著差异？零假设为两个作家对应的比例没有显著差异。

其实现的 MATLAB 代码如下。

```
>> clear all;
x = [0.225 0.262 0.217 0.240 0.230 0.229 0.235 0.217];
y = [0.209 0.205 0.196 0.210 0.202 0.207 0.224 0.223 0.220 0.201];
[h,signnificance,ci] = ttest2(x,y)
```

运行程序，输出如下。

```
h =
    1
signnificance =
```

```
    0.0013
ci =
    0.0101    0.0343
```

结果表明，$h=1$，拒绝零假设，认为两个作家所写小品文中包含 3 个字母组成的单词的比例有显著差异。

5.4 方差分析

方差分析（ANOVA）是指确定响应变量的变异是出现在总体组内还是出现在不同总体组之间的过程。统计工具箱提供了单因素/双因素/N 因素方差分析（ANOVA）、多元方差分析（MANOVA）、重复测量模型以及协方差分析（ANCOVA）。

5.4.1 方差的基本原理

方差分析的基本原理是认为不同处理组的均数间的差别基本来源有以下两个。

（1）随机误差，如测量误差造成的差异或个体间的差异，称为组内差异，用变量在各组的均值与该组内变量值的偏差平方和的总和表示，记作 SS_w，组内自由度 df_w。

（2）实验条件，即不同的处理造成的差异，称为组间差异。用变量在各组的均值与总均值之偏差平方和表示，记作 SS_b，组间自由度 df_b。

总偏差平方和 $SS_t = SS_w + SS_b$。

组内 SS_w、组间 SS_b 除以各自的自由度（组内 $df_w = n - m$，组间 $df_b = m - 1$，其中，n 为样本总数，m 为组数），得到其均方 MS_w 和 MS_b，一种情况是处理没有作用，即各组样本均来自同一总体，$MS_b / MS_w \approx 1$。另一种情况是处理确实有作用，组间均方是由于误差与不同处理共同导致的结果，即各样本来自不同总体。那么，$MS_b > MS_w$。

MS_b / MS_w 比值构成 F 分布。用 F 值与其临界值比较，推断各样本是否来自相同的总体。

5.4.2 单因素方差分析

单因素方差分析是指对单因素实验结果进行分析，检验因素对实验结果有无显著性影响的方法。它是用来研究一个控制变量的不同水平是否对观测变量产生了显著影响。这里，由于仅研究单个因素对观测变量的影响，因此称为单因素方差分析。

例如，分析不同施肥量是否给农作物产量带来显著影响，考察地区差异是否影响妇女的生育率，研究学历对工资收入的影响等。这些问题都可以通过单因素方差分析得到答案。

单向方差分析是线性模型的一个简单特例。模型的单向方差分析形式为：

$$y_{ij} = a_j + \varepsilon_{ij}$$

其中，y_{ij} 是一个观察值，i 代表观察值，j 代表预测变量 y 的不同组（水平）。所有 y_{ij} 都是独立的。a_j 代表第 j 组（水平）的总体平均值。ε_{ij} 是独立的正态分布随机误差，具有零均值和常数方差，即 $\varepsilon_{ij} \sim N(0, \sigma^2)$。

这个模型也称为均值模型。该模型假设 y 列为常数 a_j 加上误差分量 ε_{ij}。方差分析有助于确定这些常数是否都相同。

方差分析检验了所有组均数相等的假设，以及至少一个组与其他组不同的替代假设。

$$H_0 : a_1 = a_2 = \cdots = a_k$$

$$H_1 : 并非所有组为均组$$

方差分析基于所有样本总体均为正态分布的假设。众所周知，它对适度违反这一假设具有鲁棒性。可以使用法线图（normclot）直观地检查法线假设。或者，可以使用统计和机器学习工具箱中的一个函数来检查正态性：Anderson-Darling 检验（adtest）、卡方拟合优度检验（chi2gof）、Jarque-Bera 检验（jbtest）或 Lilliefors 检验（Lilliefest）。

在 MATLAB 中，提供了 anova1 函数实现单因素方差分析。anova1 主要是比较多组数据的均值，然后返回这些均值相等的概率，从而判断这一因素是否对实验指标有显著影响。函数的调用格式如下。

p＝anova1(X)：为零假设存在的概率，一般 p 小于 0.05 或 0.01 时，认为结果显著（零假设可疑）。

p＝anova1(X,group)：当 X 为矩阵时，利用 group 变量作为 X 中样本箱线图的标签。

p＝anova1(X,group,displayopt)：displayopt 为 on 时，则激活 anova1 表和箱线图的显示。

[p,table]＝anova1(…)：返回单元数组表中的 anova1 表。

[p,table,stats]＝anova1(…)：返回 stats 结构，用于多元比较检验。

【例 5-16】 有 A、B、C、D、E、F 这 6 个小麦品种产量的比较实验，设置标准品种 CK，采用 3 次重复的对比设计，所得产量结果如表 5-2 所示。

表 5-2　6 个小麦品种产量结果分析

品种	各重复的产量/kg		
	I	II	III
A	560	582	520
B	582	565	525
C	600	600	572
D	525	496	590
E	560	578	615
F	640	662	508
CK	500	510	519

利用 anova1 实现方差分析，代码如下。

```
>> clear al;
X = [560 582 600 525 560 640 500;582 565 600 496 578 662 510;520 525 572 590 615 508 519];
group = {'A','B','C','D','E','F','CK'};
[p,table,stats] = anova1(X,group)
```

运行程序，输出如下，效果如图 5-11 及图 5-12 所示。

```
p =
    0.1602
```

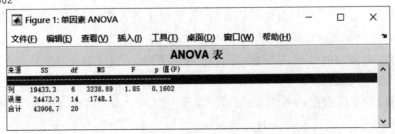

图 5-11　ANOVA 表

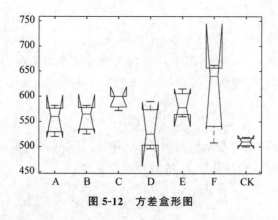

图 5-12　方差盒形图

5.4.3　双因素方差分析

双因素方差分析法是一种统计分析方法,这种分析方法可以用来分析两个因素的不同水平对结果是否有显著影响,以及两因素之间是否存在交互效应。一般运用双因素方差分析法,先对两个因素的不同水平的组合进行设计实验,要求每个组合下所得到的样本的含量都是相同的。

在实际问题的研究中,有时需要考虑两个因素对实验结果的影响。例如饮料销售,除了关心饮料品牌,还想了解销售地区是否影响销售量,如果在不同的地区,销售量存在显著的差异,就需要分析原因。采用不同的销售策略,使该饮料品牌在市场占有率高的地区保持领先地位;在市场占有率低的地区进一步扩大宣传。如果把饮料的品牌看作影响销售量的因素 A,饮料的销售地区则是影响因素 B。对因素 A 和因素 B 同时进行分析,就属于双因素方差分析的内容,双因素方差分析是对影响因素进行检验:究竟是一个因素在起作用,还是两个因素都起作用,或是两个因素的影响都不显著。

1. 双因素方差分析法的类型

双因素方差分析有以下两种类型。

(1) 一个是无交互作用的双因素方差分析,它假定因素 A 和因素 B 的效应之间是相互独立的,不存在相互关系。

(2) 另一个是有交互作用的双因素方差分析,它假定因素 A 和因素 B 的结合会产生出一种新的效应。

例如,如果假定不同地区的消费者对某种颜色有与其他地区消费者不同的特殊偏爱,这就是两个因素结合产生的新效应,属于有交互作用的背景;否则,就是无交互作用的背景。

2. 双因素方差的模型

双向方差分析是线性模型的特例。模型的双向方差分析形式为:

$$y_{ijr} = \mu + a_i + \beta_j + (a\beta)_{ij} + \varepsilon_{ij}$$

式中,

- y_{ijr} 是对响应变量的观察。i 表示行因子 A 的组 i,$i=1,2,\cdots,I$;j 表示列因子 B 的组 j,$j=1,2,\cdots,J$;r 表示复制数,$r=1,2,\cdots,R$,即总共有 $N=I\times J\times R$ 个观测值。
- μ 为总体平均值。
- a_i 是由于行因子 B 导致的行因子 A 中的组与总体平均值 μ 的偏差。a_i 的值的和为 0。

$$\sum_{i=1}^{I} a_i = 0$$

- β_j 是由于行因子 B 导致的列因子 B 中的组与总体平均值 μ 的偏差。给定列 β_j 中的所有值均相同,且 β_j 的值总和为 0。

$$\sum_{j=1}^{J} \beta_j = 0$$

- $(a\beta)_{ij}$ 是由于行因子 B 导致的列因子 B 中的组与总体平均值 μ 的偏差。β_j 的给定列中的所有值都是相同的,并且 β_j 的值总和为 0。

$$\sum_{i=1}^{I} (a\beta)_{ij} = \sum_{j=1}^{J} (a\beta)_{ij} = 0$$

- ε_{ij} 是随机干扰。假设它们是独立的、正态分布的,并且具有恒定的方差。

在 MATLAB 统计工具箱中,提供了 anova2 函数用于实现无交互作用的双因素方差分析。函数的调用格式如下。

p＝anova2(X,reps):根据样本观测值矩阵 X 进行均衡实验的双因素一元方差分析。X 的每一列对应因素 A 的一个水平,每行对应因素 B 的一个水平,X 还应满足方差分析的基本假定。reps 表示因素 A 和 B 的每一个水平组合下重复实验的次数。

p＝anova2(X,reps,displayopt):当 displayopt 为 on 时,则显示方差分析表和箱线图。

[p,table]＝anova2(…):返回单元数组表中的 ANOVA 表。

[p,table,stats]＝anova2(…):返回 stats 结构,用于多元检验。

【例 5-17】 执行双向 ANOVA 以确定汽车型号和工厂对汽车里程等级的影响。

```
>> % 加载并显示示例数据
load mileage
mileage
mileage =
   33.3000   34.5000   37.4000
   33.4000   34.8000   36.8000
   32.9000   33.8000   37.6000
   32.6000   33.4000   36.6000
   32.5000   33.7000   37.0000
   33.0000   33.9000   36.7000
```

返回的结果中,有三个车型(列)和两个工厂(行)。该数据有六个里程行,因为每个工厂为研究提供了每种型号的三辆汽车(即复制数为三)。第一个工厂的数据在前三行,第二个工厂的数据在后三行,进行双向方差分析。

```
>> nmbcars = 3;                          % 每个型号的汽车数量,即复制次数
[~,~,stats] = anova2(mileage,nmbcars);   % 效果如图 5-13 所示
```

执行多重比较以找出三种车型中哪一对有显著差异。

```
>> c = multcompare(stats)                % 效果如图 5-14 所示
```

注意:模型中包含一个交互效应项。当模型中包括交互效应时,主效应检验可能很难解释。

```
c =
   1.0000   2.0000   -1.5865   -1.0667   -0.5469   0.0004
   1.0000   3.0000   -4.5865   -4.0667   -3.5469   0.0000
   2.0000   3.0000   -3.5198   -3.0000   -2.4802   0.0000
```

Figure 1: 双因素 ANOVA

ANOVA 表

来源	SS	df	MS	F	p 值(F)
列	53.3511	2	26.6756	234.22	0
行	1.445	1	1.445	12.69	0.0039
交互效应	0.04	2	0.02	0.18	0.8411
误差	1.3667	12	0.1139		
合计	56.2028	17			

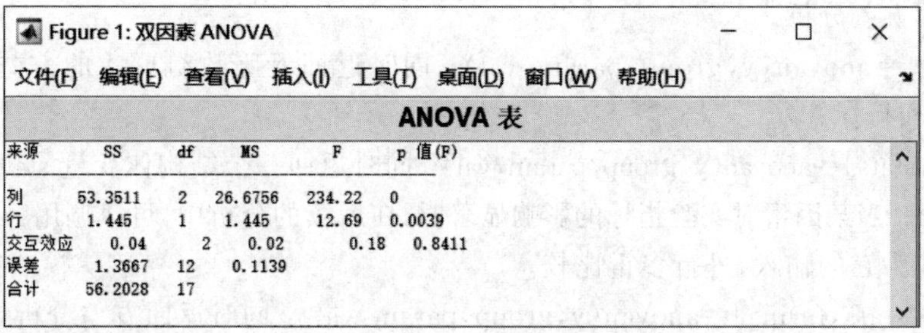

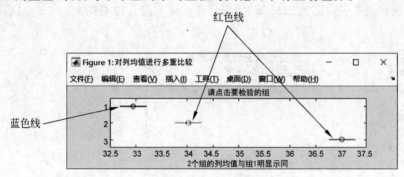

图 5-13　ANOVA 表

在矩阵 c 中，前两列显示了比较的汽车模型对，最后一列显示了检验的 p 值。所有 p 值都很小(0.0004、0 和 0)，这表明所有车型的平均里程彼此之间存在显著差异。

在图 5-14 中，蓝色线为第一款车型平均里程的比较区间，红色条是第二款和第三款车型平均里程的比较区间。第二和第三比较区间均不与第一比较区间重叠，表明第一车型的平均里程与第二和第三车型的平均里程不同。如果单击其他栏之一，可以测试其他车型。如果没有一个比较区间重叠，表明每个车型的平均里程与其他两个有显著差异。

图 5-14　多重比较界面

5.4.4　多因素方差分析

多因素方差分析，用于研究一个因变量是否受到多个自变量(也称为因素)的影响，它检验多个因素取值水平的不同组合之间、因变量的均值之间是否存在显著的差异。多因素方差分析既可以分析单个因素的作用(主效应)，也可以分析因素之间的交互作用(交互效应)，还可以进行协方差分析，以及各个因素变量与协变量的交互作用。

多因素方差分析是两因素方差分析的一般形式，对三个因素的情况，其模型表达式为：

$$y_{ijkl}=\mu+\alpha_{.j.}+\beta_{i..}+\gamma_{..k}+(\alpha\beta)_{ij.}+(\alpha\gamma)_{i.k}+(\beta\gamma)_{.jk}+(\alpha\beta\gamma)_{ijk}+\varepsilon_{ijkl}$$

式中两个连在一起的标记，如$(\alpha\beta)_{ij.}$，表示两个因素之间的交互作用，参数$(\alpha\beta\gamma)_{ijk}$ 表示三个因素之间的交互作用。

在 MATLAB 中，提供了 anovan 函数用于实现多因素方差分析。函数的调用格式如下。

p=anovan(y,group)：根据样本观测值向量 $\boldsymbol{y}$ 进行均衡或非均衡实验的多因素一元方差分析，检验多个因素的主效应是否显著。输入参数 group 为一个元胞数组，它的每一个元素对应一个因素，是该因素的水平列表，与 $\boldsymbol{y}$ 等长，用来标记 $\boldsymbol{y}$ 中每个观测所对应的因素的水平。每个元胞中因素的水平列表可以是一个分类(categorical)数组、数值向量、字符矩阵或单列的字符串元胞数组。输出参数 p 是检验的 p 值向量，p 中的每个元素对应一个主效应。

p=anovan(y,group,param,val)：通过指定一个或多个成对出现的参数名与参数值来控制多因素一元方差分析。

[p,table]＝anovan(y,group,param,val)：同时返回元胞数组形式的方差分析表 table（包含列标签和行标签）。

[p,table,stats]＝anovan(y,group,param,val)：同时返回一个结构体变量 stats,用于进行后续的多重比较。当某因素对实验指标的影响显著时,在后续的分析中,可以调用 multcompare 函数,把 stats 作为它的输入,进行多重比较。

[p,table,stats,terms]＝anovan(y,group,param,val)：同时返回方差分析计算中的主效应项和交互效应项矩阵 terms。terms 的格式与'model'参数的最后一种取值的格式相同。当'model'参数的取值为一个矩阵时,anovan 函数返回的 terms 就是这个矩阵。

【例 5-18】 显示了如何对 1970—1982 年生产的 406 辆汽车的里程和其他信息的汽车数据进行 N 向方差分析。

```
% 加载样本数据
>> load carbig
```

该实例侧重于四个变量,MPG 是 406 辆汽车每加仑行驶的英里数,其他三个变量是因素：cyl4(是否为四缸汽车)、org(汽车起源于欧洲、日本或美国),以及何时(汽车在该时期的早期、中期或期末)。

```
% 拟合完整模型,要求最多三向交互和类型 3 平方和
>> varnames = {'Origin';'4Cyl';'MfgDate'};
anovan(MPG,{org cyl4 when},3,3,varnames)    % 效果如图 5 - 15 所示
ans =
    0.0000
       NaN
    0.0000
    0.7032
    0.0001
    0.2072
    0.6990
```

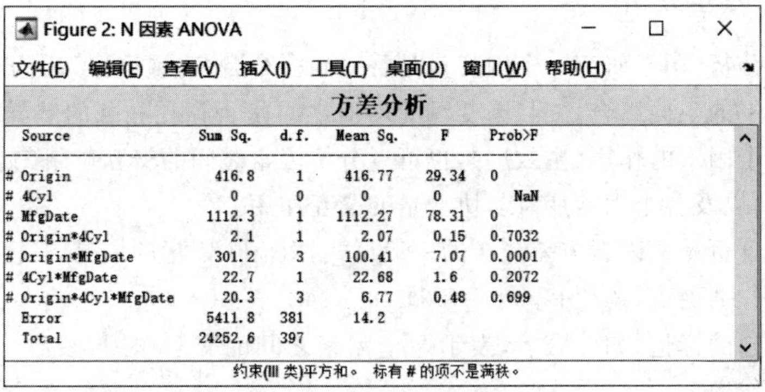

方差分析

Source	Sum Sq.	d.f.	Mean Sq.	F	Prob>F
# Origin	416.8	1	416.77	29.34	0
# 4Cyl	0	0	0		NaN
# MfgDate	1112.3	1	1112.27	78.31	0
# Origin*4Cyl	2.1	1	2.07	0.15	0.7032
# Origin*MfgDate	301.2	3	100.41	7.07	0.0001
# 4Cyl*MfgDate	22.7	1	22.68	1.6	0.2072
# Origin*4Cyl*MfgDate	20.3	3	6.77	0.48	0.699
Error	5411.8	381	14.2		
Total	24262.6	397			

约束(Ⅲ 类)平方和。 标有 # 的项不是满秩。

图 5-15　N 因素方差分析表

请注意,许多术语用 # 符号标记为没有满秩,其中一个术语的自由度为零,缺少 p 值。当缺少因子组合且模型具有高阶项时,可能会发生这种情况。在这种情况下,下面的交叉表显示,在这一时期的早期,除了四缸,没有欧洲制造的汽车,如 tbl(2,1,1)中的 0 所示。

```
>> [tbl,chi2,p,factorvals] = crosstab(org,when,cyl4)
tbl(:,:,1) =
    82    75    25
     0     4     3
```

```
         3       3       4
tbl(:,:,2) =
        12      22      38
        23      26      17
        12      25      32
chi2 =
   207.7689
p =
   8.0973e - 38
factorvals =
   3 × 3 cell 数组
     {'USA' }     {'Early'}     {'Other' }
     {'Europe'}   {'Mid' }     {'Four' }
     {'Japan' }   {'Late' }     {0 × 0 double}
```

由结果可以看出,不可能估计三向相互作用效应,并且在模型中包含三向相互作用项会使拟合奇异。即使使用 ANOVA 表中有限的可用信息,也可以看到三向交互作用的 p 值为 0.699,因此不显著。

只检查双向互动,如图 5-16 所示。

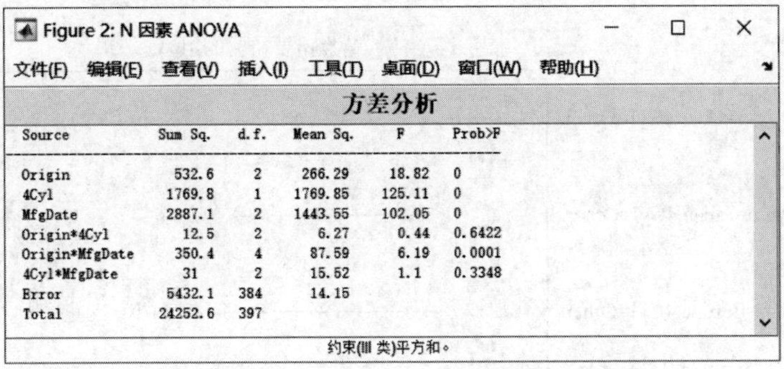

图 5-16　约束平方和方差表

```
>> terms
terms =
     1     0     0
     0     1     0
     0     0     1
     1     1     0
     1     0     1
     0     1     1
```

现在所有的项都是可估计的。相互作用项 4(原点 × 4Cyl)和相互作用项 6(6Cyl × MfgDate)的 p 值远大于典型的临界值 0.05,表明这些项不重要。可以选择忽略这些项,将它们的影响合并到误差项中。输出 terms 变量返回一个代码矩阵,每个代码都代表一个术语的位模式。通过从术语中删除条目来从模型中省略术语。

```
>> [~,~,stats] = anovan(MPG,{org cyl4 when},terms,3,varnames) % 得到方差分析表与图 5 - 16 一致
stats =
   包含以下字段的 struct:
        source : 'anovan'
         resid: [1 × 406 double]
        coeffs : [30 × 1 double]
           Rtr: [14 × 14 double]
      rowbasis : [14 × 30 double]
           dfe: 384
   ...
```

现在有一个更简洁的模型,表明这些汽车的里程似乎与所有三个因素有关,并且制造日期的影响取决于汽车的制造地点。对 Origin 和 Cylinder 执行多重比较。

```
>> results = multcompare(stats,'Dimension',[1,2])  % 多重比较表如图 5-17 所示
results =
    1.0000    2.0000   - 7.5624   - 4.0331   - 0.5038    0.0144
    1.0000    3.0000   - 8.4566   - 4.0174     0.4218    0.1024
    1.0000    4.0000   - 10.3771  - 8.7025   - 7.0278    0.0000
    1.0000    5.0000   - 14.0054  - 12.3561  - 10.7069   0.0000
    1.0000    6.0000   - 12.8187  - 11.1673  - 9.5158    0.0000
    2.0000    3.0000   - 5.4698     0.0157     5.5012    1.0000
    2.0000    4.0000   - 8.3570   - 4.6693   - 0.9817    0.0042
    2.0000    5.0000   - 11.9795  - 8.3230   - 4.6666    0.0000
    2.0000    6.0000   - 10.7977  - 7.1341   - 3.4706    0.0000
    3.0000    4.0000   - 9.3273   - 4.6850   - 0.0428    0.0464
    3.0000    5.0000   - 12.9050  - 8.3387   - 3.7724    0.0000
    3.0000    6.0000   - 11.6841  - 7.1498   - 2.6156    0.0001
    4.0000    5.0000   - 5.5949   - 3.6537   - 1.7125    0.0000
    4.0000    6.0000   - 4.4210   - 2.4648   - 0.5086    0.0045
    5.0000    6.0000   - 0.7652     1.1889     3.1430    0.5092
```

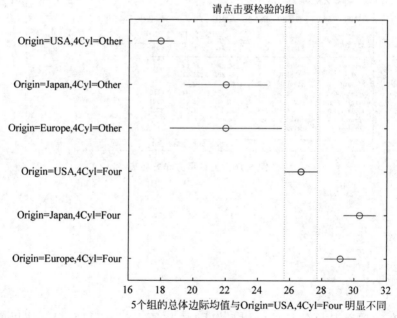

图 5-17　多重比较表

第 **6** 章

机器学习算法实战

无论是"推理期"还是"知识期",机器都是按照人类设定的规则和总结的知识运作,永远无法超越其创造者,而且人力成本太高。于是,一些学者就想到,如果机器能够自我学习,那么问题就迎刃而解了,因此,机器学习(Machine Learning)方法应运而生。

6.1 机器学习概述

机器学习是一类算法的总称,这些算法试图从大量历史数据中挖掘出其中隐含的规律,并用于预测或者分类。更具体地说,机器学习可以看作是寻找一个函数,输入是样本数据,输出是期望的结果,只是这个函数过于复杂,以至于不太方便形式化表达。需要注意的是,机器学习的目标是使学到的函数很好地适用于"新样本",而不仅是在训练样本上表现很好。学到的函数适用于新样本的能力,称为泛化(Generalization)能力。

6.1.1 机器学习的分类

在机器学习中,根据任务不同,可以分为监督学习(Supervised Learning)、无监督学习(Unsupervised Learning)、半监督学习(Semi-Supervised Learning)和增强学习(Reinforcement Learning)。

监督学习(Supervised Learning)的训练数据包含类别信息,如在垃圾邮件检测中,其训练样本包含邮件的类别信息:垃圾邮件和非垃圾邮件。在监督学习中,典型的问题是分类(Classification)和回归(Regression),典型的算法有 Logistic Regression、BP 神经网络算法和线性回归算法。

与监督学习不同的是,无监督学习(Unsupervised Learning)的训练数据中不包含任何类别信息。在无监督学习中,其典型的问题为聚类(Clustering)问题,代表算法有 K-Means 算法、DBSCAN 算法等。

半监督学习(Semi-Supervised Learning)的训练数据中有一部分数据包含类别信息,同时有一部分数据不包含类别信息,是监督学习和无监督学习的融合。在半监督学习中,其算法一般是在监督学习的算法上进行扩展,使之可以对未标注数据建模。

6.1.2 机器学习步骤

通常学习一个好的算法,分为以下三步。

（1）选择一个合适的模型。这通常需要依据实际问题而定，针对不同的问题和任务需要选取恰当的模型，模型就是一组函数的集合。

（2）判断一个算法的好坏。这需要确定一个衡量标准，也就是通常说的损失函数（Loss Function）。损失函数的确定也需要依据具体问题而定，如回归问题一般采用欧氏距离，分类问题一般采用交叉熵代价函数。

（3）找出"最好"的算法。如何从众多函数中最快地找出"最好"的那一个，这一步是最大的难点，做到又快又准往往不是一件容易的事情。常用的方法有梯度下降算法、最小二乘法等和其他一些技巧（tricks）。

学习得到"最好"的算法后，需要在新样本上进行测试，只有在新样本上表现很好，才算是一个"好"的算法。

6.1.3　分类方法

分类是一种有监督的机器学习，在此过程中，算法"学习"如何对带标签的数据实例中的新观测值进行分类。要以交互方式研究分类模型，可以使用"分类学习应用程序"。为了获得更大的灵活性，可以在命令行界面中将预测变量或特征数据以及对应的响应或标签传递给算法拟合函数。

6.2　K最近邻分类

K最近邻（K-Nearest Neighbor，KNN）分类算法，是一个理论上比较成熟的方法，也是比较简单的机器学习算法之一。

6.2.1　K最近邻概述

KNN是通过测量不同特征值之间的距离进行分类。它的思路是：如果一个样本在特征空间中的K个最相似（即特征空间中最邻近）的样本中的大多数属于某一个类别，则该样本也属于这个类别，其中，K通常是不大于20的整数。KNN算法中，所选择的邻居都是已经正确分类的对象。该方法在定类决策上只依据最邻近的一个或者几个样本的类别来决定待分样本所属的类别。

1. KNN原理

下面通过一个简单例子来说明KNN的原理。

如图6-1所示，所有样本可以使用一个二维向量表征。图中，蓝色方形样本和红色三角形样本为已知分类样本。若使用KNN对图中绿色圆形未知分类样本进行分类，当$K=3$时，其三近邻中有两个红色三角形样本和一个蓝色方形样本，因此预测该待分类样本为红色三角形样本；当$K=5$时，其五近邻中有两个红色三角形样本和三个蓝色方形样本，因此预测该待分类样本为蓝色方形样本。

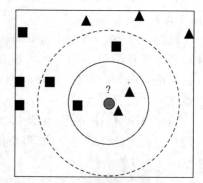

图6-1　二维向量表征图

1）数据集

数据集即必须存在一个样本数据集，也称作训练集，样本数据集中每个样本是有标签的，即我们知道样本数据集中每一个样本的分类。当获取到一个没有标签的待分类样本时，将待分类样本与样本数据集中的每一个样本进行比较，找到与当前样本最为相近的K个样本，并获取这K个样本的标签，最后，选择这K个样本标签中出现次数最多的分类,作为待分类样本的分类。因此,K 近邻算法可行的基础是,存在数据集,并且是有标签数据集。

2) 样本的向量表示

样本的向量表示即不管是当前已知的样本数据集,还是将来可能出现的待分类样本,都必须可以用向量的形式加以表征。样本的向量表现形式构筑了问题的解空间,即囊括样本所有可能出现的情况。向量的每一个维度,刻画样本的一个特征,必须是量化的、可比较的。

3) 样本间距离的计算方法

既然要找到待分类样本在当前样本数据集中与自己距离最近的 K 个邻居,必然就要确定样本间的距离计算方法。样本间距离的计算方法的构建,与样本的向量表示方法有关,当建立样本的向量表示方法时,必须考虑其是否便于样本间距离的计算。因此,样本的向量表示与样本间距离的计算方法,两者相辅相成。

4) K 值的选取

K 是一个自定义的常量,是 KNN 算法中一个非常重要的参数。K 值的选取会影响待分类样本的分类结果,会影响算法的偏差与方差。

2. 计算距离

在 KNN 中,通过计算对象间距离来作为各个对象之间的非相似性指标,避免了对象之间的匹配问题,在这里,距离一般使用欧氏距离或曼哈顿距离。

$$欧氏距离: d(x,y) = \sqrt{\sum_{k=1}^{n}(x_k - y_k)^2}$$

$$曼哈顿距离: d(x,y) = \sqrt{\sum_{k=1}^{n}|x_k - y_k|}$$

3. KNN 的优缺点

根据 KNN 本身算法的特点,其优点主要表现在:

(1) 简单,易于理解,易于实现,无须参数估计,无须训练。

(2) 对异常值不敏感(个别噪声数据对结果的影响不是很大)。

(3) 适合对稀有事件进行分类。

(4) 适合于多分类问题,KNN 比 SVM 表现要好。

其缺点主要表现在:

(1) 对测试样本分类时的计算量大,内存开销大,因为对每一个待分类的文本都要计算它到全体已知样本的距离,才能求得它的 K 个最近邻点。

(2) 可解释性差,无法告诉你哪个变量更重要,无法给出决策树那样的规则。

(3) K 值的选择:最大的缺点是当样本不平衡时,如一个类的样本容量很大,而其他类样本容量很小时,有可能导致当输入一个新样本时,该样本的 K 个邻居中大容量类的样本占多数。该算法只计算“最近的”邻居样本,某一类的样本数量很大,那么或者这类样本并不接近目标样本,或者这类样本很靠近目标样本。

(4) KNN 是一种消极学习方法、懒惰算法。

6.2.2　KNN 分类的应用

下面直接通过一个实例来演示 KNN 算法在分类中的应用。

【例 6-1】 绘制不同分类算法的决策面。

```
% 加载 fisheriris 数据集
>> load fisheriris
X = meas(:,1:2);
y = categorical(species);
labels = categories(y);
```

X 是一个数值矩阵，包含 150 个虹膜的两个花瓣测量值。y 是一个字符向量元胞数组，其包含相应的鸢尾花种类。

使用散点图可视化数据，按虹膜种类对变量进行分组，如图 6-2 所示。

```
>> gscatter(X(:,1),X(:,2),species,'rgb','osd');
xlabel('萼片长度');
ylabel('萼片宽度');
```

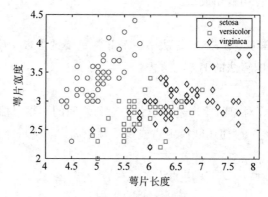

图 6-2 散点图

训练四个不同的分类器，并将模型存储在单元阵列中。

```
>> classifier_name = {'Naive Bayes','Discriminant Analysis','Classification Tree','Nearest
Neighbor'};
>>训练一个朴素贝叶斯模型
classifier{1} = fitcnb(X,y);
% 训练判别分析分类器
classifier{2} = fitcdiscr(X,y);
% 训练分类决策树
classifier{3} = fitctree(X,y);
% 训练一个 KNN 分类器
classifier{4} = fitcknn(X,y);
% 在实际数据值的某些范围内，创建一个跨越整个空间的点网格
x1range = min(X(:,1)):.01:max(X(:,1));
x2range = min(X(:,2)):.01:max(X(:,2));
[xx1, xx2] = meshgrid(x1range,x2range);
XGrid = [xx1(:) xx2(:)];
% 使用所有分类器预测 XGrid 中每次观察到的虹膜种类.绘制结果的散点图，如图 6-3 所示
for i = 1:numel(classifier)
  predictedspecies = predict(classifier{i},XGrid);
  subplot(2,2,i);
  gscatter(xx1(:), xx2(:), predictedspecies,'rgb');
  title(classifier_name{i})
  legend off, axis tight
end
legend(labels,'Location',[0.35,0.01,0.35,0.05],'Orientation','Horizontal')
```

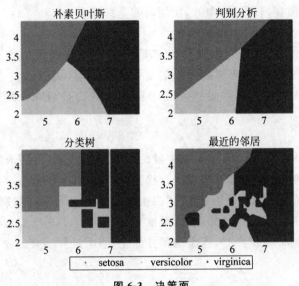

图 6-3 决策面

6.3 判 别 分 析

判别分析,是一种统计判别和分组技术,就一定数量样本的一个分组变量和相应的其他多元变量的已知信息,确定分组与其他多元变量信息所属的样本进行判别分组。

6.3.1 判别分析的基本原理

判别分析是根据观测到的样品的若干数量特征(称为因子或判别变量),对样品进行归类、识别、判断其属性的一种多元统计分析方法。其原理为:建立判别函数,给出判别准则,最后将待判样品使用判别函数进行判别。

为了能识别待判断的对象 x 是属于已知类 $A_1,A_2,\cdots,A_r$ 中的哪一类,事先必须要有一个一般规则,一旦知道了 x 的值,便能根据这个规则立即做出判断,这样的一个规则称为判别规则(用于衡量待判对象与各已知类别接近程度的方法准则)。

判别分析方法有 Fisher 判别、Bayes 判别、逐步判别法、距离判别法、最大似然判别法等。在 SPSS 中,默认输出 Fisher 判别方法和 Bayes 判别方法的结果。

6.3.2 判别函数

判别分析通常都要设法建立一个判别函数,然后利用此函数来进行判别。判别函数主要有两种,即线性判别函数(Linear Discriminant Function)和典则判别函数(Canonical Discriminate Function)。

建立判别函数的方法一般有四种:全模型法、向前选择法、向后选择法和逐步选择法。

1) 全模型法

全模型法是指将用户指定的全部变量作为判别函数的自变量,而不管该变量是否对研究对象显著或对判别函数的贡献大小。此方法适用于对研究对象的各变量有全面认识的情况。如果未加选择地使用全变量进行分析,则可能产生较大的偏差。

2) 向前选择法

向前选择法是从判别模型中没有变量开始,每一步把一个判别模型的判断能力贡献最大的变量引入模型,直到没有被引入模型的变量都不符合进入模型的条件时,变量引入过程结束。当希望较多变量留在判别函数中时,使用向前选择法。

3)向后选择法

向后选择法与向前选择法完全相反。它是把用户所有指定的变量建立一个全模型。每一步把一个对模型的判断能力贡献最小的变量剔除模型,直到模型中的所用变量都不符合留在模型中的条件时,剔除工作结束。在希望较少的变量留在判别函数中时,使用向后选择法。

4)逐步选择法

逐步选择法是一种选择最能反映类间差异的变量子集,建立判别函数的方法。它是从模型中没有任何变量开始,每一步都对模型进行检验,将模型外对模型的判别贡献最大的变量加入到模型中,同时也检查在模型中是否存在“由于新变量的引入而对判别贡献变得不太显著”的变量,如果有,则将其从模型中剔除,以此类推,直到模型中的所有变量都符合引入模型的条件,而模型外所有变量都不符合引入模型的条件为止,整个过程结束。

6.3.3 判别方法

判别方法是确定待判样品归属于哪一组的方法,可分为参数法和非参数法,也可以根据资料的性质分为定性资料的判别分析和定量资料的判别分析。

1. 最大似然

最大似然用于自变量均为分类变量的情况,该方法建立在独立事件概率乘法定理的基础上,根据训练样品信息求得自变量各种组合情况下样品被分为任何一类的概率。当新样品进入时,则计算它被分到每一类中去的条件概率(似然值),概率最大的那一类就是最终评定的归类。

2. 距离判别

距离判别其基本思想是由训练样品得出每个分类的重心坐标,然后对新样品求出它们离各个类别重心的距离远近,从而归入离得最近的类,也就是根据个案离母体远近进行判别。最常用的距离是马氏距离,偶尔也采用欧氏距离。

3. Fisher 判别

Fisher 判别也称典则判别,是根据线性 Fisher 函数值进行判别,该方法的基本思想是投影,即将原来在 R 维空间的自变量组合投影到维度较低的 D 维空间去,然后在 D 维空间中再进行分类。Fisher 判别的优势在于对分布、方差等都没有任何限制,应用范围比较广。

4. Bayes 判别

许多时候用户对各类别的比例分布情况有一定的先验信息,也就是用样本所属分类的先验概率进行分析。Bayes 判别就是根据总体的先验概率,使误判的平均损失达到最小而进行的判别,其最大优势是可以用于多组判别问题。但是适用此方法必须满足三个假设条件,即各种变量必须服从多元正态分布、各组协方差矩阵必须相等、各组变量均值均有显著性差异。

6.3.4 判别分析的应用

本节通过一个经典例子来演示创建和可视化判别分析分类器。

【例 6-2】 对 Fisher 鸢尾花数据执行线性和二次分类。

```
>> % 加载样本数据
load fisheriris
```

列向量 species 由三种不同物种的鸢尾花组成:Setosa、Versicolor、Virginica。双矩阵

MEA 包括四种类型的花测量,分别是以 cm 为单位的萼片和花瓣的长度和宽度。

使用花瓣长度(MEA 中的第三列)和花瓣宽度(MEA 中的第四列)测量值,将它们分别保存为变量 PL 和 PW。

```
>> PL = meas(:,3);
PW = meas(:,4);
```

绘制数据,显示分类,即创建按物种分组的测量散点图,如图 6-4 所示。

```
>> h1 = gscatter(PL,PW,species,'krb','ov^',[],'off');
h1(1).LineWidth = 2;
h1(2).LineWidth = 2;
h1(3).LineWidth = 2;
legend('Setosa','Versicolor','Virginica','Location','best')
hold on
```

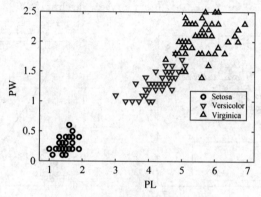

图 6-4 按物种分组的测量散点图

创建一个线性分类器。

```
>> X = [PL,PW];
MdlLinear = fitcdiscr(X,species);
```

检索第二类和第三类之间线性边界的系数。

```
>> MdlLinear.ClassNames([2 3])
ans =
  2×1 cell 数组
    {'versicolor'}
    {'virginica' }
>> K = MdlLinear.Coeffs(2,3).Const;
L = MdlLinear.Coeffs(2,3).Linear;
```

绘制第二类和第三类之间的曲线,如图 6-5 所示。

```
>> f = @(x1,x2) K + L(1) * x1 + L(2) * x2;  % 判别函数
h2 = fimplicit(f,[.9 7.1 0 2.5]);
h2.Color = 'r';
h2.LineWidth = 2;
h2.DisplayName = 'Versicolor 与 Virginica 的分界';
```

检索第一类和第二类之间线性边界的系数。

```
>> MdlLinear.ClassNames([1 2])
ans =
  2×1 cell 数组
    {'setosa'    }
```

```
                {'versicolor'}
>> K = MdlLinear.Coeffs(1,2).Const;
L = MdlLinear.Coeffs(1,2).Linear;
```

绘制第一类和第二类之间的曲线，如图 6-6 所示。

```
>> f = @(x1,x2) K + L(1) * x1 + L(2) * x2;  % 判别函数
h3 = fimplicit(f,[.9 7.1 0 2.5]);
h3.Color = 'k';
h3.LineWidth = 2;
h3.DisplayName = 'Versicolor 与 Setosa 的分界';
axis([.9 7.1 0 2.5])
xlabel('花瓣长度')
ylabel('花瓣宽度')
title('{\bf 使用 Fisher 训练数据进行线性分类}')
```

创建一个二次判别分类器。

```
>> MdlQuadratic = fitcdiscr(X,species,'DiscrimType','quadratic');
```

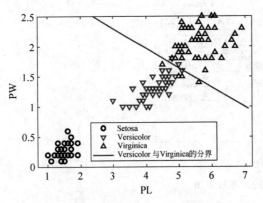

图 6-5　Versicolor 与 Virginica 的分界线

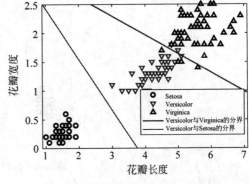

图 6-6　第一类和第二类之间的曲线

从图中删除线性边界，如图 6-7 所示。

```
>> delete(h2);
delete(h3);
```

检索第二类和第三类之间的二次边界的系数。

```
>> MdlQuadratic.ClassNames([2 3])
ans =
  2 × 1 cell 数组
    {'versicolor'}
    {'virginica' }
>> K = MdlQuadratic.Coeffs(2,3).Const;
L = MdlQuadratic.Coeffs(2,3).Linear;
Q = MdlQuadratic.Coeffs(2,3).Quadratic;
```

绘制第二类和第三类之间的曲线，如图 6-8 所示。

```
>> f = @(x1,x2) K + L(1) * x1 + L(2) * x2 + Q(1,1) * x1.^2 + ...
    (Q(1,2) + Q(2,1)) * x1.* x2 + Q(2,2) * x2.^2;     % 判别函数
h2 = fimplicit(f,[.9 7.1 0 2.5]);
h2.Color = 'r';
h2.LineWidth = 2;
h2.DisplayName = 'Versicolor & Virginica 的分界';
```

检索第一类和第二类之间的二次边界的系数。

```
>> MdlQuadratic.ClassNames([1 2])
```

```
ans =
    2×1 cell 数组
        {'setosa'   }
        {'versicolor'}
>> K = MdlQuadratic.Coeffs(1,2).Const;
L = MdlQuadratic.Coeffs(1,2).Linear;
Q = MdlQuadratic.Coeffs(1,2).Quadratic;
```

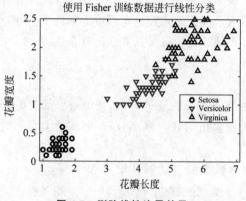

图6-7 删除线性边界效果

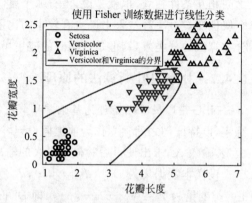

图6-8 第二类和第三类的分界线

绘制第一类和第二类的分界曲线,如图6-9所示。

```
>> f = @(x1,x2) K + L(1) * x1 + L(2) * x2 + Q(1,1) * x1.^2 + ...
    (Q(1,2) + Q(2,1)) * x1. * x2 + Q(2,2) * x2.^2;
h3 = fimplicit(f,[.9 7.1 0 1.02]); % 绘制分界曲线
h3.Color = 'k';
h3.LineWidth = 2;
h3.DisplayName = 'Versicolor 和 Setosa 分界';
axis([.9 7.1 0 2.5])
xlabel('花瓣长度')
ylabel('花瓣宽度')
title('{\bf 使用 Fisher 训练数据进行二次分类}')
hold off
```

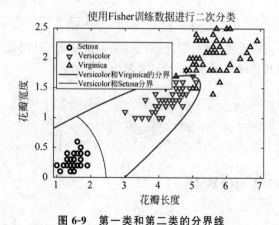

图6-9 第一类和第二类的分界线

6.4 贝叶斯分类

朴素贝叶斯模型假设在给定类成员关系的情况下,观测值具有某种多元分布,但构成观测值的预测变量或特征是彼此独立的。此框架可以容纳完整的特征集,这样一个观测值即为一

个多项计数集。

6.4.1 贝叶斯算法

朴素贝叶斯算法(Naive Bayesian Algorithm,NBC)是应用较为广泛的分类算法之一。

朴素贝叶斯算法是在贝叶斯算法的基础上进行了相应的简化,即假定给定目标值时属性之间相互条件独立,也就是说,没有哪个属性变量对决策结果来说占有较大的比重,也没有哪个属性变量对决策结果来说占有较小的比重。虽然这个简化方式在一定程度上降低了贝叶斯分类算法的分类效果,但是在实际的应用场景中,极大地简化了贝叶斯方法的复杂性。

6.4.2 朴素贝叶斯算法的原理

NBC 是以贝叶斯定理为基础并且假设特征条件之间相互独立的方法,先通过已给定的训练集,以特征词之间独立作为前提假设,学习从输入到输出的联合概率分布,再基于学习到的模型,输入 X,求出使得后验概率最大的输出 Y。

设样本数据集为 $D=\{d_1,d_2,\cdots,d_n\}$,对应样本数据的特征属性集为 $X=\{x_1,x_2,\cdots,x_d\}$ 类变量为 $Y=\{y_1,y_2,\cdots,y_m\}$,即 D 可以分为 y_m 类别。其中,$x_1,x_2,\cdots,x_d$ 相互独立且随机,则 Y 的先验概率为 $P_{\text{prior}}=P(Y)$,Y 的后验概率为 $P_{\text{post}}=P(Y|X)$,由朴素贝叶斯算法可得,后验概率可以由先验概率 $P_{\text{prior}}=P(Y)$、证据 $P(X)$、类条件概率 $P(X|Y)$ 计算出:

$$P(Y \mid X)=\frac{P(Y)P(X \mid Y)}{P(X)}$$

朴素贝叶斯基于各特征之间相互独立,在给定类别为 y 的情况下,上式可以进一步表示为:

$$P(Y \mid X=y)=\prod_{i=1}^{d}P(x_i \mid Y=y)$$

由以上两式可以计算出后验概率为:

$$P_{\text{post}}=P(Y \mid X)=\frac{P(Y)\prod_{i=1}^{d}P(x_i \mid Y=y)}{P(X)}$$

由于 $P(X)$ 的大小是固定不变的,因此在比较后验概率时,只比较上式的分子部分即可。因此可以得到一个样本数据属于类别 y_i 的朴素贝叶斯计算:

$$P(y_i \mid x_1,x_2,\cdots,x_d)=(Y \mid X)=\frac{P(y_i)\prod_{j=1}^{d}P(x_j \mid y_i)}{\prod_{j=1}^{d}P(x_j)}$$

6.4.3 朴素贝叶斯算法的优缺点

1. 优点

朴素贝叶斯算法的优点主要表现在:朴素贝叶斯算法假设了数据集属性之间是相互独立的,因此算法的逻辑性十分简单,并且算法较为稳定,当数据呈现不同的特点时,朴素贝叶斯的分类性能不会有太大的差异,即朴素贝叶斯算法的健壮性比较好,对于不同类型的数据集不会呈现出太大的差异性。当数据集属性之间的关系相对比较独立时,朴素贝叶斯分类算法会有较好的效果。

2. 缺点

相对于优点,朴素贝叶斯算法也存在缺点,主要表现在:属性独立性的条件同时也是朴素贝叶斯分类器的不足之处。数据集属性的独立性在很多情况下是很难满足的,因为数据集的属性之间往往都存在着相互关联,如果在分类过程中出现这种问题,会导致分类的效果大大降低。

6.4.4　朴素贝叶斯的应用

假设有一个数据集,其中包含由不同变量(称为预测变量)的测量值组成的观测值,以及这些观测值的已知类标签。如果得到新观测值的预测变量值,能判断这些观测值可能属于哪些类吗? 这就是分类问题。

【**例 6-3**】　使用判别分析、朴素贝叶斯分类器和决策树进行分类。

(1) Fisher 鸢尾花数据。

Fisher 鸢尾花数据包括 150 个鸢尾花标本的萼片长度、萼片宽度、花瓣长度和花瓣宽度的测量值。三个品种各有 50 个标本。加载数据,查看萼片测量值在不同品种间有何差异。可以使用包含萼片测量值的两列。

```
>> load fisheriris
f = figure;
gscatter(meas(:,1), meas(:,2), species,'rgb','osd');     % 效果如图 6-10 所示
xlabel('萼片长度');
ylabel('萼片宽度');
N = size(meas,1);
```

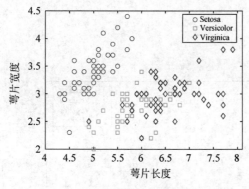

图 6-10　不同萼片散点图

假设测量了一朵鸢尾花的萼片和花瓣,并且需要根据这些测量值确定它所属的品种。解决此问题的一种方法称为判别分析。

(2) 线性判别分析和二次判别分析。

fitcdiscr 函数可以使用不同类型的判别分析进行分类。首先使用默认的线性判别分析(LDA)对数据进行分类。

```
>> lda = fitcdiscr(meas(:,1:2),species);
ldaClass = resubPredict(lda);
```

带有已知类标签的观测值通常称为训练数据。现在计算再代入误差,即针对训练集的误分类误差(误分类的观测值所占的比例)。

```
>> ldaResubErr = resubLoss(lda)
ldaResubErr =
```

0.2000

还可以计算基于训练集的混淆矩阵。混淆矩阵包含有关已知类标签和预测类标签的信息。通常来说,混淆矩阵中的元素(i,j)是已知类标签为i、预测类标签为j的样本的数量。对角元素表示正确分类的观测值。

```
>> figure
ldaResubCM = confusionchart(species,ldaClass);    % 如图 6-11 所示
```

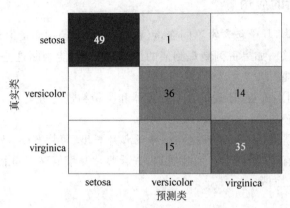

图 6-11　混淆矩阵分布图

在 150 个训练观测值中,有 20％的(即 30 个)观测值被线性判别函数错误分类。可以将错误分类的点画上 X 来查看是哪些观测值,如图 6-12 所示。

```
>> figure(f)
bad = ~strcmp(ldaClass,species);
hold on;
plot(meas(bad,1), meas(bad,2), 'kx');
hold off;
```

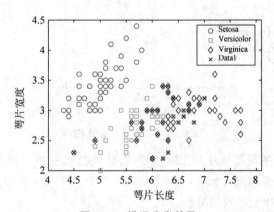

图 6-12　错误分类效果

该函数将平面分成几个由直线分隔的区域,并为不同的品种分配了不同的区域。要可视化这些区域,一种方法是创建(x,y)值网格,并将分类函数应用于该网格,如图 6-13 所示。

```
>> [x,y] = meshgrid(4:.1:8,2:.1:4.5);
x = x(:);
y = y(:);
j = classify([x y],meas(:,1:2),species);
gscatter(x,y,j,'grb','sod')
```

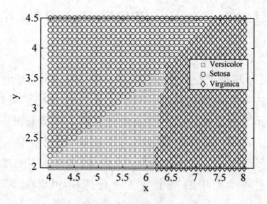

图 6-13　分类结果应用于网格

对于某些数据集，直线不能很好地分隔各个类的区域。在这种情况下，不适合使用线性判别分析。可以尝试对数据进行二次判别分析（QDA）。

计算二次判别分析的再代入误差。

```
>> qda = fitcdiscr(meas(:,1:2),species,'DiscrimType','quadratic');
qdaResubErr = resubLoss(qda)
qdaResubErr =
    0.2000
```

至此已经计算出再代入误差。通常人们更关注测试误差（也称为泛化误差），即针对独立集合预计会得出的预测误差。事实上，再代入误差可能会低估测试误差。

在实例中，并没有另一个带标签的数据集，但可以通过交叉验证来模拟一个这样的数据集。10 折分层交叉验证是估计分类算法的测试误差的常用选择。它将训练集随机分为 10 个不相交的子集。每个子集的大小大致相同，类比例也与训练集中的类比例大致相同。取出一个子集，使用其他 9 个子集训练分类模型，然后使用训练过的模型对刚才取出的子集进行分类。可以轮流取出 10 个子集中的每个子集并重复此操作。

由于交叉验证随机划分数据，因此结果取决于初始随机种子。要重现与实例完全相同的结果，请执行以下代码。

```
>> rng(0,'twister');
```

首先使用 cvpartition 生成 10 个不相交的分层子集。

```
>> cp = cvpartition(species,'KFold',10)
cp =
K 折交叉验证数据分区
   NumObservations: 150
      NumTestSets: 10
        TrainSize: 135  135  135  135  135  135  135  135  135  135
         TestSize: 15  15  15  15  15  15  15  15  15  15
```

crossval()和 kfoldLoss()方法可以使用给定的数据分区 cp 来估计 LDA 和 QDA 的误分类误差。

使用 10 折分层交叉验证估计 LDA 的真实测试误差。

```
>> cvqda = crossval(qda,'CVPartition',cp);
qdaCVErr = kfoldLoss(cvqda)
qdaCVErr =
    0.2200
```

QDA 的交叉验证误差略大于 LDA。它表明简单模型的性能可能不逊于甚至超过复杂模型。

（3）朴素贝叶斯分类器。

fitcdiscr 函数还有另外两种类型：'DiagLinear'和'DiagQuadratic'，它们类似于'linear'和'quadratic'，但具有对角协方差矩阵估计值。这些对角选择是朴素贝叶斯分类器的具体例子，因为它们假定变量在类标签给定的情况下是条件独立的。朴素贝叶斯分类器是比较常用的分类器之一。虽然假定变量之间类条件独立通常并不正确，但已经在实践中发现朴素贝叶斯分类器可以很好地处理许多数据集。fitcnb 函数可用于创建更通用类型的朴素贝叶斯分类器。

首先使用高斯分布对每个类中的每个变量进行建模，可以计算再代入误差和交叉验证误差。

```
>> nbGau = fitcnb(meas(:,1:2), species);
nbGauResubErr = resubLoss(nbGau)
nbGauCV = crossval(nbGau, 'CVPartition',cp);
nbGauCVErr = kfoldLoss(nbGauCV)
labels = predict(nbGau, [x y]);
gscatter(x,y,labels,'grb','sod')    % 效果如图 6-14 所示
nbGauResubErr =
    0.2200
nbGauCVErr =
    0.2200
```

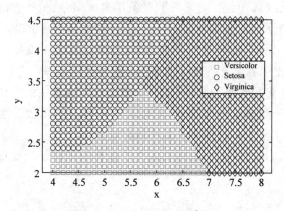

图 6-14 fitcnb 函数实现分类

目前为止，假设每个类的变量都具有多元正态分布。通常这是合理的假设，但有时可能不愿意这么假设，或者可能很清楚地了解它是无效的。现在尝试使用核密度估计对每个类中的每个变量进行建模，这是一种更灵活的非参数化方法。此处将核设置为 box。

```
>> nbKD = fitcnb(meas(:,1:2), species, 'DistributionNames','kernel', 'Kernel','box');
nbKDResubErr = resubLoss(nbKD)
nbKDCV = crossval(nbKD, 'CVPartition',cp);
nbKDCVErr = kfoldLoss(nbKDCV)
labels = predict(nbKD, [x y]);
gscatter(x,y,labels,'rgb','osd')    % 效果如图 6-15 所示
nbKDResubErr =
    0.2067
nbKDCVErr =
    0.2133
```

对于此数据集，相比使用高斯分布的朴素贝叶斯分类器，使用核密度估计的朴素贝叶斯分类器得到的再代入误差和交叉验证误差较小。

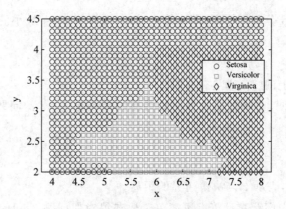

图 6-15 核密度估计分类效果

6.5 支持向量机

为了提高在中低维数据集上的准确度并增加核函数选择,可以使用"Classification Learner App(分类学习 App)"训练二类 SVM 模型,或包含 SVM 二类学习器的多类纠错输出编码(ECOC)模型。为了获得更大的灵活性,可以在命令行界面中使用 fitcsvm 训练二类 SVM 模型,或者使用 fitcecoc 训练由二类 SVM 学习器组成的多类 ECOC 模型。

为了减少在高维数据集上的计算时间,可以使用 fitclinear 高效地训练二类线性分类模型(例如,线性 SVM 模型),或者使用 fitcecoc 训练由 SVM 模型组成的多类 ECOC 模型。

对于大数据的非线性分类,可以使用 fitckernel 训练二类高斯核分类模型。

6.5.1 支持向量机概述

1. 可分离数据

当数据正好有两个类时,可以使用支持向量机(SVM)。SVM 通过找到将一个类的所有数据点与另一个类的所有数据点分离的最佳超平面对数据进行分类。SVM 的最佳超平面是指使两个类之间的边距最大的超平面。边距是指平行于超平面的内部不含数据点的平板的最大宽度。

支持向量是最接近分离超平面的数据点,这些点在平板的边界上。图 6-16 说明了这些定义,其中,"+"表示类型为 1 的数据点,而"−"表示类型为 −1 的数据点。

图 6-16 支持向量超平面图

数据是一组点(向量)x_j 及其类别 y_j。对于某个维度 d,$x_j \in R^d$ 且 $y_j = \pm 1$。超平面的方程为:

$$f(x) = x'\beta + b = 0$$

其中,$\beta \in R^d$ 和 b 是实数。

以下问题定义最佳分离超平面(即决策边界)。计算使 $\|\beta\|$ 最小的 β 和 b,使得所有数据点 (x_j, y_j) 满足:

$$y_j f(x_j) \geqslant 1$$

支持向量是边界上的 x_j,满足 $y_j f(x_j) = 1$。

为了数学上的方便,此问题通常表示为等效的最小化 $\|\beta\|$ 的问题,这是二次规划问题。最优解 $(\hat{\beta}, \hat{b})$ 能够对向量 z 进行如下分类。

$$\text{class}(z) = \text{sign}(z'\hat{\beta} + \hat{b}) = \text{sign}(\hat{f}(z))$$

$\hat{f}(z)$ 是分类分数,表示 z 与决策边界的距离。

求解对偶二次规划问题在计算上更简单。要获得对偶问题,将正的 Lagrange 乘数 α_j 乘以每个约束,然后从目标函数中减去它们:

$$L_P = \frac{1}{2}\beta'\beta - \sum_j \alpha_j (y_j(x_j'\beta + b) - 1)$$

要从中计算 L_P 在 β 和 b 上的平稳点。将 L_P 的梯度设置为 0,将获得:

$$\begin{aligned} \beta &= \sum_j \alpha_j y_j x_j \\ 0 &= \sum_j \alpha_j y_j \end{aligned} \tag{6-1}$$

代入 L_P,将获得对偶问题 L_D:

$$L_D = \sum_j \alpha_j - \frac{1}{2}\sum_j \sum_k \alpha_j \quad \alpha_k y_j y_k x_j' x_k$$

需要求 $\alpha_j \geqslant 0$ 上的最大值。一般情况下,许多 α_j 在最大值时为 0。对偶问题解中非零的 α_j 定义超平面,如公式(6-1)所示,这可以得出 β 成为 $\alpha_j y_j x_j$ 的总和。对应于非零 α_j 的数据点 x_j 是支持向量。

L_D 关于非零 α_j 的导数在最佳情况下为 0,可得出:

$$y_j f(x_j) - 1 = 0$$

具体来说,通过取非零 α_j 作为任何 j 的值,可得出 b 在解处的值。

2. 不可分离的数据

我们的数据可能不存在一个分离超平面。在这种情况下,SVM 可以使用软边距,获取一个可分离许多数据点,但并非所有数据点的超平面。

软边距有两个标准表达式,两者都包括添加松弛变量 ξ_j 和罚分参数 C。

(1) L^1-范数问题是:$\min\limits_{\beta, b, \xi}\left(\frac{1}{2}\beta'\beta + C\sum_j \xi_j\right)$,满足 $\begin{aligned} y_j f(x_j) &\geqslant 1 - \xi_j \\ \xi_j &\geqslant 0 \end{aligned}$。

L^1-范数表示使用 ξ_j(而不是其平方) 作为松弛变量。fitcsvm 的三个求解器选项 SMO、ISDA 和 L1QP 可求解 L^1-范数最小化问题。

(2) L^2-范数问题是:$\min\limits_{\beta, b, \xi}\left(\frac{1}{2}\beta'\beta + C\sum_j \xi_j^2\right)$,受限于同样的约束。

在这些公式中,可以看到,增加 C 会增加松弛变量 ξ_j 的权重,这意味着优化尝试在类之间进行更严格的分离。等效地,将 C 朝 0 方向减少会降低误分类的重要性。

为了便于计算,这里使用软边距的 L^1 对偶问题表达式。使用 Lagrange 乘数 μ_j,可得到 L^1-范数最小化问题的函数:

$$L_P = \frac{1}{2}\beta'\beta + C\sum_j \xi_j - \sum_j \alpha_j(y_i f(x_j) - (1 - \xi_j)) - \sum_j \mu_j \xi_j$$

要从中计算 L_P 在 β、b 和正 ξ_j 上的平稳点，将 L_P 的梯度设置为 0，将获得：

$$\beta = \sum_j \alpha_j y_i x_j$$

$$\sum_j \alpha_j y_i = 0$$

$$\alpha_j = C - \mu_j$$

$$\alpha_j, \mu_j, \xi_j \geqslant 0$$

通过这些方程可直接获取对偶问题表达式：

$$\min_\alpha \sum_j \alpha_j - \frac{1}{2}\sum_j \sum_k \alpha_j \alpha_k y_j y_k x'_j x_k$$

它受限于以下约束：

$$\sum_j y_j \alpha_j = 0$$

$$0 \leqslant \alpha_j \leqslant C$$

最后一组不等式 $0 \leqslant \alpha_j \leqslant C$ 说明了为什么 C 有时称为框约束。C 将 Lagrange 乘数 α_j 的允许值保持在一个"框"中，即有界区域内。

3. 核的非线性变换

一些二类分类问题没有简单的超平面作为有用的分离标准。对于这些问题，有一种变通的数学方法可保留 SVM 分离超平面的几乎所有简易性。这种方法利用了再生核理论的下列成果。

(1) 存在一类具有以下属性的函数类 $G(x_1, x_2)$。存在一个线性空间 S 和将 x 映射到 S 的函数 φ，满足：

$$G(x_1, x_2) = \langle \varphi(x_1), \varphi(x_2) \rangle$$

点积发生在空间 S 中。

(2) 该类函数包括：

① 多项式。对于某些正整数 p：

$$G(x_1, x_2) = (1 + x'_1 x_2)^p$$

② 径向基函数（高斯）：

$$G(x_1, x_2) = \exp(-\| x_1 - x_2 \|^2)$$

③ 多层感知机或 Sigmoid（神经网络）。对于正数 p_1 和负数 p_2：

$$G(x_1, x_2) = \tanh(p_1 x'_1 x_2 + p_2)$$

使用核的数学方法依赖于超平面的计算方法。所有超平面分类的计算只使用点积。因此，非线性核可以使用相同的计算和解算法，并获得非线性分类器。得到的分类器是某个空间 S 中的超曲面，但不需要标识或检查空间 S。

6.5.2　使用支持向量机

与任何有监督学习模型一样，首先训练支持向量机，然后交叉验证分类器。使用经过训练的机器对新数据进行分类（预测）。此外，为了获得令人满意的预测准确度，可以使用各种 SVM 核函数，并且必须调整核函数的参数。

1. 训练 SVM 分类器

在统计与机器工具箱中使用 fitcsvm 训练并（可选）交叉验证 SVM 分类器。最常见的语法是：

```
SVMModel = fitcsvm(X,Y,'KernelFunction','rbf',…
    'Standardize',true,'ClassNames',{'negClass','posClass'});
```

其中，各参数的含义如下。

- X：预测变量数据的矩阵，其中每行是一个观测值，每列是一个预测变量。
- Y：类标签数组，其中每行对应于 X 中对应行的值。Y 可以是分类数组、字符数组或字符串数组、逻辑值或数值向量或字符向量元胞数组。
- KernelFunction：二类学习的默认值为'linear'，它通过超平面分离数据。值'gaussian'（或'rbf'）是一类学习的默认值，它指定使用高斯（或径向基函数）核。成功训练 SVM 分类器的重要步骤是选择合适的核函数。
- Standardize：指示软件在训练分类器之前是否应标准化预测变量的标志。
- ClassNames：区分负类和正类，或指定要在数据中包括哪些类。负类是第一个元素（或字符数组的行），例如，'negClass'；正类是第二个元素（或字符数组的行），例如，'posClass'。ClassNames 必须与 Y 具有相同的数据类型。指定类名是很好的做法，尤其是在比较不同分类器的性能时。
- 生成的训练模型（SVMModel）包含来自 SVM 算法的优化参数，使能够对新数据进行分类。

2. 用 SVM 分类器对新数据进行分类

在统计与机器工具箱中使用 predict 对新数据进行分类。使用经过训练的 SVM 分类器（SVMModel）对新数据进行分类的语法如下。

```
[label,score] = predict(SVMModel,newX)
```

生成的向量 label 表示 X 中每行的分类。score 是软分数的 $n \times 2$ 矩阵。每行对应于 X 中的一行，即新观测值。第一列包含分类为负类的观测值的分数，第二列包含分类为正类的观测值的分数。

要估计后验概率而不是分数，请首先将经过训练的 SVM 分类器（SVMModel）传递给 fitPosterior，该方法对分数进行分数-后验概率转换函数拟合。函数的语法为：

```
ScoreSVMModel = fitPosterior(SVMModel,X,Y)
```

其中，分类器 ScoreSVMModel 的属性 ScoreTransform 包含最佳转换函数。将 ScoreSVMModel 传递给 predict。输出参数 score 不返回分数，而是包含分类为负类（score 的列 1）或正类（score 的列 2）的观测值的后验概率。

3. 调整 SVM 分类器

使用 fitcsvm 的'OptimizeHyperparameters'名称-值对组参数来求得使交叉验证损失最小的参数值。可使用的参数包括'BoxConstraint'、'KernelFunction'、'KernelScale'、'PolynomialOrder'和'Standardize'。也可以使用 bayesopt 函数，bayesopt 函数允许更加灵活地自定义优化。可以使用 bayesopt 函数优化任何参数，包括使用 fitcsvm 函数时不能优化的参数。还可以尝试根据以下方案手动调整分类器的参数。

（1）将数据传递给 fitcsvm，并设置名称-值对组参数'KernelScale'、'auto'。假设经过训练的 SVM 模型称为 SVMModel。软件使用启发式过程来选择核尺度。启发式过程使用二次抽样。因此，为了重现结果，在训练分类器之前，请使用 rng 设置随机数种子。

（2）通过将分类器传递给 crossval 以交叉验证分类器。默认情况下，软件进行 10 折交叉验证。

（3）将经过交叉验证的 SVM 模型传递给 kfoldLoss 以估计和保留分类误差。

（4）重新训练 SVM 分类器，但调整 'KernelScale' 和 'BoxConstraint' 名称-值对组参数。

① BoxConstraint：一种策略是尝试框约束参数的等比数列。例如，取依次增长 10 倍的 11 个值，从 1e-5 到 1e5。增加 BoxConstraint 可能会减少支持向量的数量，但也会增加训练时间。

② KernelScale：一种策略是尝试基于原始核尺度缩放的 RBF sigma 参数的等比数列。为此，请执行以下操作。

- 使用圆点表示法检索原始核尺度，例如 ks：ks＝SVMModel. KernelParameters. Scale。
- 将原始核尺度的缩放值用作新的核尺度。例如，将 ks 乘以逐项递增 10 倍的 11 个值，从 1e-5 到 1e5。

选择产生最低分类误差的模型，可能需要进一步优化参数以获得更高的准确度。

6.5.3 支持向量机的应用

前面对支持向量机的相关概念及公式进行了介绍，下面通过两个经典实例来演示其具体应用。

【例6-4】 使用高斯核函数生成非线性分类器。

首先，在二维单位圆盘内生成一个由点组成的类，在半径为 1 到半径为 2 的环形空间内生成另一个由点组成的类。然后，使用高斯径向基函数核基于数据生成一个分类器。默认的线性分类器显然不适合此问题，因为模型具有圆对称特性。将框约束参数设置为 Inf 以进行严格分类，这意味着没有误分类的训练点。其他核函数可能无法使用这一严格的框约束，因为它们可能无法提供严格的分类。即使 rbf 分类器可以将类分离，结果也可能会过度训练。

生成在单位圆盘上均匀分布的 100 个点。为此，可先计算均匀随机变量的平方根以得到半径 r，并在 $(0, 2\pi)$ 中均匀生成角度 t，然后将点置于 $(r\cos(t), r\sin(t))$ 位置上。

```
>> rng(1);                      %设置重现性
r = sqrt(rand(100,1));          %半径 1
t = 2 * pi * rand(100,1);       %角 1
data1 = [r. * cos(t), r. * sin(t)]; %点 1
```

生成在环形空间中均匀分布的 100 个点。半径同样与平方根成正比，这次采用从 1 到 4 均匀分布值的平方根。

```
>> r2 = sqrt(3 * rand(100,1) + 1);   %半径 2
t2 = 2 * pi * rand(100,1);           %角 2
data2 = [r2. * cos(t2), r2. * sin(t2)]; %点 2
```

绘制各点，并绘制半径为 1 和 2 的圆进行比较，如图 6-17 所示。

```
>> figure;
plot(data1(:,1),data1(:,2),'r.','MarkerSize',15)
hold on
plot(data2(:,1),data2(:,2),'b.','MarkerSize',15)
ezpolar(@(x)1);ezpolar(@(x)2);
axis equal
hold off
```

将数据放在一个矩阵中，并建立一个分类向量。

```
>> data3 = [data1;data2];
theclass = ones(200,1);
```

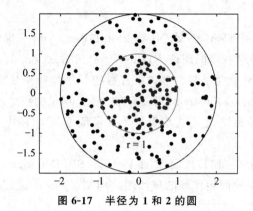

图 6-17　半径为 1 和 2 的圆

```
theclass(1:100) = -1;
```

将 KernelFunction 设置为 'rbf',BoxConstraint 设置为 Inf 以训练 SVM 分类器。绘制决策边界并标记支持向量,如图 6-18 所示。

```
>> % 训练 SVM 分类器
cl = fitcsvm(data3,theclass, 'KernelFunction', 'rbf', …
    'BoxConstraint', Inf, 'ClassNames', [-1,1]);
% 预测网格上的分数
d = 0.02;
[x1Grid,x2Grid] = meshgrid(min(data3(:,1)):d:max(data3(:,1)), …
    min(data3(:,2)):d:max(data3(:,2)));
xGrid = [x1Grid(:),x2Grid(:)];
[~,scores] = predict(cl,xGrid);
% 绘制数据和决策边界
figure;
h(1:2) = gscatter(data3(:,1),data3(:,2),theclass,'rb','.');
hold on
ezpolar(@(x)1);
h(3) = plot(data3(cl.IsSupportVector,1),data3(cl.IsSupportVector,2),'ko');
contour(x1Grid,x2Grid,reshape(scores(:,2),size(x1Grid)),[0 0],'k');
legend(h,{'-1','+1','支持向量机'});
axis equal
hold off
```

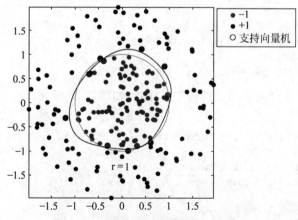

图 6-18　决策边界并标记支持向量效果

fitcsvm 生成一个接近半径为 1 的圆的分类器,如图 6-19 所示,差异是随机训练数据造成的。使用默认参数进行训练会形成更接近圆形的分类边界,但会对一些训练数据进行误分类。

此外，BoxConstraint 的默认值为 1，因此支持向量更多。

```
>> cl2 = fitcsvm(data3,theclass,'KernelFunction','rbf');
[~,scores2] = predict(cl2,xGrid);
figure;
h(1:2) = gscatter(data3(:,1),data3(:,2),theclass,'rb','.');
hold on
ezpolar(@(x)1);
h(3) = plot(data3(cl2.IsSupportVector,1),data3(cl2.IsSupportVector,2),'ko');
contour(x1Grid,x2Grid,reshape(scores2(:,2),size(x1Grid)),[0 0],'k');
legend(h,{'-1','+1','支持向量机'});
axis equal
hold off
axis equal
hold off
```

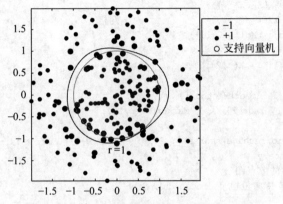

图 6-19　一个接近半径为 1 的圆的分类器

【例 6-5】　使用自定义核函数（例如 sigmoid 核）训练 SVM 分类器，并调整自定义核函数参数。

在单位圆内生成一组随机点。将第一和第三象限中的点标记为属于正类，将第二和第四象限中的点标记为属于负类。

```
>> rng(1);                                      % 设置重现性
n = 100;                                        % 每个象限的点数
r1 = sqrt(rand(2 * n,1));                       % 随机半径
t1 = [pi/2 * rand(n,1); (pi/2 * rand(n,1) + pi)];  % Q1 和 Q3 的随机角
X1 = [r1. * cos(t1) r1. * sin(t1)];             % 极坐标到笛卡儿坐标的转换
r2 = sqrt(rand(2 * n,1));
t2 = [pi/2 * rand(n,1) + pi/2; (pi/2 * rand(n,1) - pi/2)];  % Q2 和 Q4 的随机角
X2 = [r2. * cos(t2) r2. * sin(t2)];
X = [X1; X2];                                   % 预测
Y = ones(4 * n,1);
Y(2 * n + 1:end) = -1;                          % 标准
```

绘制数据图，如图 6-20 所示。

```
>> figure;
gscatter(X(:,1),X(:,2),Y);
title('模拟数据散点图')
```

编写一个函数 mysigmoid，该函数接收特征空间中的两个矩阵作为输入，并使用 sigmoid 核将它们转换为 Gram 矩阵。

```
function G = mysigmoid(U,V)
```

```
% 带斜率 gamma 和截距 c 的 sigmoid 核函数
gamma = 1;
c = -1;
G = tanh(gamma * U * V' + c);
end
```

使用 sigmoid 核函数训练 SVM 分类器。标准化数据是一种良好的做法。

```
>> Mdl1 = fitcsvm(X,Y,'KernelFunction','mysigmoid','Standardize',true);
```

Mdl1 是 ClassificationSVM 分类器，其中包含估计的参数。绘制数据，并确定支持向量和决策边界，如图 6-21 所示。

```
>> % 计算网格上的分数
d = 0.02;                                     % 网格的步长
[x1Grid,x2Grid] = meshgrid(min(X(:,1)):d:max(X(:,1)), …
    min(X(:,2)):d:max(X(:,2)));
xGrid = [x1Grid(:),x2Grid(:)];                % 网格
[~,scores1] = predict(Mdl1,xGrid);            % 分数
figure;
h(1:2) = gscatter(X(:,1),X(:,2),Y);
hold on
h(3) = plot(X(Mdl1.IsSupportVector,1), …
    X(Mdl1.IsSupportVector,2),'ko','MarkerSize',10);
    % 支持向量机
contour(x1Grid,x2Grid,reshape(scores1(:,2),size(x1Grid)),[0 0],'k');
    % Decision boundary
title('带有决策边界的散点图')
legend({'-1','1','支持向量机'},'Location','Best');
hold off
```

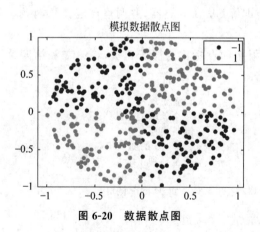

图 6-20　数据散点图

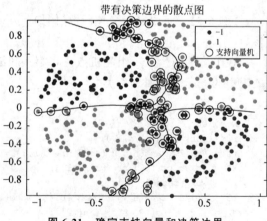

图 6-21　确定支持向量和决策边界

可以调整核参数，尝试改进决策边界的形状，这也可能降低样本内的误分类率，但应首先确定样本外的误分类率。使用 10 折交叉验证确定样本外的误分类率。

```
>> CVMdl1 = crossval(Mdl1);
misclass1 = kfoldLoss(CVMdl1);
misclass1
misclass1 =                                   % 样本外的误分类率
    0.1375
```

编写另一个 mysigmoid2 函数，但设置 gamma 为 0.5。

```
function G = mysigmoid2(U,V)
```

```
% 带斜率 gamma 和截距 c 的 sigmoid 核函数
gamma = 0.5;
c = -1;
G = tanh(gamma * U * V' + c);
end
```

使用调整后的 sigmoid 核训练另一个 SVM 分类器。绘制数据和决策区域,并确定样本外的误分类率,如图 6-22 所示。

```
>> Mdl2 = fitcsvm(X,Y,'KernelFunction','mysigmoid2','Standardize',true);
[~,scores2] = predict(Mdl2,xGrid);
figure;
h(1:2) = gscatter(X(:,1),X(:,2),Y);
hold on
h(3) = plot(X(Mdl2.IsSupportVector,1),…
        X(Mdl2.IsSupportVector,2),'ko','MarkerSize',10);
title('带有决策边界的散点图')
contour(x1Grid,x2Grid,reshape(scores2(:,2),size(x1Grid)),[0 0],'k');
legend({'-1','1','支持向量机'},'Location','Best');
hold off
CVMdl2 = crossval(Mdl2);
misclass2 = kfoldLoss(CVMdl2);
misclass2
misclass2 =
    0.0450
```

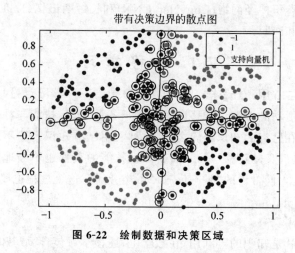

图 6-22　绘制数据和决策区域

在 sigmoid 斜率调整后,新决策边界似乎提供更好的样本内拟合,交叉验证率收缩 66% 以上。

第7章

深度学习算法实战

深度学习(Deep Learning,DL)是机器学习研究中的一个新的领域,其动机在于建立、模拟人脑进行分析学习的神经网络,它模仿人脑的机制来解释数据,例如,图像、声音和文本。深度学习是无监督学习的一种。

深度学习工具箱提供了一个用于通过算法、预训练模型和 App 来设计和实现深度神经网络的框架。可以使用卷积神经网络(ConvNet、CNN)和长短期记忆(LSTM)网络对图像、时序和文本数据执行分类和回归。

7.1 迁 移 学 习

深度学习应用中常常用到迁移学习。迁移学习是指一种学习对另一种学习的影响,或习得的经验对完成其他活动的影响。迁移广泛存在于各种知识、技能与社会规范的学习中。由于学习活动总是建立在已有的知识经验之上,这种利用已有知识经验不断地获得新知识和技能的过程,可以认为是广义的迁移学习;而新知识技能的获得也不断地使已有的知识经验得到扩充和丰富,这就是人们常说的"举一反三""触类旁通",这个过程也属于广义的迁移学习。

7.1.1 迁移学习概述

迁移学习的本质就是知识的再利用,在数学上,迁移学习包含"域"和"任务"两个因素。

"域"D 中包含两个要素:样本特征空间 χ 及其总体 x 的概率分布 $p(x)$,其中,样本集 $X=(x_1,x_2,\cdots,x_n)\in\chi$ 为总体样本,$P(\chi)=\prod_{i=1}^{n}p(x_i)$。两个域不同,当且仅当 $P(\chi)$ 至少有一个不同。

按照迁移学习的定义,可以将迁移学习分为三种类型:分布差异迁移学习、特征差异迁移学习和标签差异迁移学习。分布差异迁移学习的源域数据和目标域数据的边缘分布或者条件概率分布不同,特征差异迁移学习的源域数据和目标域数据特征空间不同,标签差异迁移学习指源域和目标域的数据标记空间不同。

以香蕉和苹果分类问题为例:

(1) 源域数据是已有的带标记香蕉和苹果的文本数据,目标域是新来的不带标记的香蕉和苹果的文本数据。源域和目标域的数据来自不同时间、不同地点,数据分布不同,但标记空间和特征空间是相同的,利用源域中的数据来进行目标域的学习问题就属于分布差异迁移学习问题。

(2)源域数据是带有标记的苹果和香蕉的文本数据,而目标域是不带有标记的苹果和香蕉的图片数据。源域和目标域一个是文本,一个是图像,属于特征差异迁移学习范围。

(3)源域数据是带有标记的香蕉和苹果的文本数据,属于二分类问题;目标域是不带标记的梨子、橘子和橙子的文本数据,属于三分类问题。源域和目标域的数据标记空间不同,属于标记差异迁移学习的范围。

7.1.2 迁移学习的应用

本节将以实例说明如何使用迁移学习来重新训练 ResNet-18 预训练卷积神经网络以对新图像集进行分类。

【例7-1】 利用迁移学习对图像进行分类。

(1)加载数据。

解压缩新图像并加载这些图像作为图像数据存储。将数据划分为训练数据集和验证数据集。将 70% 的图像用于训练,30% 的图像用于验证。

```
>> unzip('MerchData.zip');
imds = imageDatastore('MerchData','IncludeSubfolders',true,'LabelSource','foldernames');
[imdsTrain,imdsValidation] = splitEachLabel(imds,0.7,'randomized');
```

(2)加载预训练网络。

加载预训练的 ResNet-18 网络。如果未安装 Deep Learning Toolbox Model for ResNet-18 Network,则软件会提供下载链接。ResNet-18 已基于超过一百万个图像进行训练,可以将图像分为 1000 个对象类别(例如,键盘、咖啡杯、铅笔和多种动物)。该网络已基于大量图像学习了丰富的特征表示。网络以图像作为输入,然后输出图像中对象的标签以及每个对象类别的概率。

```
>> net = resnet18;
```

(3)替换最终层。

要重新训练 ResNet-18 以对新图像进行分类,请替换网络的最后一个全连接层和最终分类层。在 ResNet-18 中,这两个层的名称分别为'fc1000'和'ClassificationLayer_predictions'。将新的全连接层设置为大小与新数据集中的类数相同(此实例中为 5)。要使新层中的学习速度快于迁移的层,请增大全连接层的学习率因子。

```
>> numClasses = numel(categories(imdsTrain.Labels));
lgraph = layerGraph(net);
newFCLayer = fullyConnectedLayer(numClasses,'Name','new_fc','WeightLearnRateFactor',10,
'BiasLearnRateFactor',10);
lgraph = replaceLayer(lgraph,'fc1000',newFCLayer);
newClassLayer = classificationLayer('Name','new_classoutput');
lgraph = replaceLayer(lgraph,'ClassificationLayer_predictions',newClassLayer);
```

(4)训练网络。

网络要求输入图像的大小为 224×224×3,但图像数据存储中的图像具有不同大小。使用增强的图像数据存储可自动调整训练图像的大小。还可以使用 imageDataAugmenter 指定要对训练图像执行的额外增强操作,以帮助防止网络过拟合。

```
>> inputSize = net.Layers(1).InputSize;
```

```
augimdsTrain = augmentedImageDatastore(inputSize(1:2),imdsTrain);
augimdsValidation = augmentedImageDatastore(inputSize(1:2),imdsValidation);
```

指定训练选项,包括小批量大小和验证数据。将InitialLearnRate设置为较小的值以减慢迁移层中的学习速度。在上一步中,增大了全连接层的学习率因子,以加快新的最终层中的学习速度。这种学习率设置组合只会加快新层中的学习速度,对于其他层则会减慢学习速度。

```
>> options = trainingOptions('sgdm', …
    'MiniBatchSize',10, …
    'MaxEpochs',8, …
    'InitialLearnRate',1e - 4, …
    'Shuffle','every - epoch', …
    'ValidationData',augimdsValidation, …
    'ValidationFrequency',5, …
    'Verbose',false, …
    'Plots','training - progress');
```

使用训练数据训练网络。默认情况下,如果有GPU可用,trainNetwork就会使用GPU(需要Parallel Computing Toolbox和具有3.0或更高计算能力的支持CUDA的GPU);否则,将使用CPU。

```
>> trainedNet = trainNetwork(augimdsTrain,lgraph,options);    % 效果如图7-1所示
```

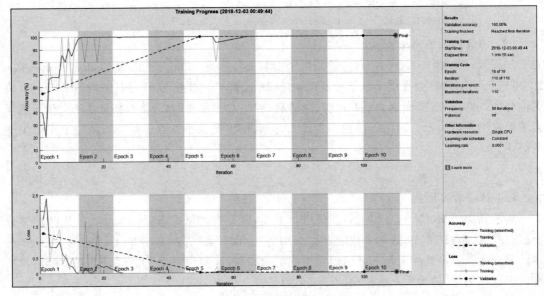

图7-1 训练过程

(5)对验证图像进行分类。

使用经过微调的网络对验证图像进行分类,并计算分类准确度。

```
>> YPred = classify(trainedNet,augimdsValidation);
accuracy = mean(YPred == imdsValidation.Labels)
accuracy = 1
```

7.2 图像的深度学习

可以通过定义网络架构并从头开始训练网络来创建新的用于图像分类和回归任务的深度网络。还可以使用迁移学习以利用预训练网络所提供的知识来学习新数据中的新模式。通常来说,使用迁移学习对预训练的图像分类网络进行微调比从头开始训练更快、更容易。使用预

训练的深度网络,可以快速学习新任务,而无须定义和训练新网络,也不需要使用数百万个图像或强大的 GPU。

定义网络架构后,必须使用 trainingOptions 函数定义训练参数。然后,可以使用 trainNetwork 训练网络。使用经过训练的网络预测类标签或数值响应。

下面直接通过一个应用实例来演示图像的深度学习。

【例 7-2】 创建包含残差连接的深度学习神经网络,并针对 CIFAR-10 数据对其进行训练。

残差连接是卷积神经网络架构中的常见元素。使用残差连接可以改善网络中的梯度流,从而可以训练更深的网络。

对于许多应用来说,使用由一个简单的层序列组成的网络就已足够。但是,某些应用要求网络具有更复杂的层次图结构,其中的层可接收来自多个层的输入,也可以输出到多个层。这些类型的网络通常称为有向无环图(DAG)网络。残差网络就是一种 DAG 网络,其中的残差连接会绕过主网络层。残差连接让参数梯度可以更轻松地从输出层传播到较浅的网络层,从而能够训练更深的网络。增加网络深度可在执行更困难的任务时获得更高的准确度。

要创建和训练具有层次图结构的网络,请按照以下步骤操作。

(1)使用 layerGraph 创建一个 LayerGraph 对象。层次图指定网络架构。可以创建一个空的层次图,然后向其中添加层。还可以直接从一组网络层创建一个层次图。在这种情况下,layerGraph 会依次连接这些层。

(2)使用 addLayers 向层次图中添加层,使用 removeLayers 从层次图中删除层。

(3)使用 connectLayers 在不同层之间建立层连接,使用 disconnectLayers 断开层连接。

(4)使用 plot 绘制网络架构。

(5)使用 trainNetwork 训练网络。经过训练的网络是一个 DAGNetwork 对象。

(6)使用 classify 和 predict 对新数据执行分类和预测。

实现的步骤如下。

(1)准备数据。

下载 CIFAR-10 数据集。该数据集包含 60 000 个图像。每个图像为 32×32 大小,并且具有三个颜色通道(RGB)。数据集的大小为 175MB。

```
>> datadir = tempdir;
downloadCIFARData(datadir);
```

将 CIFAR-10 训练和测试图像作为四维数组加载。训练集包含 50 000 个图像,测试集包含 10 000 个图像。使用 CIFAR-10 测试图像进行网络验证。

```
>> [XTrain,YTrain,XValidation,YValidation] = loadCIFARData(datadir);
>> figure;
```

使用以下代码显示训练图像的随机样本,如图 7-2 所示。

```
idx = randperm(size(XTrain,4),20);
im = imtile(XTrain(:,:,:,idx),'ThumbnailSize',[96,96]);
imshow(im)
```

创建一个 augmentedImageDatastore 对象以用于网络训练。在训练过程中,数据存储会沿垂直轴随机翻转训练图像,并在水平方向和垂直方向上将图像随机平移最多 4px。数据增强有助于防止网络过拟合和记忆训练图像的具体细节。

```
>> imageSize = [32 32 3];
```

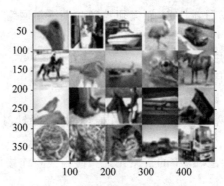

图 7-2　训练图像的随机样本

```
pixelRange = [-4 4];
imageAugmenter = imageDataAugmenter( …
    'RandXReflection',true, …
    'RandXTranslation',pixelRange, …
    'RandYTranslation',pixelRange);
augimdsTrain = augmentedImageDatastore(imageSize,XTrain,YTrain, …
    'DataAugmentation',imageAugmenter, …
    'OutputSizeMode','randcrop');
```

（2）定义网络架构。

残差网络架构由以下组件构成。

主分支：顺序连接的卷积层、批量归一化层和 ReLU 层。

残差连接：绕过主分支的卷积单元。残差连接和卷积单元的输出按元素相加。当激活区域的大小变化时，残差连接也必须包含 1×1 卷积层。残差连接让参数梯度可以更轻松地从输出层流到较浅的网络层，从而能够训练更深的网络。

① 创建主分支。

首先创建网络的主分支。主分支包含以下五部分。

- 初始部分：包含图像输入层和带激活函数的初始卷积层。
- 三个卷积层阶段：分别具有不同的特征大小（32×32、16×16 和 8×8）。每个阶段包含 N 个卷积单元。在实例的这一部分中，$N = 2$。每个卷积单元包含两个带激活函数的 3×3 卷积层。netWidth 参数是网络宽度，定义为网络第一卷积层阶段中的过滤器数目。第二阶段和第三阶段中的前几个卷积单元会将空间维度下采样二分之一。为了使整个网络中每个卷积层所需的计算量大致相同，每次执行空间下采样时，都将过滤器的数量增加一倍。
- 最后部分：包含全局平均池化层、全连接层、softmax 层和分类层。

使用 convolutionalUnit(numF,stride,tag) 创建一个卷积单元。numF 是每一层中卷积过滤器的数量，stride 是该单元第一个卷积层的步幅，tag 是添加在层名称前面的字符数组。convolutionalUnit 函数在实例末尾定义。

为所有层指定唯一名称。卷积单元中的层的名称以 'SjUk' 开头，其中，j 是阶段索引，k 是该阶段内卷积单元的索引。例如，'S2U1' 表示第 2 阶段第 1 单元。

```
>> netWidth = 16;
layers = [
    imageInputLayer([32 32 3],'Name','input')
    convolution2dLayer(3,netWidth,'Padding','same','Name','convInp')
    batchNormalizationLayer('Name','BNInp')
```

```
reluLayer('Name','reluInp')

convolutionalUnit(netWidth,1,'S1U1')
additionLayer(2,'Name','add11')
reluLayer('Name','relu11')
convolutionalUnit(netWidth,1,'S1U2')
additionLayer(2,'Name','add12')
reluLayer('Name','relu12')

convolutionalUnit(2 * netWidth,2,'S2U1')
additionLayer(2,'Name','add21')
reluLayer('Name','relu21')
convolutionalUnit(2 * netWidth,1,'S2U2')
additionLayer(2,'Name','add22')
reluLayer('Name','relu22')

convolutionalUnit(4 * netWidth,2,'S3U1')
additionLayer(2,'Name','add31')
reluLayer('Name','relu31')
convolutionalUnit(4 * netWidth,1,'S3U2')
additionLayer(2,'Name','add32')
reluLayer('Name','relu32')

averagePooling2dLayer(8,'Name','globalPool')
fullyConnectedLayer(10,'Name','fcFinal')
softmaxLayer('Name','softmax')
classificationLayer('Name','classoutput')
];
```

根据层数组创建一个层次图。layerGraph 按顺序连接 layers 中的所有层。绘制层次图,如图 7-3 所示。

```
>> lgraph = layerGraph(layers);
figure('Units','normalized','Position',[0.2 0.2 0.6 0.6]);
plot(lgraph);
```

② 创建残差连接。

在卷积单元周围添加残差连接。大多数残差连接不执行任何操作,只是简单地按元素与卷积单元的输出相加。

创建从'reluInp'到'add11'层的残差连接。由于在创建相加层时将其输入数指定为 2,因此该层有两个输入,名为'in1'和'in2'。第一个卷积单元的最终层已连接到'in1'输入。因此,相加层将第一个卷积单元的输出和'reluInp'层相加。

同样,将'relu11'层连接到'add12'层的第二个输入。通过绘制层次图,如图 7-4 所示,确认已正确连接各个层。

图 7-3　所有层的层次图

```
>> lgraph = connectLayers(lgraph,'reluInp','add11/in2');
lgraph = connectLayers(lgraph,'relu11','add12/in2');
figure('Units','normalized','Position',[0.2 0.2 0.6 0.6]);
plot(lgraph);
```

当卷积单元中层激活区域的大小发生变化时(即当它们不在空间维度下采样而在通道维度上采样时),残差连接中激活区域的大小也必须随之变化。通过使用 1×1 卷积层及其批量归一化层,更改残差连接中激活区域的大小。

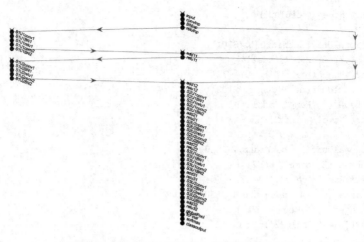

图 7-4 'relu11'层连接到'add12'层的层次图

```
>> skip1 = [
    convolution2dLayer(1,2 * netWidth,'Stride',2,'Name','skipConv1')
    batchNormalizationLayer('Name','skipBN1')];
lgraph = addLayers(lgraph,skip1);
lgraph = connectLayers(lgraph,'relu12','skipConv1');
lgraph = connectLayers(lgraph,'skipBN1','add21/in2');
```

在网络的第二阶段添加恒等连接。

```
>> lgraph = connectLayers(lgraph,'relu21','add22/in2');
```

通过另一个 1×1 卷积层及其批量归一化层，更改第二阶段和第三阶段之间的残差连接中激活区域的大小。

```
>> skip2 = [
    convolution2dLayer(1,4 * netWidth,'Stride',2,'Name','skipConv2')
    batchNormalizationLayer('Name','skipBN2')];
lgraph = addLayers(lgraph,skip2);
lgraph = connectLayers(lgraph,'relu22','skipConv2');
lgraph = connectLayers(lgraph,'skipBN2','add31/in2');
```

添加最后一个恒等连接，并绘制最终的层次图，如图 7-5 所示。

```
>> lgraph = connectLayers(lgraph,'relu31','add32/in2');
```

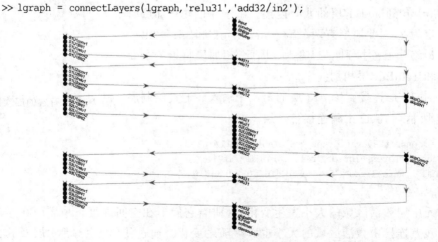

图 7-5 最终的层次图

```
figure('Units','normalized','Position',[0.2 0.2 0.6 0.6]);
plot(lgraph)
```

（3）创建更深的网络。

要为任意深度和宽度的 CIFAR-10 数据创建具有残差连接的层次图，请使用支持函数 residualCIFARlgraph。函数的调用格式为：

lgraph＝residualCIFARlgraph(netWidth,numUnits,unitType)：为 CIFAR-10 数据创建具有残差连接的层次图。其中，

netWidth：网络宽度，定义为网络的前几个 3×3 卷积层中的过滤器数量。

numUnits：网络主分支中的卷积单元数。因为网络由三个阶段组成，其中每个阶段的卷积单元数量都相同，所以 numUnits 必须是 3 的整数倍。

unitType：卷积单元的类型，指定为"standard"或"bottleneck"。一个标准卷积单元由两个 3×3 卷积层组成。一个瓶颈卷积单元由三个卷积层组成：一个在通道维度进行下采样的 1×1 层，一个 3×3 卷积层，以及一个在通道维度进行上采样的 1×1 层。因此，瓶颈卷积单元的卷积层数比标准单元多 50%，而其空间 3×3 卷积层数却是标准单元的一半。这两种单元类型的计算复杂度相似，但使用瓶颈单元时，残差连接中传播的特征总数要多 4 倍。网络的总深度定义为顺序卷积层和全连接层的层数之和。对于由标准单元构成的网络，总深度为 $2\times$ numUnits＋2；对于由瓶颈单元构成的网络，总深度为 $3\times$ numUnits＋2。

下面的代码用于创建一个包含 9 个标准卷积单元（每阶段三个单元）且宽度为 16 的残差网络，网络总深度为 $2\times9+2＝20$，如图 7-6 所示。

```
>> numUnits = 9;
netWidth = 16;
lgraph = residualCIFARlgraph(netWidth,numUnits,"standard");
figure('Units','normalized','Position',[0.1 0.1 0.8 0.8]);
plot(lgraph)
```

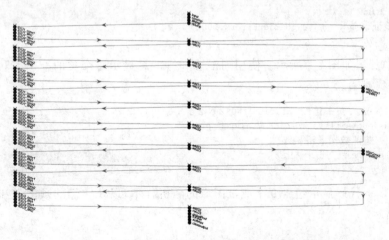

图 7-6　9 个标准卷积单元且宽度为 16 的残差网络

（4）训练网络。

指定训练选项，对网络进行 80 轮训练。选择与小批量大小成正比的学习率，并在 60 轮训练后将学习率降低十分之一。每轮训练后都使用验证数据验证一次网络。

```
>> miniBatchSize = 128;
learnRate = 0.1 * miniBatchSize/128;
```

```
valFrequency = floor(size(XTrain,4)/miniBatchSize);
options = trainingOptions('sgdm', …
    'InitialLearnRate',learnRate, …
    'MaxEpochs',80, …
    'MiniBatchSize',miniBatchSize, …
    'VerboseFrequency',valFrequency, …
    'Shuffle','every - epoch', …
    'Plots','training - progress', …
    'Verbose',false, …
    'ValidationData',{XValidation,YValidation}, …
    'ValidationFrequency',valFrequency, …
    'LearnRateSchedule','piecewise', …
    'LearnRateDropFactor',0.1, …
    'LearnRateDropPeriod',60);
```

要使用 trainNetwork 训练网络,请将 doTraining 标志设置为 true;否则,请加载预训练的网络。在一个较好的 GPU 上训练网络大约需要两小时。如果没有 GPU,则训练需要更长时间。

```
>> doTraining = false;
if doTraining
    trainedNet = trainNetwork(augimdsTrain,lgraph,options);
else
    load('CIFARNet - 20 - 16.mat','trainedNet');
end
```

(5) 评估经过训练的网络。

基于训练集(无数据增强)和验证集计算网络的最终准确度。

```
>> [YValPred,probs] = classify(trainedNet,XValidation);
validationError = mean(YValPred ~ = YValidation);
YTrainPred = classify(trainedNet,XTrain);
trainError = mean(YTrainPred ~ = YTrain);
disp("训练误差: " + trainError * 100 + " % ")
训练误差: 2.862 %
>> disp("验证误差: " + validationError * 100 + " % ")
验证误差: 9.76 %
```

绘制混淆矩阵,如图 7-7 所示。使用列汇总和行汇总显示每个类的准确率和召回率。网络最常将猫与狗混淆。

```
>> figure('单位','归一化','Position',[0.2 0.2 0.4 0.4]);
cm = confusionchart(YValidation,YValPred);
cm.Title = '验证数据混淆矩阵';
cm.ColumnSummary = '列归一化';
cm.RowSummary = '行归一化';
```

可以使用以下代码显示包含 9 个测试图像的随机样本,以及它们的预测类和这些类的概率,如图 7-8 所示。

```
>> figure
idx = randperm(size(XValidation,4),9);
for i = 1:numel(idx)
    subplot(3,3,i)
    imshow(XValidation(:,:,:,idx(i)));
    prob = num2str(100 * max(probs(idx(i),:)),3);
    predClass = char(YValPred(idx(i)));
    title([predClass,', ',prob,'%'])
end
```

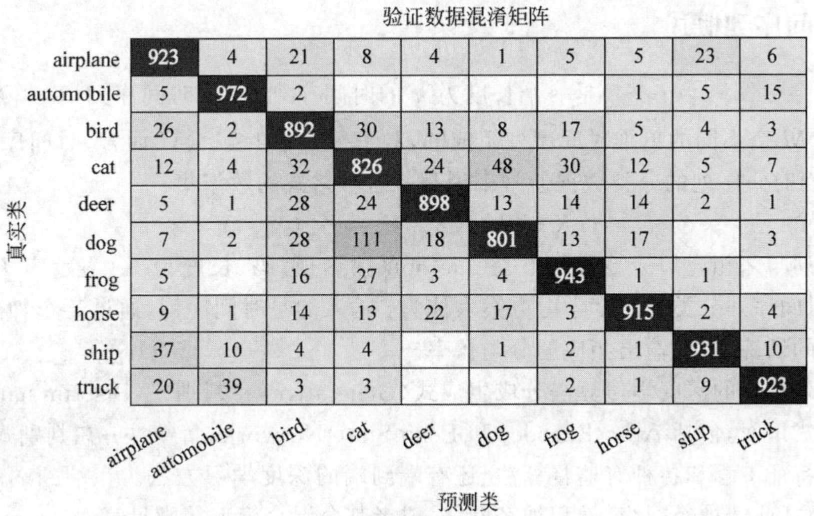

验证数据混淆矩阵
airplane 923 4 21 8 4 1 5 5 23 6
automobile 5 972 2 1 5 15
bird 26 2 892 30 13 8 17 5 4 3
cat 12 4 32 826 24 48 30 12 5 7
deer 5 1 28 24 898 13 14 14 2 1
dog 7 2 28 111 18 801 13 17 3
frog 5 16 27 3 4 943 1 1
horse 9 1 14 13 22 17 3 915 2 4
ship 37 10 4 4 1 2 1 931 10
truck 20 39 3 3 2 1 9 923
真实类
airplane automobile bird cat deer dog frog horse ship truck
预测类

图 7-7　混淆矩阵

automobile, 100%
truck, 100%
airplane, 99.9%
deer, 99.9%
ship, 100%
deer, 68.6%
airplane, 99.9%
automobile, 100%
automobile, 100%
10
20
30
10 20 30

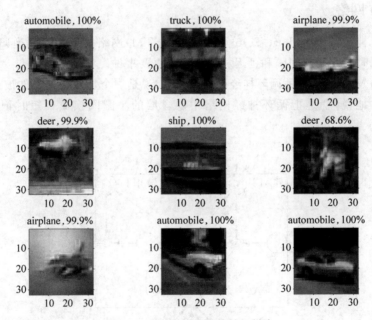

图 7-8　9 个测试图像的随机样本

自定义函数 convolutionalUnit(numF,stride,tag)创建一个层数组,其中包含两个卷积层以及对应的批量归一化层和 ReLU 层。numF 是卷积过滤器的数量,stride 是第一个卷积层的步幅,tag 是添加在所有层名称前面的标记。它的源代码可参考本书的附加资源。

7.3　时间序列在深度学习中的应用

无论是图像分类、文本分类,还是推荐系统的物品分类,都是机器学习中的常见问题和应用场景。同样地,时间序列的分类问题也是研究时间序列领域的重要问题之一。近期,神经网络算法被用于物体识别、人脸识别、语音分类等方向中,于是有学者用深度学习来做时间序列的分类。

7.3.1 时间序列概述

假设 $X=\{x_1,x_2,\cdots,x_n\}$ 是一个长度为 n 的时间序列,高维时间序列 $X=\{X^1,X^2,\cdots,X^M\}$ 则是由 M 个不同的单维时间序列组成的,对于每一个 $1\leqslant i\leqslant M$ 而言,时间序列 X^i 的长度都是 n。而时间序列的分类数据通常来说都是这种格式的数据集:

$$D=\{(X_1,Y_1),(X_2,Y_2),\cdots,(X_N,Y_N)\}$$

表示时间序列与之相应的标签,而 Y_i 是 one hot(独热)编码,长度为 K(表示有 K 个类别)。整体来看,时间序列分类的深度学习方案大体为:输入的是时间序列,通过某个神经网络算法进行端到端的训练,最后输出相应的分类概率。

时间序列分类的深度学习算法分成生成式(Generative)和判别式(Discriminative)两种方法。在生成式里面,包括 Auto Encoder 和 Echo State Networks 等算法;在判别式里面,包括时间序列的特征工程和各种有监督算法,还有端到端的深度学习方法。在端到端的深度学习方法里面,包括前馈神经网络、卷积神经网络,或者其余混合模型等常见算法。

7.3.2 LSTM 网络

长短时记忆神经(Long Short-Term Memory,LSTM)网络是一种时间递归神经网络,适合于处理和预测时间序列中间隔和延迟相对较长的重要事件。

与其说 LSTM 网络是一种循环神经网络,倒不如说是一个加强版的组件被放在了循环神经网络中。具体地说,就是把循环神经网络中隐含层的小圆圈换成长短时记忆的模块,如图 7-9 所示。

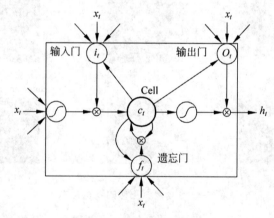

图 7-9 LSTM 网络结构

1. LSTM 的本质

LSTM 区别于 RNN 的地方,主要就在于它在算法中加入了一个判断信息有用与否的"处理器",这个处理器作用的结构被称为 cell。

一个 cell 当中被放置了三扇门,分别叫作输入门、遗忘门和输出门。一个信息进入 LSTM 的网络当中,可以根据规则来判断是否有用。只有符合算法认证的信息才会留下,不符合的信息则通过遗忘门被遗忘。

2. LSTM 深度剖析

LSTM 有通过精心设计的称作"门"的结构来去除或者增加信息到细胞状态的能力。门是一种让信息选择式通过的方法。其包含一个 Sigmoid 神经网络层和一个 Pointwise 乘法操作。

Sigmoid 层输出 0～1 的数值,描述每个部分有多少量可以通过。0 代表"不许任何量通过",1 代表"允许任意量通过"。

LSTM 拥有三个门(输入门、遗忘门、输出门),来保护和控制细胞状态。

7.3.3 序列分类的应用

要训练深度神经网络以对序列数据进行分类,可以使用 LSTM 网络。LSTM 网络允许将序列数据输入网络,并根据序列数据的各个时间步进行预测。

【例 7-3】 使用 LSTM 网络对序列数据进行分类。

训练一个 LSTM 网络,旨在根据表示连续说出的两个日语元音的时序数据来识别说话者。训练数据包含 9 个说话者的时序数据。每个序列有 12 个特征,且长度不同。该数据集包含 270 个训练观测值和 370 个测试观测值。

实现步骤如下。

(1) 加载序列数据。

加载日语元音训练数据。XTrain 是包含 270 个不同长度的 12 维序列的元胞数组。Y 是对应于 9 个说话者的标签"1"、"2"、…、"9"的分类向量。XTrain 中的条目是具有 12 行(每个特征一行)和不同列数(每个时间步一列)的矩阵。

```
>> clear all;
>> [XTrain,YTrain] = japaneseVowelsTrainData;
XTrain(1:5)
ans =
  5×1 cell 数组
    {12×20 double}
    {12×26 double}
    {12×22 double}
    {12×20 double}
    {12×21 double}
```

在绘图中可视化第一个时序。每行对应一个特征,如图 7-10 所示。

```
>> figure
plot(XTrain{1}')
xlabel("时间步长")
title("训练观察 1")
numFeatures = size(XTrain{1},1);
legend("Feature " + string(1:numFeatures),'Location','northeastoutside')
```

(2) 准备要填充的数据。

在训练过程中,默认情况下,软件将训练数据拆分成小批量并填充序列,使它们具有相同的长度。过多填充会对网络性能产生负面影响。

为了防止训练过程中添加过多填充,可以按序列长度对训练数据进行排序,并选择合适的小批量大小,以使同一小批量中的序列长度相近。

```
>> % 获取每个观测值的序列长度
numObservations = numel(XTrain);
for i = 1:numObservations
    sequence = XTrain{i};
    sequenceLengths(i) = size(sequence,2);
end
% 按序列长度对数据进行排序
```

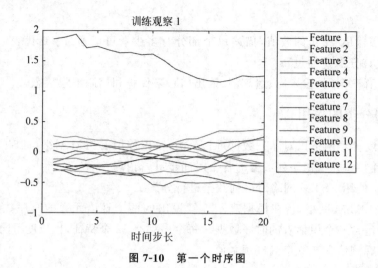

图 7-10　第一个时序图

```
[sequenceLengths,idx] = sort(sequenceLengths);
XTrain = XTrain(idx);
YTrain = YTrain(idx);
% 在条形图中查看排序的序列长度,如图 7-11 所示
figure
bar(sequenceLengths)
ylim([0 30])
xlabel("序列")
ylabel("长度")
title("排序的数据")
```

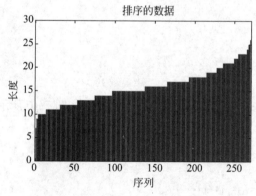

图 7-11　排序的序列长度效果图

（3）定义 LSTM 网络架构。

将输入大小指定为序列大小 12（输入数据的维度），指定具有 100 个隐含单元的双向 LSTM 层,并输出序列的最后一个元素。最后,通过包含大小为 9 的全连接层,后跟 softmax 层和分类层,来指定 9 个类。

如果可以在预测时访问完整序列,则可以在网络中使用双向 LSTM 层。双向 LSTM 层在每个时间步实现完整序列学习。如果不能在预测时访问完整序列,例如,正在预测值或一次预测一个时间步时,则改用 LSTM 层。

```
>> inputSize = 12;
numHiddenUnits = 100;
numClasses = 9;
layers = [ …
```

```
sequenceInputLayer(inputSize)
bilstmLayer(numHiddenUnits,'OutputMode','last')
fullyConnectedLayer(numClasses)
softmaxLayer
classificationLayer]
layers =
```

具有以下层的 5×1 Layer 数组：

1	" 序列输入	序列输入：12 个维度
2	" BiLSTM	BiLSTM：100 个隐含单元
3	" 全连接	9 全连接层
4	" Softmax	softmax
5	" 分类输出	crossentropyex

现在，指定训练选项。指定求解器为'adam'，梯度阈值为 1，最大轮数为 100。要减少小批量中的填充量，请选择 27 作为小批量大小。要填充数据以使长度与最长序列相同，请将序列长度指定为'longest'。要确保数据保持按序列长度排序的状态，请指定从不打乱数据。

由于小批量数据存储较小且序列较短，因此更适合在 CPU 上训练。将 'ExecutionEnvironment' 指定为'cpu'。要在 GPU（如果可用）上进行训练，请将 'ExecutionEnvironment'设置为'auto'（这是默认值）。

```
>> maxEpochs = 100;
miniBatchSize = 27;
options = trainingOptions('adam', …
    'ExecutionEnvironment','cpu', …
    'GradientThreshold',1, …
    'MaxEpochs',maxEpochs, …
    'MiniBatchSize',miniBatchSize, …
    'SequenceLength','longest', …
    'Shuffle','never', …
    'Verbose',0, …
    'Plots','training-progress');
```

（4）训练 LSTM 网络。

使用 trainNetwork 以指定的训练选项训练 LSTM 网络，效果如图 7-12 所示。

```
>> net = trainNetwork(XTrain,YTrain,layers,options);
```

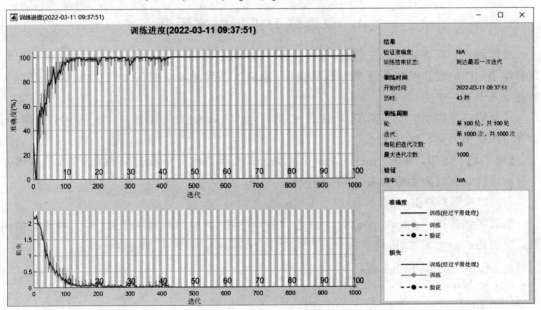

图 7-12 训练 LSTM 网络效果

（5）测试 LSTM 网络。

加载测试集并将序列分类到不同的说话者。加载日语元音测试数据。XTest 是包含 370 个不同长度的 12 维序列的元胞数组。YTest 是由对应于 9 个说话者的标签"1"、"2"、…、"9"组成的分类向量。

```
>> [XTest,YTest] = japaneseVowelsTestData;
XTest(1:3)
ans =
  3×1 cell 数组
    {12×19 double}
    {12×17 double}
    {12×19 double}
```

LSTM 网络已使用相似长度的小批量序列进行训练，确保以相同的方式组织测试数据。按序列长度对测试数据进行排序。

```
>> numObservationsTest = numel(XTest);
for i = 1:numObservationsTest
    sequence = XTest{i};
    sequenceLengthsTest(i) = size(sequence,2);
end
[sequenceLengthsTest,idx] = sort(sequenceLengthsTest);
XTest = XTest(idx);
YTest = YTest(idx);
```

对测试数据进行分类。要减少分类过程中引入的填充量，请将小批量大小设置为 27。要应用与训练数据相同的填充，请将序列长度指定为'longest'。

```
>> miniBatchSize = 27;
YPred = classify(net,XTest, …
    'MiniBatchSize',miniBatchSize, …
    'SequenceLength','longest');
% 计算预测值的分类准确度
>> acc = sum(YPred == YTest)./numel(YTest)
acc =
    0.9649
```

7.4　深度学习进行时序预测

要预测序列在将来时间步的值，可以训练"序列到序列"回归 LSTM 网络，其中，响应是将值移位了一个时间步的训练序列。也就是说，在输入序列的每个时间步，LSTM 网络都学习预测下一个时间步的值。

要预测将来多个时间步的值，请使用 predictAndUpdateState 函数一次预测一个时间步，并在每次预测时更新网络状态。

【例 7-4】　使用数据集 chickenpox_dataset。该实例训练一个 LSTM 网络，旨在根据前几个月的水痘病例数来预测未来的水痘病例数。

（1）加载序列数据。

加载实例数据。chickenpox_dataset 包含一个时序，其时间步对应于月份，值对应于病例数。输出是一个元胞数组，其中每个元素均为单一时间步。将数据重构为行向量。

```
>> data = chickenpox_dataset;
data = [data{:}];
figure
```

```
plot(data)    % 效果如图 7-13 所示
xlabel("月")
ylabel("病例")
title("每月水痘病例")
```

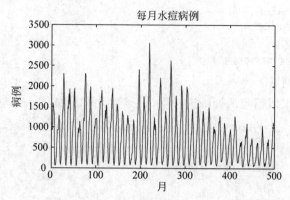

图7-13 每月水痘病例时序图

对训练数据和测试数据进行分区。序列的前 90% 用于训练,后 10% 用于测试。

```
>> numTimeStepsTrain = floor(0.9 * numel(data));
dataTrain = data(1:numTimeStepsTrain + 1);
dataTest = data(numTimeStepsTrain + 1:end);
```

(2) 标准化数据。

为了获得较好的拟合并防止训练发散,将训练数据标准化为具有零均值和单位方差。在预测时,必须使用与训练数据相同的参数来标准化测试数据。

```
>> mu = mean(dataTrain);
sig = std(dataTrain);
dataTrainStandardized = (dataTrain - mu) / sig;
```

(3) 准备预测变量和响应。

要预测序列在将来时间步的值,请将响应指定为将值移位了一个时间步的训练序列。也就是说,在输入序列的每个时间步,LSTM 网络都学习预测下一个时间步的值。预测变量是没有最终时间步的训练序列。

```
>> XTrain = dataTrainStandardized(1:end - 1);
YTrain = dataTrainStandardized(2:end);
```

(4) 定义 LSTM 网络架构。

创建 LSTM 回归网络,指定 LSTM 层有 200 个隐含单元。

```
>> numFeatures = 1;
numResponses = 1;
numHiddenUnits = 200;
layers = [ …
    sequenceInputLayer(numFeatures)
    lstmLayer(numHiddenUnits)
    fullyConnectedLayer(numResponses)
    regressionLayer];
```

指定训练选项。将求解器设置为'adam'并进行 250 轮训练。要防止梯度爆炸,请将梯度阈值设置为 1。指定初始学习率 0.005,在 125 轮训练后通过乘以因子 0.2 来降低学习率。

```
>> options = trainingOptions('adam', …
```

```
'MaxEpochs',250, …
'GradientThreshold',1, …
'InitialLearnRate',0.005, …
'LearnRateSchedule','piecewise', …
'LearnRateDropPeriod',125, …
'LearnRateDropFactor',0.2, …
'Verbose',0, …
'Plots','training-progress');
```

（5）训练 LSTM 网络。

使用 trainNetwork 以指定的训练选项训练 LSTM 网络，如图 7-14 所示。

```
>> net = trainNetwork(XTrain,YTrain,layers,options);
```

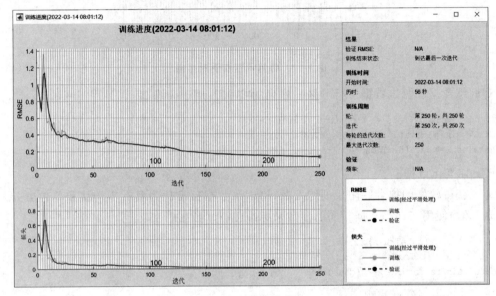

图 7-14　训练进度表

（6）预测将来时间步。

要预测将来多个时间步的值，请使用 predictAndUpdateState 函数一次预测一个时间步，并在每次预测时更新网络状态。对于每次预测，使用前一次预测作为函数的输入。

使用与训练数据相同的参数来标准化测试数据。

```
>> dataTestStandardized = (dataTest - mu) / sig;
XTest = dataTestStandardized(1:end-1);
```

要初始化网络状态，请先对训练数据 XTrain 进行预测。接下来，使用训练响应的最后一个时间步 YTrain（end）进行第一次预测。循环其余预测并将前一次预测输入到 predictAndUpdateState。

对于大型数据集合、长序列或大型网络，在 GPU 上进行预测计算通常比在 CPU 上快。其他情况下，在 CPU 上进行预测计算通常更快。对于单时间步预测，请使用 CPU。要使用 CPU 进行预测，请将 predictAndUpdateState 的 'ExecutionEnvironment' 选项设置为 'cpu'。

```
>> net = predictAndUpdateState(net,XTrain);
[net,YPred] = predictAndUpdateState(net,YTrain(end));
numTimeStepsTest = numel(XTest);
for i = 2:numTimeStepsTest
    [net,YPred(:,i)] = predictAndUpdateState(net,YPred(:,i-1),'ExecutionEnvironment','cpu');
end
```

使用先前计算的参数对预测去标准化。

```
>> YPred = sig * YPred + mu;
```

训练进度图会报告根据标准化数据计算出的均方根误差(RMSE)。根据去标准化的预测值计算 RMSE。

```
>> YTest = dataTest(2:end);
rmse = sqrt(mean((YPred - YTest).^2))
rmse =
  single
  234.0812
```

使用预测值绘制训练时序,如图 7-15 所示。

```
>> figure
plot(dataTrain(1:end - 1))
hold on
idx = numTimeStepsTrain:(numTimeStepsTrain + numTimeStepsTest);
plot(idx,[data(numTimeStepsTrain) YPred],'. - ')
hold off
xlabel("月")
ylabel("病例")
title("每月水痘病例")
title("预测")
legend(["观察值" "预测"])
```

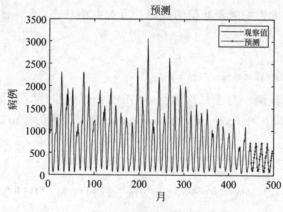

图 7-15　训练时序图

将预测值与测试数据进行比较,如图 7-16 所示。

```
>> figure
subplot(2,1,1)
plot(YTest)
hold on
plot(YPred,'. - ')
hold off
legend(["观察值" "预测"])
ylabel("病例")
title("预测")
subplot(2,1,2)
stem(YPred - YTest)
xlabel("月")
ylabel("误差")
title("均方根误差 = " + rmse)
```

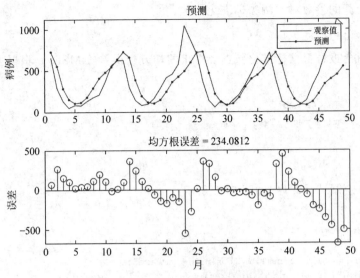

图 7-16 预测值与测试数据比较图

（7）使用观测值更新网络状态。

如果可以访问预测之间的时间步的实际值，则可以使用观测值而不是预测值更新网络状态。

首先，初始化网络状态。要对新序列进行预测，请使用 resetState 重置网络状态。重置网络状态可防止先前的预测影响对新数据的预测。重置网络状态，然后通过对训练数据进行预测来初始化网络状态。

```
>> net = resetState(net);
net = predictAndUpdateState(net,XTrain);
```

对每个时间步进行预测。对于每次预测，使用前一时间步的观测值预测下一个时间步。将 predictAndUpdateState 的'ExecutionEnvironment'选项设置为'cpu'。

```
>> YPred = [];
numTimeStepsTest = numel(XTest);
for i = 1:numTimeStepsTest
    [net,YPred(:,i)] = predictAndUpdateState(net,XTest(:,i),'ExecutionEnvironment','cpu');
end
```

使用先前计算的参数对预测去标准化。

```
>> YPred = sig * YPred + mu;
```

计算均方根误差(RMSE)。

```
>> rmse = sqrt(mean((YPred - YTest).^2))
rmse =
  131.5660
```

将预测值与测试数据进行比较，如图 7-17 所示。

```
>> figure
subplot(2,1,1)
plot(YTest)
hold on
plot(YPred,'. - ')
hold off
legend(["观察值" "预测"])
ylabel("病例")
```

```
title("更新预测")
subplot(2,1,2)
stem(YPred - YTest)
xlabel("月")
ylabel("误差")
title("均方根误差 = " + rmse)
```

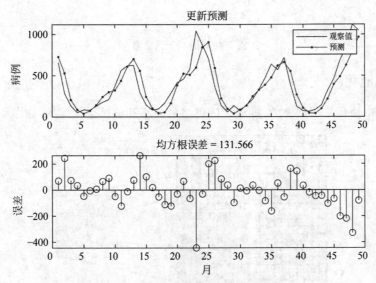

图 7-17　更新预测值与测试数据比较

这里,当使用观测值而不是预测值更新网络状态时,预测更准确。

7.5　AlexNet 卷积网络

AlexNet 是在 LeNet 的基础上加深了网络的结构,学习更丰富、更高维的图像特征。AlexNet 的特点如下。

- 更深的网络结构。
- 使用层叠的卷积层,即卷积层＋卷积层＋池化层来提取图像的特征。
- 使用 Dropout 抑制过拟合。
- 使用数据增强 Data Augmentation 抑制过拟合。
- 使用 ReLU 替换之前的 sigmoid 作为激活函数。
- 多 GPU 训练。

7.5.1　ReLU 激活函数

在最初的感知机模型中,输入和输出的关系如下。

$$y = \sum_i w_i x_i + b$$

感知机模型只是单纯的线性关系,这样的网络结构有很大的局限性,即使用很多这样结构的网络层叠加,其输出和输入仍然是线性关系,无法处理有非线性关系的输入输出。因此,对每个神经元的输出做一个非线性的转换,将上面就加权求和 $\sum_i w_i x_i + b$ 的结果输入到一个非线性函数,也就是激活函数。这样,由于激活函数的引入,多个网络层的叠加就不再是单纯的线性变换,而是具有更强的表现能力,如图 7-18 所示。

在最初,sigmoid 和 tanh 函数是最常用的激活函数。

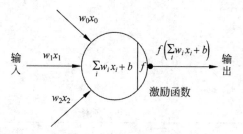

图 7-18　添加激活函数

7.5.2　层叠池化

在 LeNet 中池化是不重叠的,即池化的窗口的大小和步长是相等的,如图 7-19 所示。

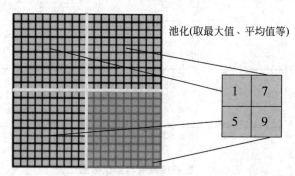

图 7-19　层叠池化效果

在 AlexNet 中使用的池化(Pooling)却是可重叠的,也就是说,在池化的时候,每次移动的步长小于池化的窗口长度。AlexNet 池化的大小为 3×3 的正方形,每次池化移动步长为 2,这样就会出现重叠。重叠池化可以避免过拟合,这个策略贡献了 0.3% 的 Top-5 错误率。与非重叠方案 $s=2,z=2$ 相比,输出的维度是相等的,并且能在一定程度上抑制过拟合。

7.5.3　局部相应归一化

ReLU 具有让人满意的特性,它不需要通过输入归一化来防止饱和。如果至少一些训练样本对 ReLU 产生了正输入,那么那个神经元上将发生学习。然而,人们仍然发现接下来的局部响应归一化有助于泛化。$a^i_{x,y}$ 表示神经元激活,通过在 (x,y) 位置应用核 i,然后应用 ReLU 非线性来计算,响应归一化激活,$b^i_{x,y}$ 通过下式给定:

$$b^i_{x,y} = \frac{a^i_{x,y}}{\left(k + \alpha \sum_{j=\max(0,i-n/2)}^{\min(N-1,i+n/2)} (a^i_{x,y})^2\right)^\beta}$$

其中,N 是卷积核的个数,也就是生成的 Feature Map 的个数;k,α,β,n 是超参数,其值分别为 $k=2,\alpha=10^{-4},\beta=0.75,n=5$。

输出 $b^i_{x,y}$ 和输入 $a^i_{x,y}$ 的上标表示的是当前值所在的通道,也即叠加的方向是沿着通道进行。将要归一化的值 $a^i_{x,y}$ 所在附近通道相同位置的值的平方累加起来 $\sum_{j=\max(0,i-n/2)}^{\min(N-1,i+n/2)}$ $(a^i_{x,y})^2$。

7.5.4　AlexNet 结构

图 7-20 是一个完整的 AlexNet 结构。其中,图中的输入为 224×224,不过经过计算(224−11)/4=54.75,所以改使用 227×227 作为输入,则(227−11)/4=55。

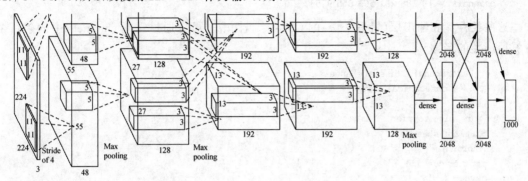

图 7-20　AlexNet 结构图

AlexNet 网络包含 8 个带权重的层:前 5 层是卷积层,剩下 3 层是全连接层。最后一层全连接层的输出是 1000 维 softmax 的输入,softmax 会产生 1000 类标签的分布网络,包含 8 个带权重的层:前 5 层是卷积层,剩下 3 层是全连接层。最后一层全连接层的输出是 1000 维 softmax 的输入,softmax 会产生 1000 类标签的分布。

7.5.5　AlexNet 生成 Deep Dream 图像

Deep Dream 是深度学习中的一种特征可视化技术,可以合成强烈激活网络层的图像。通过可视化这些图像,可以突出显示网络所学习的图像特征。这些特征对于理解和诊断网络行为很有用。

可以通过将靠近网络末端的层的特征可视化来生成有趣的图像。

【例 7-5】　使用预训练的卷积神经网络 AlexNet 通过 deepDreamImage 生成图像。

(1) 加载预训练网络。

加载预训练的 AlexNet 网络。如果未安装 Deep Learning Toolbox Model for AlexNet Network 支持包,则软件会提供下载链接。

```
>> net = alexnet;
```

(2) 生成图像。

要生成最接近给定类的图像,请选择最终全连接层。首先,通过查看网络 net 的 Layers 属性中的网络架构,找到该层的层索引。

```
>> net.Layers
ans =
    具有以下层的 25×1 Layer 数组:
    1   'data'    图像输入      227×227×3 图像:'zerocenter' 归一化
    2   'conv1'   卷积         96 11×11 卷积:步幅 [4 4],填充 [0 0 0 0]
    3   'relu1'   ReLU         ReLU
    4   'norm1'   跨通道归一化   跨通道归一化:每元素 5 个通道
    5   'pool1'   最大池化      3×3 最大池化:步幅 [2 2],填充 [0 0 0 0]
    6   'conv2'   分组卷积      2 groups of 128 5×5 卷积:步幅 [1 1],填充 [2 2 2 2]
    ......
```

然后,选择最终全连接层。最终全连接层为第 23 层。

```
>> layer = 23;
```

可以通过选择多个类来一次生成多个图像。通过将 channels 设置为这些类名称的索引，选择要可视化的类。

```
>> channels = [9 188 231 563 855 975];
```

这些类存储在输出层（最后一层）的 Classes 属性中。可以通过选择 channels 中的条目来查看所选类的名称。

```
>> net.Layers(end).Classes(channels)
ans = 6 × 1 categorical array
    hen
     Yorkshire terrier
    Shetland sheepdog
    fountain
    theater curtain
    geyser
```

使用 deepDreamImage 生成图像。如果存在兼容的 GPU，此命令会使用 GPU。否则将使用 CPU。在 GPU 上进行训练需要具有 3.0 或更高计算能力的支持 CUDA 的 NVIDIA GPU。

```
>> I = deepDreamImage(net,layer,channels);
|==========================================|
| Iteration  | Activation   | Pyramid Level  |
|            | Strength     |                |
|==========================================|
|         1 |       1.82 |            1 |
|         2 |       4.62 |            1 |
|         3 |       8.05 |            1 |
|         4 |      12.29 |            1 |
......
```

使用 imtile 同时显示所有图像，如图 7-21 所示。

```
figure
I = imtile(I);
imshow(I)
```

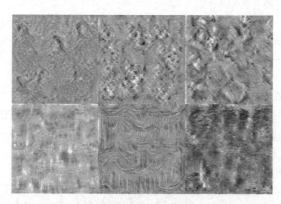

图 7-21　所有图像

（3）生成更详细的图像。

增加金字塔等级数和每个金字塔等级的迭代次数可以生成更详细的图像，但代价是额外的计算。可以使用'NumIterations'选项增加迭代次数。将迭代次数设置为 100。

```
>> iterations = 100;
```

生成可强烈激活"hen"类（通道 9）的详细图像，如图 7-22 所示。将'Verbose'设置为 false

以隐藏有关优化过程的详细信息。

```
>> channels = 9;
I = deepDreamImage(net,layer,channels, …
    'Verbose',false, …
    'NumIterations',iterations);
figure
imshow(I)
```

要生成更大、更详细的输出图像,可以增加金字塔等级数和每个金字塔等级的迭代次数。将金字塔等级数设置为 4。

```
>> levels = 4;
```

生成可强烈激活"pot"类(通道 739)的详细图像,如图 7-23 所示。

```
>> channels = 739;
I = deepDreamImage(net,layer,channels, …
    'Verbose',false, …
    'NumIterations',iterations, …
    'PyramidLevels',levels);
figure
imshow(I)
```

图 7-22　通道 9 的详细图像　　　　图 7-23　通道 739 的详细图像

7.6　堆叠自编码器

自编码器是神经网络的一种,是一种无监督学习方法,使用了反向传播算法,目标是使输出=输入。

7.6.1　自编码网络的结构

图 7-24 是一个自编码网络的例子,对于输入 $x^{(1)}, x^{(2)}, \cdots, x^{(i)} \in R^n$,让目标值等于输入值 $y^{(i)} = x^{(i)}$。

自编码的两个过程如下。

(1)输入层:隐含层的编码过程。

$$h = g\theta_1(x) = \sigma(W_1 x + b_1)$$

(2)隐含层:输出层的解码过程。

$$\hat{x} = g\theta_2(h) = \sigma(W_2 h + b_2)$$

这之间的压缩损失就是:

$$J_E(W,b) = \frac{1}{m} \sum_{r=1}^{m} \frac{1}{2} \| \hat{x}^{(r)} - x^{(r)} \|^2$$

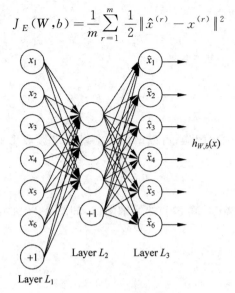

图 7-24 自编码网络图

很多人在想自编码到底有什么用？输入和输出都是本身，这样的操作有何意义？主要有两点：

（1）自编码可以实现非线性降维，只要设定输出层中神经元的个数小于输入层中神经元的个数，就可以对数据集进行降维。反之，也可以将输出层神经元的个数设置为大于输入层神经元的个数，然后在损失函数构造上加入正则化项进行系数约束，这时就成了稀疏自编码。

（2）利用自编码来进行神经网络预训练。对于深层网络，通过随机初始化权重，然后用梯度下降来训练网络，很容易发生梯度消失。因此，现在训练深层网络可行的方式都是先采用无监督学习来训练模型的参数，然后将这些参数作为初始化参数进行有监督的训练。

7.6.2 自编码器进行图像分类

自编码器具有多个隐含层的神经网络可用于处理复杂数据（例如图像）的分类问题。每个层都可以学习不同抽象级别的特征。然而，在实际工作中，训练具有多个隐含层的神经网络可能会很困难。

一种有效训练具有多个层的神经网络的方法是一次训练一个层。为此，可以为每个所需的隐含层训练一种称为自编码器的特殊类型的网络。

【例 7-6】 训练具有两个隐含层的神经网络以对图像中的数字进行分类。

首先，使用自编码器以无监督方式单独训练各隐含层。然后训练最终 softmax 层，并将这些层连接在一起形成堆叠网络，该网络最后以有监督方式进行训练。

（1）数据集。

实例始终使用合成数据进行训练和测试，以通过对使用不同字体创建的数字图像应用随机仿射变换来生成合成图像。

每个数字图像为 28×28px，共有 5000 个训练样本。可以加载训练数据，并查看其中的一些图像。

```
>> % 将训练数据加载到内存中
[xTrainImages,tTrain] = digitTrainCellArrayData;
```

```
% 显示一些训练图像,如图7-25所示
clf
for i = 1:20
    subplot(4,5,i);
    imshow(xTrainImages{i});
end
```

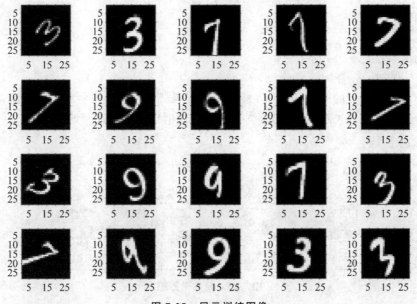

图 7-25 显示训练图像

图像的标签存储在一个 10×5000 矩阵中,其中每列都有一个元素为 1,指示该数字所属的类,该列中的所有其他元素为 0。请注意,如果第十个元素是 1,则数字图像是 0。

(2) 训练第一个自编码器。

首先在不使用标签的情况下基于训练数据训练稀疏自编码器。

自编码器是一种神经网络,该网络会尝试在其输出端复制其输入。因此,其输入的大小将与其输出的大小相同。当隐含层中的神经元数量小于输入的大小时,自编码器将学习输入的压缩表示。

神经网络在训练前具有随机初始化的权重。因此,每次训练的结果都不同。为避免此行为,需显式设置随机数生成器种子。

```
>> rng('default')
```

设置自编码器的隐含层的大小。对于要训练的自编码器,最好使隐含层的大小小于输入大小。

```
>> hiddenSize1 = 100;
```

将训练的自编码器的类型是稀疏自编码器。该自编码器使用正则项来学习第一层中的稀疏表示。可以设置各种参数来控制这些正则项的影响。

① L2WeightRegularization 控制 L2 正则项对网络权重(而不是偏差)的影响,这通常应该非常小。

② SparsityRegularization 控制稀疏正则项的影响,该正则项会尝试对隐含层的输出的稀疏性施加约束。请注意,这与将稀疏正则项应用于权重不同。

③ SparsityProportion 是稀疏正则项的参数,它控制隐含层的输出的稀疏性。较低的

SparsityProportion 值通常导致只为少数训练样本提供高输出，从而使隐含层中的每个神经元"专门化"。例如，如果 SparsityProportion 设置为 0.1，这相当于隐含层中的每个神经元针对训练样本的平均输出值应该为 0.1。此值必须介于 0～1。理想值因问题的性质而异。

现在训练自编码器，指定上述正则项的值。

```
>> autoenc1 = trainAutoencoder(xTrainImages,hiddenSize1, …
    'MaxEpochs',400, …
    'L2WeightRegularization',0.004, …
    'SparsityRegularization',4, …
    'SparsityProportion',0.15, …
    'ScaleData', false);
```

可以查看自编码器的图，如图 7-26 所示。自编码器由一个编码器和一个解码器组成。编码器将输入映射为隐含表示，解码器则尝试进行逆映射以重新构造原始输入。

```
>> view(autoenc1)
```

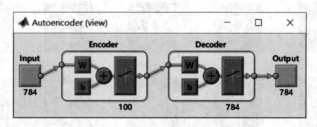

图 7-26　自编码器图

（3）可视化第一个自编码器的权重。

自编码器的编码器部分所学习的映射可用于从数据中提取特征。编码器中的每个神经元都具有一个与之相关联的权重向量，该向量将进行相应调整以响应特定可视化特征。可以查看这些特征的表示，如图 7-27 所示。

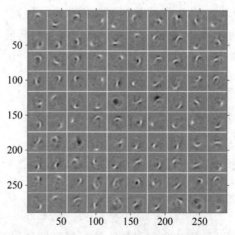

图 7-27　第一个自编码器的权重

由图 7-27 可以看到，自编码器学习的特征代表了数字图像中的弯曲和笔画图案。

自编码器的隐含层的 100 维输出是输入的压缩版本，它汇总了对上面可视化的特征的响应。基于从训练数据中提取的一组向量训练下一个自编码器。首先，必须使用经过训练的自编码器中的编码器生成特征。

```
>> feat1 = encode(autoenc1,xTrainImages);
```

（4）训练第二个自编码器。

训练完第一个自编码器后，需要以相似的方式训练第二个自编码器。其主要区别在于将使用从第一个自编码器生成的特征作为第二个自编码器中的训练数据。此外，还需要将隐含表示的大小减小到50，以便第二个自编码器中的编码器学习输入数据的更小表示。

```
>> hiddenSize2 = 50;
autoenc2 = trainAutoencoder(feat1,hiddenSize2, …
    'MaxEpochs',100, …
    'L2WeightRegularization',0.002, …
    'SparsityRegularization',4, …
    'SparsityProportion',0.1, …
    'ScaleData', false);
```

同样，可以使用 view 函数查看自编码器的图，如图 7-28 所示。

```
>> view(autoenc2)
```

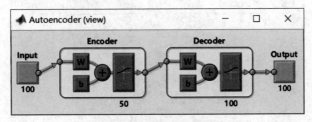

图 7-28　自编码器图

可以将前一组特征传递给第二个自编码器中的编码器，以此提取第二组特征。

```
>> feat2 = encode(autoenc2,feat1);
```

训练数据中的原始向量具有 784 个维度。原始数据通过第一个编码器后，维度减小到100 维。应用第二个编码器后，维度进一步减小到 50 维。现在可以训练最终层，以将这些 50维向量分类为不同的数字类。

（5）训练最终 softmax 层。

训练 softmax 层以对 50 维特征向量进行分类。与自编码器不同，将使用训练数据的标签以有监督方式训练 softmax 层。

```
>> softnet = trainSoftmaxLayer(feat2,tTrain,'MaxEpochs',400);
```

可以使用 view 函数查看 softmax 层的图，如图 7-29 所示。

```
>> view(softnet)
```

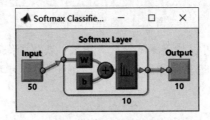

图 7-29　softmax 层图

（6）形成堆叠神经网络。

前面已单独训练了组成堆叠神经网络的三个网络。现在可以查看已经训练过的三个神经网络，如图 7-30 所示，分别是 autoenc1、autoenc2 和 softnet。

```
>> view(autoenc1)
view(autoenc2)
view(softnet)
```

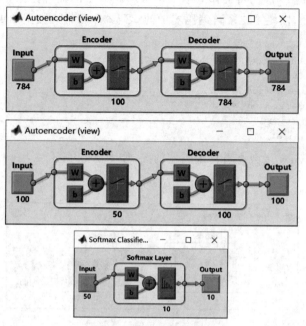

图 7-30　堆叠神经网络图

如前面所述，自编码器中的编码器已用于提取特征。可以将自编码器中的编码器与 softmax 层堆叠在一起，以形成用于分类的堆叠网络。

```
>> stackednet = stack(autoenc1,autoenc2,softnet);
```

可以使用 view 函数查看堆叠网络的图，如图 7-31 所示。该网络由自编码器中的编码器和 softmax 层构成。

```
>> view(stackednet)
```

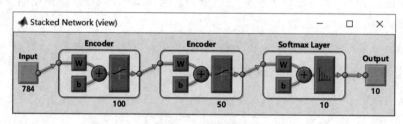

图 7-31　堆叠网络的图

在搭建了完整网络之后，可以基于测试集计算结果。要将图像用于堆叠网络，必须将测试图像重构为矩阵。这可以通过先堆叠图像的各列以形成向量，然后根据这些向量形成矩阵来完成。

```
>> % 获取每张图片的像素数
imageWidth = 28;
imageHeight = 28;
inputSize = imageWidth * imageHeight;
% 加载测试图像
[xTestImages,tTest] = digitTestCellArrayData;
% 将测试图像转换为向量并放入矩阵中
xTest = zeros(inputSize,numel(xTestImages));
```

```
for i = 1:numel(xTestImages)
    xTest(:,i) = xTestImages{i}(:);
end
```

可以使用混淆矩阵来可视化结果，如图 7-32 所示，矩阵右下角方块中的数字表示整体准确度。

```
>> y = stackednet(xTest);
plotconfusion(tTest,y);
```

混淆矩阵

输出类别 \ 目标类别	1	2	3	4	5	6	7	8	9	10	
1	356 7.1%	7 0.1%	10 0.2%	12 0.2%	19 0.4%	31 0.6%	32 0.6%	20 0.4%	0 0.0%	15 0.3%	70.9% 29.1%
2	19 0.4%	316 6.3%	23 0.5%	10 0.2%	9 0.2%	4 0.1%	45 0.9%	27 0.5%	13 0.3%	25 0.5%	64.4% 35.6%
3	44 0.9%	32 0.6%	276 5.5%	10 0.2%	74 1.5%	7 0.1%	3 0.1%	58 1.2%	9 0.2%	10 0.2%	52.8% 47.2%
4	7 0.1%	10 0.2%	17 0.3%	403 8.1%	8 0.2%	38 0.8%	0 0.0%	11 0.2%	38 0.8%	3 0.1%	75.3% 24.7%
5	3 0.1%	14 0.3%	61 1.2%	13 0.3%	282 5.6%	21 0.4%	16 0.3%	67 1.3%	24 0.5%	17 0.3%	54.4% 45.6%
6	36 0.7%	0 0.0%	7 0.1%	7 0.1%	28 0.6%	300 6.0%	0 0.0%	30 0.6%	11 0.2%	44 0.9%	64.8% 35.2%
7	29 0.6%	47 0.9%	12 0.2%	15 0.3%	15 0.3%	5 0.1%	356 7.1%	40 0.8%	57 1.1%	0 0.0%	61.6% 38.2%
8	0 0.0%	18 0.4%	56 1.1%	9 0.2%	19 0.4%	22 0.4%	8 0.2%	203 4.1%	17 0.3%	6 0.1%	56.7% 43.3%
9	4 0.1%	20 0.4%	20 0.4%	14 0.3%	6 0.1%	34 0.7%	21 0.4%	17 0.3%	313 6.3%	33 0.7%	64.9% 35.1%
10	2 0.0%	36 0.7%	18 0.4%	7 0.1%	40 0.8%	38 0.8%	19 0.4%	27 0.5%	18 0.4%	347 6.9%	62.9% 37.1%
	71.2% 28.8%	63.2% 36.8%	55.2% 44.8%	80.6% 19.4%	56.4% 43.6%	60.0% 40.0%	71.2% 28.8%	40.6% 59.4%	62.6% 37.4%	69.4% 30.6%	63.0% 37.0%

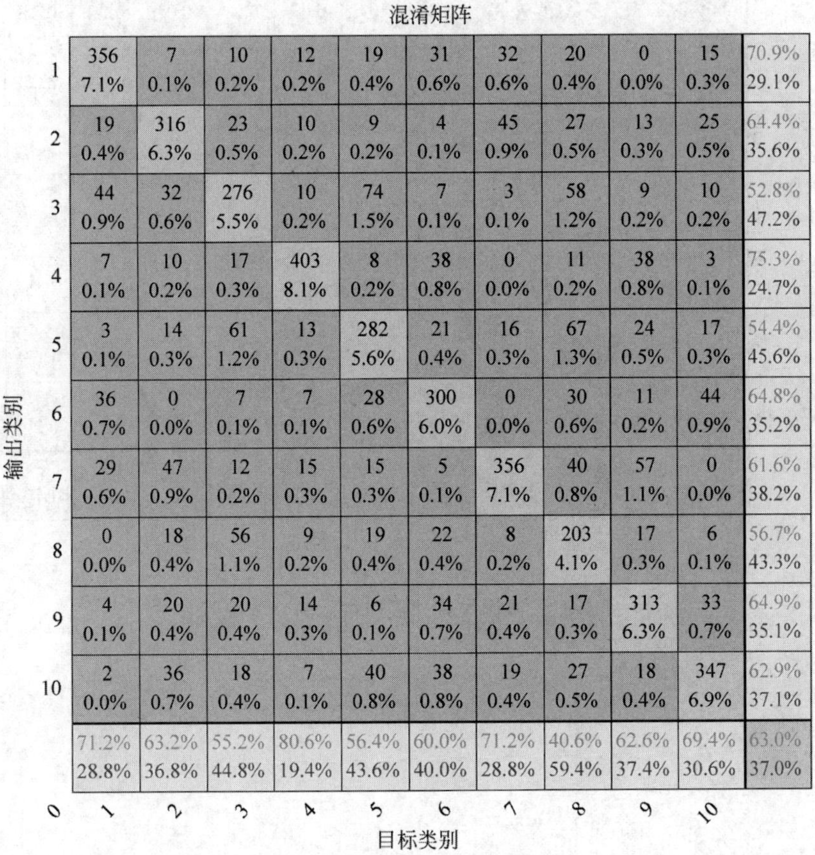

图 7-32 混淆矩阵可视化结果

（7）微调堆叠神经网络。

通过对整个多层网络执行反向传播，可以改进堆叠神经网络的结果。此过程通常称为微调。

通过以有监督方式基于训练数据重新训练网络来微调网络。在执行此操作之前，必须将训练图像重构为矩阵，就像对测试图像所做的那样。

```
>> % 将训练图像转换为向量并放入矩阵中
xTrain = zeros(inputSize,numel(xTrainImages));
for i = 1:numel(xTrainImages)
    xTrain(:,i) = xTrainImages{i}(:);
end
% 进行微调
stackednet = train(stackednet,xTrain,tTrain);
% 使用混淆矩阵再次查看结果，如图 7-33 所示
y = stackednet(xTest);
plotconfusion(tTest,y);
```

混淆矩阵

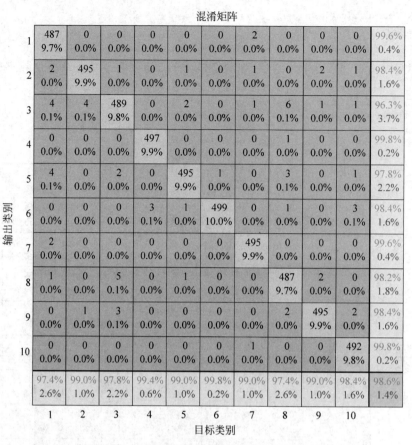

图 7-33　微调堆叠神经网络后的混淆矩阵

第 **8** 章

控制系统分析与设计实战

在控制系统原理中,控制是指为了克服各种扰动的影响,达到预期的目标,对生产机械或过程中的某一个或某一物理量进行的操作。

8.1 自动控制概述

自动控制系统按其基本结构形式可分为两种类型:开环控制系统和闭环控制系统。

1. 开环控制系统及其特点

在开环控制系统中,控制器与被控对象之间只有顺向作用而无反向联系,如图 8-1 所示。系统的被控变量对控制作用没有影响,系统的控制精度完全取决于所用元器件的精度和特性调整的准确度。因此,开环系统只有在输出量难于测量且要求控制精度不高及扰动的影响较小或扰动的作用可以预先加以补偿的场合,才得以广泛应用。对于开环控制系统,如果被控对象稳定,那么系统就能稳定地工作。

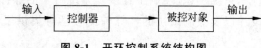

图 8-1 开环控制系统结构图

开环控制系统的特点是输出(即被控量)不返回到系统的输入端。

2. 闭环控制系统及其特点

实际的闭环控制系统可以简化为如图 8-2 所示的方框图。

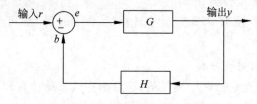

图 8-2 闭环控制系统结构图

其中,r 和 y 分别是系统的输入和输出信号,e 为系统的偏差信号,b 为系统的主反馈信号,设参量 G 和 H 分别是前向通道和反馈通道的增益,亦即放大系数。

可得关系式:

$$\begin{cases} e = r - b \\ b = H \cdot y \\ y = G \cdot e \end{cases}$$

通过调整,得到输入和输出的关系式:

$$M = \frac{y}{r} = \frac{G}{1 + GH}$$

闭环控制系统的特点是:利用负反馈的作用来减小系统误差;能有效抑制被反馈通道包围的前向通道中各种扰动对系统输出量的影响;可减小被控对象的参数变化对输出量的影响。不过,同时也带来了系统稳定性的问题。

3. 自动控制的性能评价

对自动控制系统的基本要求可以归结为三个字:稳、准、快。

(1) 稳,即稳定性,是反映系统在受到扰动后恢复平衡状态的能力,是对自动控制系统的最基本要求,不稳定的系统是无法使用的。

(2) 准,即准确性,是指系统在平衡工作状态下其输出量与其期望值的距离,即被控量偏离其期望值的程度,反映了系统对其期望值的跟踪能力。

(3) 快,即快速性,是指系统的瞬态过程不仅要平稳,还要快速。

实际应用中对于同一系统,这些性能指标往往是相互制约的,对这三方面的要求也有不同的侧重。因此在设计时需要根据具体系统进行具体分析,均衡考虑各项指标。

8.1.1 控制仿真概述

系统仿真是以相似原理、系统技术、信息技术及应用领域的有关专业技术为基础,以计算机、仿真器和各种专用物理效应设备为工具,利用系统模型对真实的或设想的系统进行动态研究的一门多学科的综合性技术。计算机仿真是基于所建立的系统仿真模型,利用计算机对系统进行分析与研究的技术和方法。控制系统仿真是系统仿真的一个重要分支,涉及自动控制理论、计算数学、计算机技术、系统辨识、控制工程以及系统科学的综合性学科。它为控制系统的分析、计算、研究、综合设计以及控制系统的计算辅助教学等提供了快速、经济、科学和有效的手段。

1. 按所用模型的类型分类

按所用模型(物理模型、数学模型、物理-数学模型)可分为物理仿真、计算机仿真(数学仿真)、半实物仿真。

2. 按所用计算机的类型分类

按所用计算机的类型(模拟计算机、数字计算机、混合计算机)可分为模拟仿真、数字仿真和混合仿真。

3. 按仿真对象中的信号流分类

按仿真对象中的信号流(连续的、离散的)可分为连续系统仿真和离散系统仿真。

4. 按仿真时间与实际时间的比例关系分类

按仿真时间与实际时间的比例关系(仿真时间标尺等于自然时间标尺)可分为超实时仿真(仿真时间标尺小于自然时间标尺)和亚实时仿真(仿真时间标尺大于自然时间标尺)。

5. 按对象的性质分类

按对象的性质可分为宇宙飞船仿真、化工系统仿真、经济系统仿真等。

8.1.2 计算机仿真的步骤

计算机仿真的要素包括系统、模型和计算机。其中,系统为研究的对象;模型是对系统的抽象;计算机为工具与手段。对应这三要素,仿真的主要内容为建模、仿真实验和对结果的分析,如图 8-3 所示。

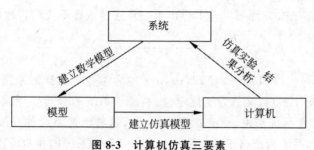

图 8-3 计算机仿真三要素

计算机仿真主要可以经过以下几步完成。

(1) 建立数学模型。

控制系统的数学模型是系统仿真的主要依据。系统的数学模型是描述系统输入、输出变量以及内部各变量之间关系的数学表达式。描述系统各变量间静态关系的数学表达式称为静态模型;描述自控系统各变量间动态关系的数学表达式称为动态模型。常用的基本数学模型是微分方程和差分方程。

(2) 建立仿真模型。

原始的自控系统的数学模型,如微分方程,并不能用来直接对系统进行仿真,还要将其转换为能够对系统进行仿真的模型。对于连续控制系统而言,有像微分方程这样的原始数学建模,在零初始条件下进行拉普拉斯变换,求得自控系统传递函数数学模型。对于离散控制系统而言,有像差分方程这样的原始数学模型以及类似连续系统的各种模型。这些模型都可以对离散系统直接进行仿真。

(3) 编写系统仿真程序。

对于非实时系统的仿真,可以用一般的高级语言编制仿真程序。对于快速的实时系统的仿真,可以用汇编语言编写仿真程序。

如果应用 MATLAB 的工具箱及其 Simulink 仿真集成环境作为仿真工具就是 MATLAB 仿真。控制系统的 MATLAB 仿真是控制系统计算机仿真一个特殊软件工具的子集。

(4) 仿真输出结果。

进行仿真实验,通过实验对仿真模型及仿真程序进行检验和修改,而后按照系统的仿真要求输出仿真结果。

8.2 控制系统的数学建模

在线性系统理论中,一般常用的数学模型形式有传递函数模型(系统的外部模型)、状态方程模型(系统的内部模型)、零极点增益模型和部分分式模型等。这些模型之间都有着内在的联系,可以相互进行转换。

1. 传递函数模型

连续动态系统一般是由微分方程来描述的,而线性系统又是以线性常微分方程来描述的。假设系统的输入信号为 $u(t)$,且输出信号为 $y(t)$,则 n 阶系统的微分方程可以写成:

$$a_1 \frac{\mathrm{d}^n y(t)}{\mathrm{d}t^n} + a_2 \frac{\mathrm{d}^{n-1} y(t)}{\mathrm{d}t^{n-1}} + \cdots + a_n \frac{\mathrm{d}y(t)}{\mathrm{d}t} + a_{n+1} y(t)$$

$$= b_1 \frac{\mathrm{d}^m u(t)}{\mathrm{d}t^m} + b_2 \frac{\mathrm{d}^{m-1} u(t)}{\mathrm{d}t^{m-1}} + \cdots + b_m \frac{\mathrm{d}u(t)}{\mathrm{d}t} + b_{m+1} u(t)$$

定义输出信号和输入信号 Laplace 变换的比值为增益信号,该比值又称为系统的传递函数,从变换后得出的多项式方程可以马上得出单变量连续线性系统的传递函数为:

$$G(s) = \frac{b_1 s^m + b_2 s^{m-1} + \cdots + b_m s + b_{m+1}}{a_1 s^n + a_2 s^{n-1} + \cdots + a_n s + a_{n+1}}$$

其中,$b_i (i = 1, 2, \cdots, m+1)$ 和 $a_i (i = 1, 2, \cdots, n+1)$ 为常数。这样的系统又称为线性时不变(Linear Time Invariant,LTI,又称为线性定常)系统。系统的分母多项式又称为系统的特征多项式。对物理可实现系统来说,一定要满足 $m \leqslant n$,这种情况下又称系统为正则(proper)系统。如果 $m > n$,则称系统为严格正则。阶次 $n-m$ 又称为系统的相对阶次。

在 MATLAB 中,提供了 tf 函数用于表示传递函数,下面通过一个实例来演示该函数的用法。

【例 8-1】 利用 tf 函数建立离散时间 SISO 传递函数模型。

考虑下面的离散时间 SISO 传递函数模型:

$$G(s) = \frac{2z}{4z^3 + 3z - 1}$$

指定按 z 的降幂排序的分子和分母系数,采样时间为 0.1s。创建离散时间传递函数模型。

```
>> numerator = [2,0];
denominator = [4,0,3,-1];
ts = 0.1;
sys = tf(numerator,denominator,ts)
sys =
    2 z
  ----------------
  4 z^3 + 3 z - 1
Sample time: 0.1 seconds
Discrete-time transfer function.
```

2. 状态方程模型

状态方程是描述控制系统的另一种重要的方式,这种方式由于是基于系统内部状态变量的,所以又往往称为系统的内部描述方法。和传递函数不同,状态方程可以描述更广的一类控制系统模型,包括非线性模型。假设有 p 路输入信号 $u_i(t)(i = 1, 2, \cdots, p)$ 与 q 路输出信号 $y_i(t)(i = 1, 2, \cdots, q)$,且有 n 个状态,构成状态变量向量 $\boldsymbol{x} = [x_1, x_2, \cdots, x_n]^{\mathrm{T}}$,则此动态系统的状态方程可表示为:

$$\begin{cases} \dot{x}_i = f_i(x_1, x_2, \cdots, x_n; u_1, u_2, \cdots, u_p), & i = 1, 2, \cdots, n \\ y_i = g_i(x_1, x_2, \cdots, x_n; u_1, u_2, \cdots, u_p) & i = 1, 2, \cdots, q \end{cases}$$

式中,$f_i()$ 和 $g_i()$ 可以为任意的线性或非线性函数。对线性系统来说,状态方程可简单地描述为:

$$\begin{cases} \dot{x}(t) = \boldsymbol{A}(t)x(t) + \boldsymbol{B}(t)u(t) \\ y(t) = \boldsymbol{C}(t)x(t) + \boldsymbol{D}(t)u(t) \end{cases}$$

式中，$u = [u_1, u_2, \cdots, u_p]^T$ 与 $y = [y_1, y_2, \cdots, y_q]^T$ 分别为输入和输出向量，矩阵 $A(t)$、$B(t)$、$C(t)$ 和 $D(t)$ 为维数相容的矩阵，即准确地说，A 矩阵是 $n \times n$ 方阵，B 为 $n \times q$ 矩阵，C 为 $q \times n$ 矩阵，D 为 $q \times p$。如果这四个矩阵均与时间无关，则该系统又称为线性时不变系统，可写成：

$$\begin{cases} \dot{x}(t) = Ax(t) + Bu(t) \\ y(t) = Cx(t) + Du(t) \end{cases}$$

在 MATLAB 控制系统中，提供了 ss 函数用于建立状态方程模型。下面通过一个例子来演示该函数的用法。

【例 8-2】 利用 ss 函数建立 SISO 状态空间模型。

创建由以下状态空间矩阵定义的 SISO 状态空间模型。

$$A = \begin{bmatrix} -1.5 & -2 \\ 1 & 0 \end{bmatrix}, B = \begin{bmatrix} 0.5 \\ 0 \end{bmatrix}, C = \begin{bmatrix} 0 & 1 \end{bmatrix}, D = 0$$

指定 A、B、C 和 D 矩阵，并创建状态空间模型。

```
>> A = [-1.5, -2;1,0];
B = [0.5;0];
C = [0,1];
D = 0;
sys = ss(A,B,C,D)
sys =
  A =
          x1     x2
  x1   - 1.5    - 2
  x2      1      0
  B =
          u1
  x1  0.5
  x2  0
  C =
       x1  x2
  y1   0   1
  D =
       u1
  y1   0
Continuous - time state - space model.
```

3. 零极点增益模型

零极点增益模型实际上是传递函数模型的另一种表现形式，对原系统传递函数的分子和分母分别进行分解因式处理，则可得到系统的零极点模型为：

$$G(s) = K \frac{(s - z_1)(s - z_2) \cdots (s - z_m)}{(s - p_1)(s - p_2) \cdots (s - p_n)}$$

其中，K 称为系统的增益，$z_i (i = 1, 2, \cdots, m)$ 和 $p_i (i = 1, 2, \cdots, n)$ 分别称为系统的零点和极点。很显然，对实系数的传递函数模型来讲，系统的零点或为实数，或以共轭复数的形式出现。

在 MATLAB 控制工具箱中，提供了 zpk 函数创建零极点增益模型。下面通过一个例子来演示该函数的用法。

【例 8-3】 使用零极点单元阵列 zpk 创建零极点增益模型。

创建两个输入、两个输出的零极点增益模型。

$$H(s) = \begin{bmatrix} \dfrac{-1}{s} & \dfrac{3(s+5)}{(s+1)^2} \\ \dfrac{2(s^2-2s+2)}{(s-1)(s-2)(s-3)} & 0 \end{bmatrix}$$

```
>> Z = {[],-5;[1-i 1+i][]};
P = {0,[-1 -1];[1 2 3],[]};
K = [-1 3;2 0];
H = zpk(Z,P,K)
H =
  From input 1 to output...
       -1
  1:  --
       s

      2 (s^2 - 2s + 2)
  2:  ------------------
      (s-1) (s-2) (s-3)
  From input 2 to output...
      3 (s+5)
  1:  -------
      (s+1)^2
  2: 0
Continuous - time zero/pole/gain model.
```

4. 系统模型间的转换

系统模型间有着内在的联系，可以相互进行转换。MATLAB 提供了系统不同模型之间相互转换的相关函数，如表 8-1 所示。

表 8-1　转换函数

函　　数	说　　明
[A,B,C,D]=tf2ss(num,den)	tf 模型参数转换为 ss 模型参数
[num,den]=ss2tf(A,B,C,D,iu)	ss 模型参数转换为 tf 模型参数，iu 表示对应第 i 路传递函数
[z,p,k]=tf2zp(num,den)	tf 模型参数转换为 zpk 模型参数
[num,den]=zp2tf(z,p,k)	zpk 模型参数转换为 tf 模型参数
[A,B,C,D]=zp2ss(z,p,k)	zpk 模型参数转换为 ss 模型参数
[z,p,k]=ss2zp(A,B,C,D,iu)	ss 模型参数转换为 zpk 模型参数，iu 表示对应第 i 路传递函数

【例 8-4】 将传递函数模型 $H(s) = \dfrac{2s^2+3s}{s^2+0.4+1}$ 转换为零极点增益模型。

```
>> clear all;
b = [2 3];
a = [1 0.4 1];
[b,a] = eqtflength(b,a);        % 使长度相等
[z,p,k] = tf2zp(b,a)            % 获取零极点增益模型
z =
        0
    -1.5000
p =
    -0.2000 + 0.9798i
    -0.2000 - 0.9798i
k =
    2
```

【例 8-5】 将以下状态空间模型转换为多项式形式、零极点增益形式的传递函数。

$$\begin{cases} \dot{x}(t) = \begin{bmatrix} 0 & 1 \\ 0 & -2 \end{bmatrix} x(t) + \begin{bmatrix} 1 & 0 \\ 0 & 1 \end{bmatrix} u(t) \\ y(t) = \begin{bmatrix} 1 & 0 \\ 0 & 1 \end{bmatrix} x(t) \end{cases}$$

其实现的 MATLAB 代码如下。

```
>> clear all;
>> A = [0 1;0 - 2];                    %系统状态矩阵
>> B = [1 0;0 1];                      %系统输入矩阵
>> C = [1 0;0 1];                      %系统输出矩阵
>> D = zeros(2,2);                     %系统输入输出矩阵
>> sys = ss(A,B,C,D);                  %生成状态空间模型
>> [num1,den1] = ss2tf(A,B,C,D,1);     %获得 tf 模型参数,输入序号为 1
>> [num2,den2] = ss2tf(A,B,C,D,2);     %获得 tf 模型参数,输入序号为 2
>> tfsys = tf(sys)                     %直接得到多项式传递函数
tfsys =
  From input 1 to output…
         1
 1:   -
        s
 2:   0
  From input 2 to output…
           1
 1:   ---------
       s^2 + 2 s
         1
 2:   -----
       s + 2
Continuous - time transfer function.
```

8.3 判定系统稳定性

经典控制分析中,关于线性定常系统稳定性的概念是：如果控制系统在初始条件和扰动作用下,其瞬态响应随时间的推移而逐渐衰减并趋于原点(原平衡工作点),则称该系统是稳定的;反之,如果控制系统受到扰动作用后,其瞬态响应随时间的推移而发散,输出呈持续振荡过程,或者输出无限制地偏离平衡状态,则称该系统是不稳定的。

1. 稳定性的意义

系统稳定性是系统设计与运行的首要条件。只有稳定的系统,才有价值分析与研究系统自动控制的其他问题。例如,只有稳定的系统,才会进一步计算稳态误差。所以控制系统的稳定性分析是系统时域分析、稳态误差分析、根轨迹分析和频域分析的前提。

对于一个稳定的系统,还可以用相对稳定性进一步衡量系统的稳定程度。系统的相对稳定性越低,系统的灵敏性和快速性越强,系统的振荡也越激烈。

2. 稳定的判定

对于线性连续系统,其稳定的充分必要条件是：描述该系统的微分方程的特征方程的根全具有负实部,即全部根在左半复平面内,或者说系统的闭环传递函数的极点均位于左半 s 平面内。

对于线性离散系统,其稳定的充分必要条件是：如果闭环系统的特征方程根或者闭环脉冲传递函数的极点为 $\lambda_1, \lambda_2, \cdots, \lambda_n$,则当所有特征根的模都小于 1 时,即 $|\lambda_i| < 1(i = 1, 2, \cdots,$

n),该线性离散系统是稳定的;如果模的值大于1,则该线性离散系统是不稳定的。

8.3.1 直接判定

连续线性系统的数学描述包括系统的传递函数描述和状态方程描述。通过适当地选择状态变量,可以容易地得出系统的状态方程模型,在 MATLAB 控制系统工具箱中,直接调用 ss 函数则能立刻得出系统的状态方程实现,所以在此统一采用状态方程描述线性系统的模型。

考虑连续线性系统的状态方程模型:

$$\begin{cases} \dot{x}(t) = \boldsymbol{A}x(t) + \boldsymbol{B}u(t) \\ y(t) = \boldsymbol{C}x(t) + \boldsymbol{D}u(t) \end{cases}$$

在某给定信号 $u(t)$ 的激励下,其状态变量的解析解可以表示为:

$$x(t) = \mathrm{e}^{\boldsymbol{A}(t-t_0)} x(t_0) + \int_{t_0}^{t} \mathrm{e}^{\boldsymbol{A}(t-t_0)} \boldsymbol{B}u(\tau)\mathrm{d}\tau$$

可见,如果输入信号 $u(t)$ 为有界信号,想使得系统的状态变量 $x(t)$ 有界,则要求系统的状态转移矩阵 $\mathrm{e}^{\boldsymbol{A}t}$ 有界,亦即 $\boldsymbol{A}$ 矩阵的所有特征根的实部均为负数,因而可以得出结论:连续线性系统稳定的前提条件是系统状态方程中 $\boldsymbol{A}$ 矩阵的特征根均有负实部。由控制理论可知,系统 $\boldsymbol{A}$ 的特征根和系统的极点是完全一致的,所以如果能获得系统的极点,则可以立即判定给定线性系统的稳定性。

【例 8-6】 假设离散受控对象传递函数为 $H(z) = \dfrac{6z^2 - 0.6z - 0.12}{z^4 - z^3 + 0.25z^2 + 0.25z - 0.125}$,且已知控制器模型为 $G_c = 0.3\dfrac{z-0.6}{z+0.8}$,采样周期为 $T = 0.15\text{s}$ 。试分析单位负反馈下闭环系统的稳定性。

```
>> clear all;
>> num = [6 - 0.6 - 0.12];
>> den = [1 - 1 0.25 0.25 - 0.125];
>> H = tf(num, den, 'Ts', 0.15);            %输入系统的传递函数模型
>> z = tf('z', 'Ts', 0.15);
>> Gc = 0.3 * (z - 0.6)/(z + 0.8);          %控制器模型
>> GG = feedback(H * Gc, 1)                 %闭环系统的模型
>> v = abs(eig(GG)), pzmap(GG), isstable(GG)  %三种不同判定方法
```

运行程序,输出如下,效果如图 8-4 所示。

```
GG =

       1.8 z^3 - 1.26 z^2 + 0.072 z + 0.0216
    -------------------------------------------------------
  z^5 - 0.2 z^4 + 1.25 z^3 - 0.81 z^2 + 0.147 z - 0.0784
Sample time: 0.15 seconds
Discrete - time transfer function.
v =
    1.1644
    1.1644
    0.5536
    0.3232
    0.3232
ans =
    0
```

由结果可判定该闭环系统是不稳定的。

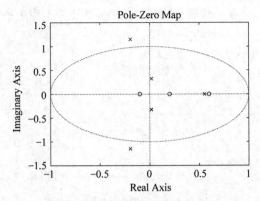

图 8-4 离散闭环系统零极点位置

8.3.2 图形化判定

对于给定系统 G，函数 pzmap(G) 在无返回参数列表使用时，直接以图形化的方式绘制出系统所有特征根在复平面上的位置。判定连续系统是否稳定只需要看一下系统所有极点在复平面上是否均位于虚轴左侧即可，而判定离散系统是否稳定则只需观察系统所有极点是否位于复平面单位圆内。显然，这种图形化的方式更为直观。

【例 8-7】 给定离散系统闭环传递函数分别为 $G_1(z) = \dfrac{z^4 + 4.2z + 5.43}{z^4 - 2.7z^3 + 2.5z^2 + 2.43z - 0.56}$

和 $G_2(z) = \dfrac{0.68z + 5.43}{z^4 - 1.35z^3 + 0.4z^2 + 0.08z + 0.002}$，采样周期均为 0.1s，分别绘制系统零极点分布图，并判定各系统稳定性。

```
>> num1 = [1 4.2 5.43];          % 系统分子
den1 = [1 − 2.7 2.5 2.43 − 0.56]; % 系统分母
G1 = tf(num1,den1,0.1)           % 系统传递函数
pzmap(G1)                        % 绘制系统零极点分布图
G1 =

           z^2 + 4.2 z + 5.43
    ---------------------------------------

  z^4 − 2.7 z^3 + 2.5 z^2 + 2.43 z − 0.56
Sample time: 0.1 seconds
Discrete − time transfer function.
>> pzmap(G1)                      % 绘制系统零极点分布图，如图 8 − 5 所示
```

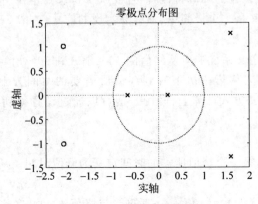

图 8-5 G1 零极点分布图

由图 8-5 可知,系统 G1 在单位圆外有极点存在,系统是不稳定的。

```
>> num2 = [0.68 5.43];          %系统分子
den2 = [1 − 1.35 0.4 0.08 0.002]; %系统分母
G2 = tf(num2,den2,0.1)          %系统传递函数
G2 =
                 0.68 z + 5.43
  ------------------------------------------
  z^4 − 1.35 z^3 + 0.4 z^2 + 0.08 z + 0.002
Sample time: 0.1 seconds
Discrete − time transfer function.
>> pzmap(G2)                    %绘制系统零极点分布图,如图 8−6 所示
```

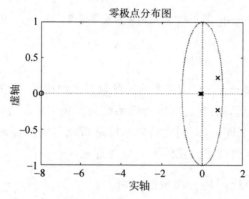

图 8-6　G2 零极点分布图

由图 8-6 可知,闭环系统 G2 传递函数的所有极点都位于单位圆内部,据此可知此闭环系统是稳定的。图中的圆看似非单位圆,那是横纵坐标刻度不一致引起的。

8.4　时　域　分　析

系统性能指标是指在分析一个控制系统时,评价系统性能好坏的标准。系统性能的描述,又可以分为动态性能和稳态性能。简单地说,系统的全部响应过程中,系统的动态性能表现在过渡过程结束之前的响应中,系统的稳态性能表现在过渡过程结束之后的响应中。系统性能的描述如以准确的定量方式来描述称为系统的性能指标。

系统的基本要求可以归结为三方面:系统的稳定性;系统进入稳态后,应满足给定的稳态误差的要求;系统在动态过程中应满足动态品质的要求。

对于稳定系统,系统动态性能指标通常在系统阶跃响应曲线上来定义。因为系统的单位阶跃响应不仅完整反映了系统的动态特性,而且反映了系统在单位阶跃信号输入下的稳定状态。同时,单位阶跃信号又是一个最简单、最容易实现的信号。

1. 上升时间 t_r

对于无振荡的系统,定义系统响应从终值的 10%上升到 90%所需的时间为上升时间;对于有振荡的系统,定义响应从第一次上升到终值所需要的时间为上升时间。默认情况下,MATLAB 按照第一种定义方式计算上升时间,但可以通过设置得到第二种方式定义的上升时间。

2. 峰值时间 t_p

响应超过其终值到达第一个峰值所需的时间定义为峰值时间。

3. 超调量 $\sigma\%$

响应的最大偏差量 $h(t_p)$ 与终值 $h(\infty)$ 的差与终值 $h(\infty)$ 之比的百分数,定义为超调

量,即

$$\sigma\% = \frac{h(t_p) - h(\infty)}{h(\infty)} \times 100\%$$

超调量也称为最大超调量或百分比超调量。

4. 调节时间 t_s

响应到达并保持在终值±2%或±5%内所需的最短时间定义为调节时间。默认情况下,MATLAB计算动态性能时,取误差范围为±2%,可以通过设置得到误差范围为±5%时的调节时间。

8.4.1　动态性能指标

通常,在系统阶跃响应曲线上来定义系统动态性能指标。因此,在用MATLAB求取系统动态性能指标前,先介绍单位阶跃响应函数step的用法。

step函数计算动态系统的阶跃响应。对于状态空间情况,假设初始状态为零。当不带输出参数调用它时,此函数会在屏幕上绘制阶跃响应。函数的调用格式如下。

step(sys):绘制任意动态系统模型sys的阶跃响应。该模型可以是连续时间或离散时间,也可以是SISO或MIMO。多输入系统的阶跃响应是每个输入通道的阶跃响应的集合。模拟的持续时间是根据系统极点和零点自动确定的。

step(sys,Tfinal):模拟从 $t=0$ 到最终时间 $t=$Tfinal的阶跃响应。用系统时间单位表示Tfinal,在sys.TimeUnit属性中指定。对于具有未指定采样时间(Ts=−1)的离散时间系统,step将Tfinal解释为要模拟的采样周期数。

step(sys,t):使用用户提供的时间向量 t 进行仿真。以系统时间单位表示 t,在sys.TimeUnit属性中指定。对于离散时间模型,t 应采用 Ti:Ts:Tf 的形式,其中,Ts是采样时间。对于连续时间模型,t 应采用 Ti:dt:Tf 的形式,其中,dt成为连续系统的离散近似的采样时间。

要在单个图形上绘制多个模型sys1、…、sysN的阶跃响应,请使用以下三种格式。

```
step(sys1,sys2,…,sysN)
step(sys1,sys2,…,sysN,Tfinal)
step(sys1,sys2,…,sysN,t)
```

绘制在单个图上的所有系统必须具有相同数量的输入和输出,可以在单个图上绘制连续和离散时间系统的混合。此语法对于比较多个系统的阶跃响应很有用。还可以为每个系统指定独特的颜色、线型、标记或全部三者。例如:

step(sys1,'y:',sys2,'g--'):用黄色虚线绘制sys1的阶跃响应,用绿色虚线绘制sys2的阶跃响应。

如果使用输出参数调用时,可使用如下格式。

```
y = step(sys,t)
[y,t] = step(sys)
[y,t] = step(sys,Tfinal)
[y,t,x] = step(sys)
[y,t,x,ysd] = step(sys)
```

step返回输出响应 y,用于模拟的时间向量 t(如果未作为输入参数提供)和状态轨迹 x(仅用于状态空间模型)。屏幕上不会生成任何绘图。对于单输入系统,y 的行数与时间样本(t 的长度)一样多,列数与输出一样多。在多输入情况下,每个输入通道的阶跃响应沿 y 的第三维堆叠。y 的维度是：

$$(t\text{ 的长度})\times(\text{输出数量})\times(\text{输入数量})$$

$y(:,:,j)$ 给出对注入第 j 个输入通道的单位阶跃命令的响应。同样，x 的维度是：

$$(t\text{ 的长度})\times(\text{状态数量})\times(\text{输入数量})$$

对于已识别的模型 $[y,t,x,ysd]=step(sys)$ 还计算响应 y 的标准偏差 ysd（如果 sys 不包含参数协方差信息，则 ysd 为空）。

$[y,\cdots]=step(sys,\cdots,options)$：指定用于计算阶跃响应的附加选项 $options$，例如，阶跃幅度或输入偏移，可使用 stepDataOptions 创建选项集选项。

【例 8-8】 控制系统的状态空间模型为：

$$\begin{bmatrix} \dot{x}_1 \\ \dot{x}_2 \end{bmatrix} = \begin{bmatrix} -1 & -1 \\ 6 & 0 \end{bmatrix} \begin{bmatrix} x_1 \\ x_2 \end{bmatrix} + \begin{bmatrix} 1 & 1 \\ 1 & 0 \end{bmatrix} \begin{bmatrix} u_1 \\ u_2 \end{bmatrix}$$

$$\begin{bmatrix} y_1 \\ y_2 \end{bmatrix} = \begin{bmatrix} 1 & 0 \\ 0 & 1 \end{bmatrix}$$

试采用不同的 step 调用方法，绘制系统的单位阶跃响应曲线。

```
>> clear all;
a = [-1 -1;6 0];
b = [1,1;1,0];
c = [1,0;0,1];
d = [0,0;0,0];
sys = ss(a,b,c,d);
%在一个图像窗口中绘制4个子图,分别绘制每个输出分量对每个输入分量的响应曲线
step(sys);   %等效于step(a,b,c,d),效果如图8-7所示
grid on;
title('阶跃响应');ylabel('幅度');xlabel('时间')
>> figure;step(sys(:,1));  %绘制输出对第1个输入分量的响应曲线,等效于step(a,b,c,d,1),效果
                           %如图8-8所示
grid on;
%绘制第1个输出分量对第2个输入分量的响应曲线,如图8-9所示
>> figure;step(sys(1,2));
>> grid on;
```

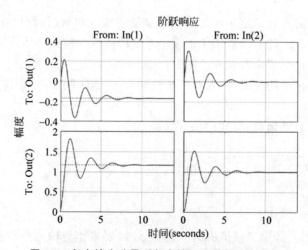

图 8-7　每个输出分量对每个输入分量的响应曲线

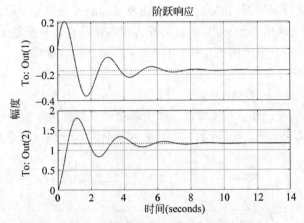

图 8-8　对第 1 个输入分量的响应曲线

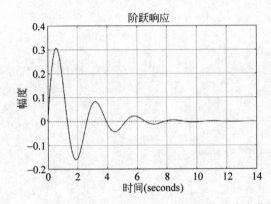

图 8-9　第 1 个输出分量对第 2 个输入分量的响应曲线

8.4.2　稳定性指标

确保稳定条件是控制理论的重要任务之一。下面对时域稳定性的几个相关概念进行说明。

1. 系统不稳定的物理原因

在自动控制系统中,造成系统不稳定的因素有很多,其物理原因主要如下。

系统中存在的惯性、延迟环节,如电动机的机械惯性、电磁惯性、半控型整流装置导通的失控时间、液压传递中的延迟、机械齿轮的间隙等,都会使系统中的输出在时间上滞后输入。在反馈系统中,这种滞后的信号又被反馈到输入端,可能造成系统不稳定。

2. 绝对稳定性与相对稳定性

线性系统稳定性分为绝对稳定性和相对稳定性。

系统的绝对稳定性:系统是否满足稳定(或不稳定)的条件,即充要条件。

系统的相对稳定性:稳定系统的稳定程度。

3. 系统稳定性分析方法

判断系统的稳定性只需要分析系统闭环特征方程的根是否都具有负实部,也就是特征根是否都位于 s 平面的左半平面,只要有一个特征根具有正负部(位于 s 平面的右半平面),系统就是不稳定的,如果有特征根为纯虚数(位于 s 平面的虚轴上),则系统是临界稳定,临界稳定是不稳定的一种特殊状态。

求出特征根可以判断系统的稳定性,但是对于高阶系统,求根本身是一件很困难的事,根据上述结论,判断系统稳定与否,如果能知道特征根实部的符号也是可以的。

劳斯稳定性判据是利用上述特点,通过特征方程的系数直接分析特征根的正负情况,实现不求解特征方程的根,判断系统的稳定性,也避免了高阶方程的求解。

设系统的闭环特征方程:

$$D(s) = a_0 s^n + a_1 s^{n-1} + a_{n-1}s = 0$$

系统稳定的必要条件:闭环系统特征方程中各项的系数均为正数。

【例 8-9】 系统结构如图 8-10 所示。求当输入信号 $r(t) = t^2 + 2t + 10$ 时系统的稳态。

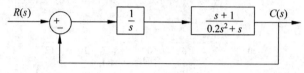

图 8-10 系统结构图

实现程序如下。

```
>> s = tf('s');
G = 1/s * (s + 1)/(0.2 * s^2 + s);
Gc = feedback(G, 1)                          % 得到闭环系统传递函数
Gc =
          s + 1
   ---------------------
   0.2 s^3 + s^2 + s + 1
Continuous - time transfer function.
>> [num, den] = tfdata(Gc, 'v')
num =
     0     0     1     1
den =
    0.2000    1.0000    1.0000    1.0000
>> roots(den)                                % 求特征方程的根
ans =
  - 4.0739 + 0.0000i
  - 0.4630 + 1.0064i
  - 0.4630 - 1.0064i
```

因所有特征方程的根在 s 复平面左半平面,所以系统是稳定的。

8.4.3 时域响应的典型函数应用

MATLAB 时域响应仿真的典型输入函数除 step(单位阶跃函数)外,还有 impulse(单位脉冲函数)、lsim(求任意函数作用下系统响应的函数)等。虽然没有可直接使用的斜坡输入函数和加速度输入函数,但仍然可以间接使用已有的函数对这些输入函数的响应进行求取。

1. impulse 函数

impulse 函数用于求取系统单位脉冲响应,其用法基本同 step 函数。如带返回参数列表使用,则不输出响应曲线;如不带返回参数列表,则直接打印响应曲线。

2. lsim 函数

lsim 函数用于模拟动态系统对任意输入的时间响应。函数的调用格式如下。

lsim(sys,u,t):生成动态系统模型 sys 对输入历史数据 t, u 的时间响应图。向量 t 指定模拟的时间样本(在 sys 的 TimeUnit 属性中指定),并由规则间隔的时间样本组成:

$$t = 0:dt:Tfinal$$

输入 u 是一个数组,其行数与时间样本数(长度(t))相同,列数与系统输入数相同。例如,如果 sys 是一个 SISO 系统,那么 u 是一个 $t \times 1$ 向量。如果 sys 有三个输入,那么 u 是一个 $t \times 3$ 数组。每行 u(i,:) 指定采样 $t(i)$ 时的输入值。信号 u 也出现在绘图上。

模型 sys 可以是连续的或离散的(SISO 或 MIMO)。在离散时间内,必须以与系统相同的速率对 u 进行采样。在这种情况下,输入 t 是冗余的,可以省略或设置为空矩阵。在连续时间中,时间采样 $dt = t(2) - t(1)$ 用于离散连续模型。如果 dt 太大(欠采样),lsim 会发出警告,建议使用更合适的采样时间,但将使用指定的采样时间。

lsim(sys,u,t,x0):进一步指定系统状态的初始条件 x_0。此语法仅在 sys 是状态空间模型时适用。x_0 是一个向量,其条目是 sys 的相应状态的初始值。

lsim(sys,u,t,x0,method):当 sys 是连续时间系统时,明确指定应如何在样本之间内插输入值,将方法指定为以下值之一。

- "zoh":使用零阶保持。
- "foh":使用线性插值(一阶保持)。

如果未指定方法,lsim 将根据信号 u 的平滑度自动选择插值方法。

lsim(sys1,…,sysn,u,t):模拟多个动态系统模型对相同输入历史数据 t、u 的响应,并将这些响应绘制在一个图形上。在计算多个模型的响应时,也可以使用 x_0 和方法输入参数。

lsim(sys1,LineSpec1,…,sysN,LineSpecN,u,t):指定图中每个系统响应的线型、标记和颜色。每个 LineSpec 参数都指定为一个、两个或三个字符的向量。这些字符可以以任何顺序出现。例如,以下代码将 sys1 的响应绘制为黄色虚线,将 sys2 的响应绘制为绿色虚线。

$$lsim(sys1,'y:',sys2,'g--',u,t,x0)$$

y=lsim(___):返回系统响应 y,与输入(t)同时采样。输出 y 是一个数组,其行数与时间样本数(长度(t))相同,列数与系统输出数相同。屏幕上没有绘图。除 LineSpec 参数外,可以将此语法与前面语法中描述的任何输入参数一起使用。

[y,t,x]=lsim(___):还返回用于仿真的时间向量 t 和状态轨迹 x(仅适用于状态空间模型)。输出 x 的行数与时间样本数(长度(t))相同,列数与系统状态相同。

lsim(sys):打开线性模拟工具 GUI。

【例 8-10】 已知某控制系统的闭环传递函数 $G(s) = \dfrac{120}{s^2 + 12s + 120}$,求:

(1) 在单位斜坡输入作用下系统的响应曲线。

(2) 在输入信号 $2 + \sin(t)$ 作用下系统的输出响应曲线。

系统的单位斜坡输入响应曲线求取方式 1:

```
>> t = 0:0.1:10;          % 仿真时间
num = 120;                % 传递函数分子
den = [1 12 120 0];       % 传递函数分母,注意其变化
y = step(num,den,t);      % 返回响应参数(使用 step 函数)
plot(t,y,'g-.',t,t,'b');  % 同时绘制斜坡响应曲线及斜坡输入,如图 8-11 所示
axis([0 2.5 0 2.5]);      % 坐标设定
title('系统单位斜坡响应');
xlabel('t\rm/s');ylabel('t,y');
```

系统的单位斜坡输入响应曲线求取方式 2:

```
>> t = 0:0.1:10;          % 仿真时间
```

```
num = 120;                    % 传递函数分子
den = [1 12 120];             % 传递函数分母,注意其变化
G = tf(num,den);             % 得到传递函数
u = t;                        % 单位斜坡输入
y = lsim(G,u,t);             % 返回单位斜坡输入下响应参数(使用 lsim 函数)
figure;plot(t,y,'g - .',t,u,'b');
axis([0 2.5 0 2.5]);         % 坐标设定
title('系统单位斜坡响应');
xlabel('t\rm/s');ylabel('t,y');
```

运行方式 1 和方式 2 的程序,得到的结果与图 8-11 一致。

系统在输入信号 $2+\sin(t)$ 作用下的响应程序,效果如图 8-12 所示。

```
>> t = 0:0.1:10;             % 仿真时间
num = 120;                    % 传递函数分子
den = [1 12 120];             % 传递函数分母,注意其变化
G = tf(num,den);             % 得到传递函数
u = 2 + sin(t);              % 任意输入 2 + sin(t)
y = lsim(G,u,t);             % 返回单位斜坡输入下响应参数
figure;plot(t,y,'g - .',t,u,'b');
title('系统对输入 2 + sin(t)的响应(使用 lsim 函数)');
xlabel('t\rm/s');ylabel('t,y');
```

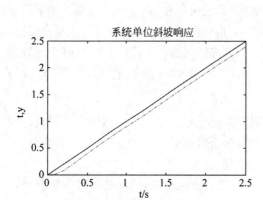

图 8-11　系统的单位斜坡输入响应曲线图

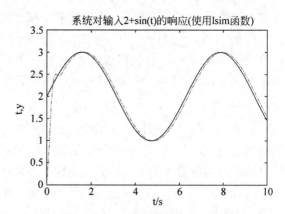

图 8-12　系统在输入信号 $2+\sin(t)$ 作用下的响应曲线

对于单位斜坡输入信号 $R(s)=\dfrac{1}{s^2}$,系统的输出为 $C(s)=\dfrac{120}{s^2+12s+120}\times\dfrac{1}{s^2}=\dfrac{120}{s(s^2+12s+120)}\times\dfrac{1}{s}$,因此可以用单位阶跃函数来求取系统响应。这时系统变为 $\dfrac{120}{s(s^2+12s+120)}$,相当于增加了积分环节。此时在 MATLAB 中需注意传递函数分母的变化。

8.5　根　轨　迹

根轨迹方程就是闭环系统特征根随参数变化的轨迹方程,设控制系统如图 8-13 所示。

如果系统有 m 个开环零点和 n 个开环极点,则系统开环传递函数为:

$$G(s)H(s)=K^*\frac{\prod\limits_{j=1}^{m}(s-z_j)}{\prod\limits_{i=1}^{m}(s-p_i)}$$

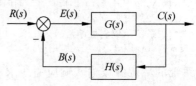

图 8-13　闭环控制系统

其中,K^* 为开环系统的根轨迹增益,z_j 为系统的开环零点,p_i 为系统的开环极点。

其系统闭环传递函数为:

$$\Phi(s) = \frac{G(s)}{1 + G(s)H(s)}$$

则系统闭环特征方程为:

$$1 + KG(s) = 0$$

特征方程可写成:

$$K^* \frac{\prod_{j=1}^{m}(s - z_j)}{\prod_{i=1}^{m}(s - p_i)} = -1$$

称为根轨迹方程。根轨迹是一个向量方程,有幅值与相角两个参数,可用如下两个方程描述。

满足幅值条件的表达式为:

$$K^* = \frac{\prod_{j=1}^{m}|s - z_j|}{\prod_{i=1}^{m}|s - p_i|}$$

满足相角的表达式为:

$$\sum_{j=1}^{m} \angle(s - z_j) - \sum_{i=1}^{n} \angle(s - p_i) = (2k + 1)\pi \quad (k = 0, \pm 1, \pm 2, \cdots)$$

常规根轨迹是指以开环根轨迹增益 K^* 为可变参数绘制的根轨迹。

8.5.1 根轨迹图

根轨迹绘制规则可用来求取根轨迹的起点和终点,根轨迹的分支数、对称性和连续性,实轴上的根轨迹,根轨迹的分离点和会合点,根轨迹的渐近线,根轨迹的出射角和入射角,根轨迹与虚轴的交点等信息。

根据根轨迹的自身特点,其具有如下几个特性。

(1) 稳定性。

当开环增益 K 从零到无穷大时,根轨迹不会越过虚轴进入右半 s 平面,因此这个系统对所有的 K 值都是稳定的。如果根轨迹越过虚轴进入右半 s 平面,则其交点的 K 值就是临界稳定开环增益。

(2) 稳态性能。

开环系统在坐标原点有一个极点,因此根轨迹上的 K 值就是静态速度误差系数,如果给定系统的稳态误差要求,则可由根轨迹确定闭环极点容许的范围。

(3) 动态性能。

当 $0 < K < 0.5$ 时,所有闭环极点位于实轴上,系统为过阻尼系统,单位阶跃响应为非周期过程;当 $K = 0.5$ 时,闭环两个极点重合,系统为临界阻尼系统,单位阶跃响应仍为非周期过程,但速度更快;当 $K > 0.5$ 时,闭环极点为复数极点,系统为欠阻尼系统,单位阶跃响应为阻尼振荡过程,且超调量与 K 成正比。

8.5.2 根轨迹法分析

以绘制根轨迹的基本规则为基础的图解法是获得系统根轨迹很实用的工程方法。借助MATLAB软件,获得系统根轨迹更为方便。根轨迹可以清楚地反映如下信息:临界稳定时的开环增益;闭环特征根进入复平面时的临界增益;选定开环增益后,系统闭环特征根在根平面上的分布情况;参数变化时,系统闭环特征根在根平面上的变化趋势等。

MATLAB 提供了 rlocus 函数,可以直接用于系统的根轨迹绘制。函数的调用格式如下。

rlocus(sys):绘制系统 sys 的根轨迹图。

rlocus(sys1,sys2,…):绘制多个 sys1,sys2…系统的根轨迹图。

[r,k]=rlocus(sys):计算根轨迹增益值 r 和闭环极点值 k。

r=rlocus(sys,k):计算对应于根轨迹增益值 k 的闭环极点值。

提示:

(1) rlocus 函数绘制以 k 为参数的 SISO 系统的轨迹图。

(2) 不带输出变量的调用方式将绘制系统的根轨迹图。

(3) 带有输出变量的调用方法将不绘制根轨迹,只计算根轨迹上各个点的值。k 中存放的是根轨迹增益向量;矩阵 r 的列数和增益 k 的长度相同,它的第 m 列元素是对于增益 $k(m)$ 的闭环极点。

【例 8-11】 已知系统的开环传递函数模型 $G_o(s)=\dfrac{K}{s(s+0.8)}$,实现以下设计要求。

(1) 绘制系统的根轨迹图。

(2) 增加系统开环极点 $p=-3$,绘制系统根轨迹图,观察开环零点对闭环系统的影响。

(3) 增加系统开环零点 $z=-2$,绘制系统根轨迹图,观察开环极点对闭环系统的影响。

(4) 绘制原系统、增加开环零点、增加开环极点的系统阶跃响应曲线。

```
>> clear all;
num = 1;
den = [1 0.8 0];
num1 = 1;
den1 = conv([1 0.8 0],[1 3]);
num2 = [1 2];
den2 = [1 0.8 0];
Go = tf(num,den);
Go1 = tf(num1,den1);                      %增加开环极点 p = - 3 后系统开环传递函数
Go2 = tf(num2,den2);                      %增加开环零点 z = - 2 后系统开环传递函数
Gclo = feedback(Go,1);                    %原系统闭环传递函数
Gclo1 = feedback(Go1,1);                  %增加开环极点后系统闭环传递函数
Gclo2 = feedback(Go2,1);                  %增加开环零点后系统闭环传递函数
figure;subplot(2,2,1);
rlocus(Go);title('原系统');
ylabel('虚轴');xlabel('实轴')
subplot(2,2,2);rlocus(Go1);
title('增加开环极点 p = - 3'); ylabel('虚轴');xlabel('实轴')
subplot(2,2,3);rlocus(Go2);
title('增加开环极点 z = - 2'); ylabel('虚轴');xlabel('实轴')
subplot(2,2,4);
rlocus(Go,'r.',Go1,'k-.',Go2,'g--');      %三个系统根轨迹图,参数包括颜色与线形
```

```
title('三个系统根轨迹图'); ylabel('虚轴');xlabel('实轴')
figure;
step(Gclo,'r',Gclo1,'k--',Gclo2,'b-.');        %绘制三个系统阶跃响应曲线
title('阶跃响应');ylabel('幅度');xlabel('时间')
text(7,0.6,'三个系统阶跃响应');
gtext('原系统')
gtext('增加开环极点');
gtext('增加开环零点');
```

运行程序,产生 4 个根轨迹图,包括原系统、增加开环极点、增加开环零点及四个根轨迹绘制在一起的根轨迹图,如图 8-14 所示。

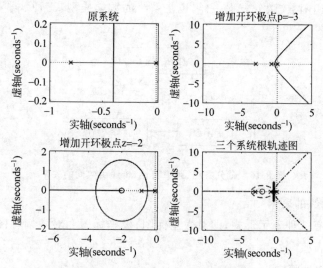

图 8-14 零极点变化的根轨迹图

程序运行后,将三个阶跃响应图形绘制在同一个绘图窗口中,包括原系统、增加开环极点、增加开环零点的阶跃响应,如图 8-15 所示。

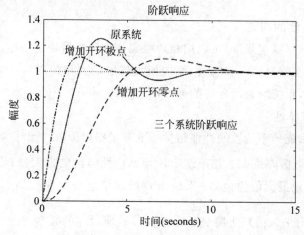

图 8-15 零极点变化阶跃响应图

8.6 频 域 分 析

频率特性是指在正弦信号激励下,线性定常系统输出的稳态分量与输入相对于频率的复数之比,就是系统对正弦激励的稳态响应,也称为频率响应。

频率特性的数学定义式为：

$$G(j\omega) = \frac{C(j\omega)}{R(j\omega)}$$

式中，ω 为输入输出信号的频率，$C(j\omega)$ 为输出的傅氏变换式，$R(j\omega)$ 为输入的傅氏变换式，稳定系统的频率特性等于输出和输入的傅氏变换之比，而传递函数是输出和输入的拉氏变换之比。

实际上，系统的频率特性是系统传递函数的特殊形式，它们之间的关系为：

$$G(j\omega) = G(s)\big|_{s=j\omega}$$

频率特性和传递函数、微分方程一样，也是系统的数学模型，三种数学模型之间的关系如图 8-16 所示。

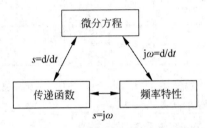

图 8-16 微分方程、频率特性、传递函数间的关系

1. 频率特性曲线的表示

频率特性曲线有 3 种表示形式，即对数坐标图、极坐标图和对数幅相图，这 3 种表示形式的本质是一样的。

2. Nyquist 稳定性判定

Nyquist 稳定性判定的内容是：如果开环系统模型含有 m 个不稳定极点，则单位负反馈下单变量闭环系统稳定的充分必要条件是开环系统的 Nyquist 图逆时针围绕 $(-1,j0)$ 点 m 周。

3. 系统相对稳定性的判定

系统的相对稳定性（稳定裕度）可以用相角稳定裕度和幅值稳定裕度这两个量来衡量。相角稳定裕度表示系统在临界稳定状态时，系统所允许的最大相位滞后；幅值稳定裕度表示系统在临界稳定状态下，系统增益所允许的最大增大倍数。

4. 闭环系统频率特性

通常，描述闭环系统频率特性的性能指标主要有谐振峰值 M_p、谐振频率 ω_p、系统带宽和带宽频率 ω_b。其中，谐振峰值 M_p 指系统闭环频率特性幅值的最大值；谐振频率 ω_p 指系统闭环频率特性幅值出现最大值的频率；系统带宽指频率范围 $\omega \in [0, \omega_b]$；带宽频率 ω_b 指当系统 $G(j\omega)$ 的幅频特征 $|G(j\omega)|$ 下降到 $\frac{\sqrt{2}}{2}|G(j\omega)|$ 时所对应的频率。

5. 频域法校正方法

频域法校正方法主要有超前校正、滞后校正和滞后-超前校正等。每种方法的运用可根据具体情况而定。

利用超前网络校正的基本原理即利用校正环节相位超前的特性，以补偿原来系统中元件造成的过大的相位滞后。

利用滞后网络进行串联校正时,主要是利用其高频幅值衰减特性,以降低系统的开环幅值穿越频率,提高系统的相位裕度。

滞后-超前校正的基本原理是利用校正装置的超前部分增大系统的相位裕度,同时利用其滞后部分来改善系统的稳态性能。

8.6.1 频率特性

频率特性是与频率 ω 有关的复数,通常有以下三种表达形式。

1. 对数坐标图

对数坐标图即 Bode 图。它由对数幅频特性曲线和对数相频特性曲线组成。

对数幅频特性曲线是幅度的对数值 $L(\omega)=20\lg A(\omega)$ 与频率 ω 的关系曲线;对数相频特性曲线是频率特性的相角 $\varphi(\omega)$ 与频率 ω 的关系曲线。对数幅频特性曲线的纵轴为 $L(\omega)=20\lg A(\omega)(\mathrm{dB})$,采用线性分度;横坐标为角频率 ω,采用对数分度。对数相频特性的纵轴为 $\varphi(\omega)$,单位为°,采用线性分度;横坐标为角频率 ω,也采用对数分度。横坐标采用对数分度,扩展了其表示的频率范围。

2. 极坐标式

极坐标式又称指数表达式,可表示为:

$$G(\mathrm{j}\omega) = A(\omega)\mathrm{e}^{\mathrm{j}\varphi(\omega)}$$

其中,$A(\omega)=|G(\mathrm{j}\omega)|$ 为频率特性的模,称为幅频特性;$\varphi(\omega)=\angle G(\mathrm{j}\omega)$ 为频率特性的相位移,称为相频特性。

代数表达式与指数表达式之间的关系为:

$$G(\mathrm{j}\omega) = \sqrt{P^2(\omega)+Q^2(\omega)}\,\mathrm{e}^{\mathrm{j}\varphi(\omega)} = A(\omega)\mathrm{e}^{\mathrm{j}\varphi(\omega)}\sigma^2 x$$

$$A(\omega) = \sqrt{P^2(\omega)+Q^2(\omega)}$$

$$\varphi(\omega) = \arctan\frac{P(\omega)}{Q(\omega)}$$

3. 对数幅相图

对数幅相图即 Nichols 曲线。它是将对数幅频特性曲线和对数相频特性曲线两张图,在角频率 ω 为参变量的情况下合成一张图,即以相位 $\varphi(\omega)$ 为横坐标,以 $20\lg A(\omega)$ 为纵坐标,以 ω 为参变量的一种图示法。

8.6.2 频域分析的应用

MATLAB 频域分析的应用主要通过相关函数实现,用于绘制各种频率特性图,主要有 bode、nichols、nyquist 函数等以及做进一步分析的函数 allmargin、margin 等。

1. bode 函数

bode 函数用于求系统的 Bode(波特图)频率响应。函数的调用格式如下。

bode(sys):计算并在当前窗口绘制线性对象 sys 的 Bode 图,可用于单输入单输出或多输入多输出连续系统或离散时间系统。绘制时的频率范围将根据系统的零极点决定。

bode(sys1,sys2,…,sysN)、bode(…,w):同时在一个窗口重绘制多个线性对象 sys 的 Bode 图。这些系统必须具有同样的输入和输出数,但可以同时含有离散时间和连续时间系统。

bode(sys1,PlotStyle1,…,sysN,PlotStyleN)：定义每个仿真绘制的绘制属性。

[mag,phase]＝bode(sys,w)或[mag,phase,wout]＝bode(sys)：计算 Bode 图数据,且不在窗口显示。其中,mag 为 Bode 图幅值,phase 为 Bode 图的相位值,wout 为 Bode 图的频率点。

[mag,phase,wout,sdmag,sdphase]＝bode(sys)：同时返回幅度和相位的标准差 sdmag 和偏差 sdphase。

2. nichols 函数

nichols 函数用于求连续系统的 Nichols(尼科尔斯)频率响应曲线。函数的调用格式如下。

nichols(sys)：计算并在当前窗口绘制线性对象 sys 的 Nichols 图,可用于单输入单输出或多输入多输出连续系统或离散时间系统。绘制时的频率范围将根据系统的零极点决定。

nichols(sys,w)：显示定义绘制时的频率点 w。如果要定义频率范围 w,必须有[wmin,wmax]的格式；如果要定义频率点,则 w 必须是由需要频率点频率组成的向量。

nichols(sys1,sys2,…,sysN,w)：同时在一个窗口重绘制多个线性对象 sys 的 Nichols 图。这些系统必须具有同样的输入和输出数,但可以同时含有离散时间和连续时间系统。

[mag,phase,w]＝nichols(sys)或[mag,phase]＝nichols(sys,w)：计算 Nichols 图数据,且不在窗口显示。其中,mag 为 Nichols 图幅值,phase 为 Nichols 图的相位值,w 为 Nichols 图的频率点。

3. nyquist 函数

nyquist 函数用于求连续系统的 Nyquist(奈氏图)曲线。函数的调用格式如下。

nyquist(sys)：计算并在当前窗口绘制线性对象 sys 的 Nyquist 图,可用于单输入单输出或多输入多输出连续系统或离散时间系统。当系统为多输入多输出时,产生一组 Nyquist 频率曲线,每个输入/输出通道对应一个。绘制时的频率范围将根据系统的零极点决定。

nyquist(sys,w)：显示定义绘制时的频率点 w。若要定义频率范围,w 必须有[wmin,wmax]的格式；如果要定义频率点,则 w 必须是由需要频率点频率组成的向量。

nyquist(sys1,sys2,…,sysN)、nyquist(sys1,sys2,…,sysN,w)：同时在一个窗口重复绘制多个线性对象 sys 的 Nyquist 图。这些系统必须具有同样的输入和输出数,但可以同时含有离散时间和连续时间系统。

[re,im,w]＝nyquist(sys)：返回系统的频率响应。其中,re 为系统响应的实部,im 为系统响应的虚部,w 为频率点。

4. margin 函数

margin 函数用于计算系统稳定裕度,它可以从频率响应数据中计算出幅值裕度、相角裕度以及对应的频率。幅值裕度和相角裕度是针对开环 SISO 系统而言的,它指出了系统在闭环时的相对稳定性。当不带输出变量引用时,margin 可在当前图形窗口中绘出带有裕度及相应频率显示的 Bode 图,其中的幅值裕度以 dB 为单位。

幅值裕度是在相角为 $-180°$ 处使开环增益为 1 的增益量,如在 $-180°$ 相频处的开环增益为 g,则幅值裕度为 $1/g$；如果用分贝值表示幅值裕度,则 $-20\lg10g$。类似地,相角裕度是当开环增益为 1.0 时,相应的相角与 $180°$ 角的和。margin 函数的调用格式如下。

[Gm,Pm,Wgm,Wpm]＝margin(sys)：计算线性对象 sys 的增益和相位裕度。其中,Gm 对应系统的增益裕度,Wgm 对应其交叉频率,Pm 对应系统的相位裕度,Wpm 对应其交叉频率。

[Gm,Pm,Wgm,Wpm]＝margin(mag,phase,w)：根据 Bode 图给出的数据 mag、phase

和 w，来计算系统的增益和相位裕度。mag、phase 和 w 分别为幅值、相位和频率向量。

margin(sys)：可从频率响应数据中计算出增益、相位裕度以及响应的交叉频率。增益和相位裕度是针对开环单输入单输出系统而言的，它可以显示系统闭环时的相对稳定性。当不带输出变量时，margin 则在当前窗口绘制出裕度的 Bode 图。

5. allmargin 函数

allmargin 函数用于计算所有的交叉频率和稳定裕度。函数的调用格式如下。

S＝allmargin(sys)：计算单输入单输出开环模型的交叉频率。

S＝allmargin(mag,phase,w,ts)：计算单输入单输出开环模型的增益、相位、时延裕度和响应的交叉频率。allimargin 可以用在任何单输入单输出模型上，包括具有时延的模型。

输出 S 为一结构体，它具有如下的域。

- GMFrequency：所有 $-180°$ 的交叉频率。
- GainMargin：响应的增量裕度，定义为 $1/G$，G 是在交叉处的增益。
- PMFrequency：所有 0dB 的交叉频率。
- PhaseMargin：以角度表示的响应相位增益。
- DMFrequency 和 DelayMargin：关键的频率和响应的时延裕度，在连续时间系统中，时延以秒的形式给出。在离散时间系统中，时延以采样周期的整数倍给出。
- Stable：如果闭环系统稳定，则为 1；否则为 0。

【例 8-12】 对于传递函数 $G(s)=\dfrac{3}{2s+1}$，增加在原点处的极点后，观察极坐标图的变化趋势。

(1) 绘制原系统极坐标图，代码如下。

```
>> clear all;
num = 3;
den = [2 1];
nyquist(num,den);          %绘制原系统 Nyquist 曲线
axis([-2 4 -2 2]);         %指定坐标范围
grid on;
title('Nyquist 曲线');xlabel('实轴');ylabel('虚轴')
```

运行程序，效果如图 8-17 所示。

(2) 绘制系统增加一个极点的极坐标图，代码如下。

```
>> %系统增加一个极点
num = 3;
den1 = [2 1 0];            %系统增加一个极点
nyquist(num,den1);         %绘制系统 Nyquist 曲线
axis([-6 0 -10 10]);       %指定坐标范围
title('Nyquist 曲线');xlabel('实轴');ylabel('虚轴')
```

运行程序，效果如图 8-18 所示。

(3) 绘制系统增加两个极点的极坐标图，代码如下。

```
>> %系统增加一个极点
num = 3;
den2 = [2 1 0 0];          %系统增加两个极点
nyquist(num,den2);         %绘制系统 Nyquist 曲线
axis([-6 0 -6 6]);         %指定坐标范围
title('Nyquist 曲线');xlabel('实轴');ylabel('虚轴')
```

运行程序，效果如图 8-19 所示。

原系统极坐标图如图 8-17 所示,如果在原点处增加一个极点,系统极坐标顺时针转过 $\frac{\pi}{2}$rad,如图 8-18 所示;再增加一个极点,则将顺时针转过 πrad,如图 8-19 所示。以此类推,如果增加 n 个原点的极点,即乘上因子 $\frac{1}{s^n}$,则极坐标图将顺时针转过 $\frac{n\pi}{2}$rad,并且在原点处只要有极点存在,极坐标图在 $\omega=0$ 的幅值就为无穷大。

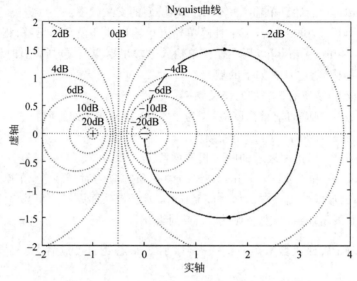

图 8-17　原系统的极坐标图

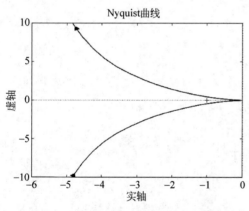

图 8-18　系统增加一个极点的极坐标图

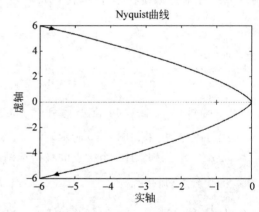

图 8-19　系统增加两个极点的极坐标图

【例 8-13】　系统开环传递函数为 $G(s)=\dfrac{5}{(s+2)(s^2+2s+5)}$,绘制其极坐标图,并判定系统稳定性。

```
>> clear all;
num = 5;
den = conv([1 2],[1 2 5]);
G = tf(num,den);          % 系统传递函数
nyquist(G)                % 系统 Nquist 曲线,如图 8-20 所示
title('Nyquist 曲线');xlabel('实轴');ylabel('虚轴')
```

由图 8-20 可以看出,开环系统 Nyquist 曲线不包围(-1,j0)点,且开环系统不含有不稳定极点。根据 Nyquist 定理可判定闭环系统是稳定的。可以通过如下求取闭环系统的阶跃响应

程序的运行结果进一步观察其稳定性。

```
>> clear all;
num = 5;
den = conv([1 2],[1 2 5]);
G = tf(num,den);                    % 系统传递函数
step(feedback(G,1));                % 闭环系统阶跃响应,如图 8-21 所示
title('阶跃曲线');xlabel('时间');ylabel('幅度')
```

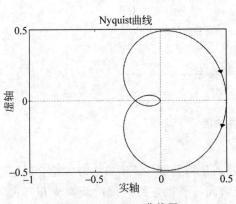

图 8-20 Nyquist 曲线图

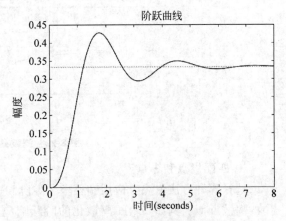

图 8-21 阶跃响应曲线

由图 8-21 可见,对于系统稳定性的判定是正确的。

8.7 控制系统综合应用

本节的例子展示了几种离散化陷波滤波器技术的比较。虽然控制系统组件通常是连续设计的,但它们通常必须离散化,以便在数字计算机和嵌入式处理器上实现。

【例 8-14】 离散化陷波滤波器。

实现步骤如下。

(1) 连续时间陷波滤波器。

陷波滤波器设计用于通过急剧衰减特定频率下的增益来抑制特定频率下的信号内容。对于这个例子,考虑以下陷波滤波器:

$$H(s) = \frac{s^2 + 0.5s + 100}{s^2 + 5s + 100}$$

可以使用 bode 函数绘制此滤波器的频率响应,如图 8-22 所示。

```
>> H = tf([1 0.5 100],[1 5 100]);
bode(H), grid
xlabel('频率');title('Bode 图');
```

该陷波滤波器在频率 $\omega = 10\mathrm{rad/s}$ 时提供 20dB 衰减。

(2) 离散化方法的选择。

可以使用 c2d 命令离散连续时间系统。控制系统工具箱支持几种离散化算法,包括:

* 零阶保持。
* 一阶保持。
* 脉冲不变。
* Tustin(双线性近似)。
* 具有频率预扭曲的 Tustin。

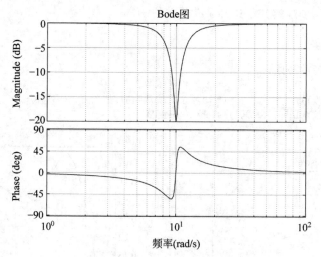

图 8-22　滤波器的频率响应图

- 匹配极点和零点。

选择哪种方法取决于应用和要求。零阶和一阶保持方法以及脉冲不变方法非常适合时域中的离散近似。例如,ZOH 离散化的阶跃响应与每个时间步长的连续时间阶跃响应相匹配(与采样率无关),如图 8-23 所示。

```
>> Ts = 0.1;
Hdz = c2d(H,Ts,'zoh');
step(H,'b--',Hdz,'r'),
legend('Continuous','以 10Hz 离散化')
xlabel('时间');ylabel('幅度');title('阶跃响应');
```

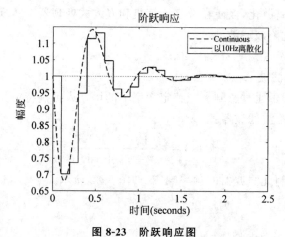

图 8-23　阶跃响应图

类似地,脉冲不变离散化具有与原始系统相同的脉冲响应,如图 8-24 所示。

```
>> G = tf([1 -3],[1 2 10]);
Gd = c2d(G,Ts,'imp');
impulse(G,'b-.',Gd,'r')
legend('连续的','以 10Hz 离散化')
xlabel('时间');ylabel('幅度');title('脉冲响应');
```

相比之下,Tustin 和 Matched 方法往往在频域中表现更好,因为它们在 Nyquist 频率附近引入了较少的增益和相位失真。例如,使用 ZOH、Tustin 和 Matched 算法比较连续时间陷波滤波器及其离散化的 Bode 响应,如图 8-25 所示。

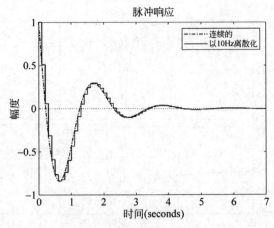

图 8-24 脉冲响应曲线

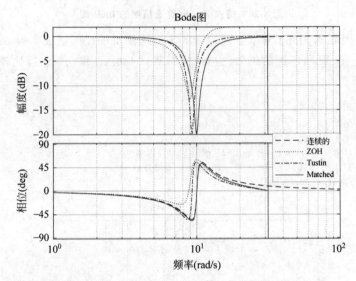

图 8-25 ZOH、Tustin 和 Matched 算法及离散化的 Bode 图

```
>> Hdt = c2d(H,Ts,'tustin');
Hdm = c2d(H,Ts,'match');
bode(H,'b--',Hdz,'r:',Hdt,'m-.',Hdm,'g',{1 100}), grid
legend('连续的','ZOH','Tustin','Matched')
xlabel('频率');title('Bode 图')
```

这种比较表明,匹配方法提供了陷波滤波器最精确的频域近似值。但是,通过指定等于陷波频率的预扭曲频率,可以进一步提高 Tustin 算法的精度,这确保了 $w = 10\text{rad/s}$ 附近的精确匹配,如图 8-26 所示。

```
>> Hdp = c2d(H,Ts,'prewarp',10);
bode(H,'b--',Hdt,'m-.',Hdp,'g',{1 100}), grid
legend('连续','Tustin','具有频率预扭曲的 Tustin')
xlabel('频率');title('Bode 图')
```

(3)选择采样率。

采样率越高,连续响应和离散响应之间的匹配就越接近。但是采样率可以有多小,或者等效地,采样间隔能有多大?根据经验,如果希望连续和离散化模型与某个频率 ω_m 紧密匹配,请确保 Nyquist 频率(采样率乘以 Pi)至少是 ω_m 的 2 倍。对于陷波滤波器,需要将形状保持

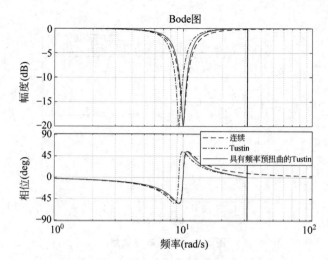

图 8-26 提高 Tustin 算法精度的 Bode 图

在 10rad/s 附近,因此 Nyquist 频率应超过 20rad/s,这使得采样周期最多为 pi/20=0.16s。

为了确认这一选择,将匹配的离散化与采样周期 0.1、0.15 和 0.3 进行比较,效果如图 8-27 所示。

```
>> Hd1 = c2d(H,0.1,'m');
Hd2 = c2d(H,0.15,'m');
Hd3 = c2d(H,0.3,'m');
bode(H,'b--',Hd1,'r:',Hd2,'m-.',Hd3,'g',{1 100}), grid
legend('连续的','Ts = 0.1','Ts = 0.15','Ts = 0.3');
xlabel('频率');title('Bode图');
```

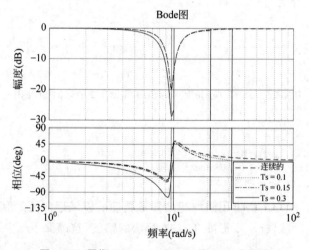

图 8-27 周期 0.1、0.15 和 0.3 的 Bode 曲线图

正如预测的那样,离散化在 Ts<0.16 时仍然相当准确,但在较大的采样间隔时开始分解。

(4) 交互式图形用户界面(GUI)。

单击下面的链接,启动一个交互式 GUI,进一步显示离散化陷波器如何受离散化算法和采样率的影响。

打开 Notch 离散化 GUI,如图 8-28 所示。

```
>> notch_gui
```

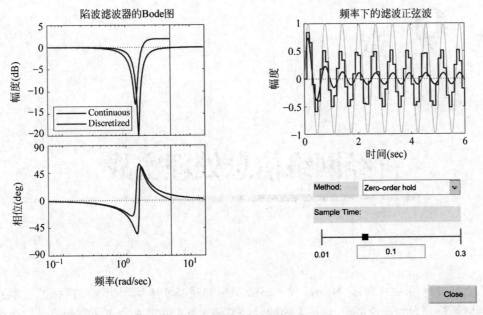

图 8-28　GUI 界面

第 **9** 章

神经网络信息处理实战

人工神经网络（Artificial Neural Network，ANN）是基于生物学中神经网络的基本原理，是以网络拓扑知识为理论基础，模拟人脑的神经系统对复杂信息的处理机制的一种数学模型。该模型以并行分布的处理能力、高容错性、智能化和自学习等能力为特征，将信息的加工和存储结合在一起，以其独特的知识表示方式和智能化的自适应学习能力，引起各学科领域的关注。它实际上是一个由大量简单元件相互连接而成的复杂网络，具有高度的非线性，能够进行复杂的逻辑操作和非线性关系实现的系统。

9.1　神经网络概述

人工神经网络是把对生物神经网络的认识与数学统计模型相结合，借助数学统计工具来实现的。本节将对人工神经网络的几个相关知识点进行介绍。

9.1.1　神经元结构

神经元是脑组织的基本单元，是神经网络结构与功能的单位。不同的神经元形态不同，功能也有差异。神经元的结构图如图 9-1 所示，其共性的结构简化如下。

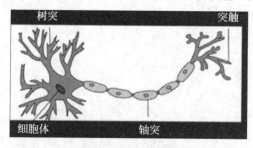

图 9-1　神经元结构

（1）细胞体：神经元主体，由细胞核、细胞质、细胞膜等组成。细胞膜对细胞液中的不同离子通透性不同，使得产生离子浓度差，从而出现内负外正的静息电位。

（2）树突：通过树突接收来自其他神经元的输入信号。

（3）轴突：传出细胞体产生的输出电化学信号。

（4）突触：神经元间通过一个轴突末梢和其他神经元的细胞体或者树突进行通信连接，

相当于神经元之间的输出接口。

突触是神经元的输入和输出接口,树突和细胞体作为输入端,接收突触点的输入信号;细胞体相当于一个处理器,对各树突和细胞体各部位收到来自其他神经元的输入信号进行组合,并在一定条件下触发,产生一个输出信号,输出信号沿轴突传至末梢,轴突末梢作为输出端通过突触将这个输出信号传向其他神经元。

9.1.2　人工神经元模型

人工神经元是人工神经网络操作的基本信息处理单位。人工神经元的模型如图 9-2 所示,它是人工神经网络的设计基础。

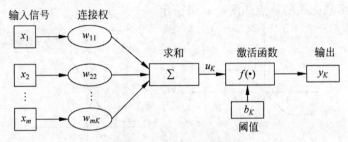

图 9-2　人工神经元模型

人工神经元模型可以看成是由以下 3 种基本元素组成的。

(1)一组连接:连接强度由各连接上的值表示,权值可以取正值也可以取负值,权值为正表示激活,权值为负表示抑制。

(2)一个加法器:用于求输入信号对神经元的相应突触加权之和。

(3)一个激活函数:用来限制神经元输出振幅。激活函数也称为压制函数,因为它将输入信号压制(限制)到允许范围之内的一定值。通常,一个神经元输出的正常幅度范围可写成单位闭间区$[0,1]$,或者另一种区间$[-1,+1]$。

另外,可以给一个神经元模型加一个外部偏置,记为 b_k。偏置的作用是根据其为正或为负,相应地增加或降低激活函数的网络输入。一个人工神经元 k 可以用以下公式表示。

$$u_k = \sum_{i=1}^{m} w_{ik} x_i$$

$$y_k = f(u_k + b_k)$$

式中,$x_i (i=1,\cdots,m)$ 为输入信号;$w_{ik} (i=1,\cdots,m)$ 为神经元 k 的突触权值(对于激发状态,w_{ik} 取正值;对于抑制状态,w_{ik} 取负值;m 为输入信号数目);u_k 为输入信号线性组合器的输出;b_k 为神经元单元的偏置(阈值);$f(\cdot)$ 为激活函数;y_k 为神经元输出信号。

激活函数主要有以下 3 种形式($v = u_k + b_k$)。

(1)域值函数,即阶梯函数,当函数的自变量小于 0 时,函数的输出为 0;当函数的自变量大于或等于 0 时,函数的输出为 1。使用该函数可以把输入分成两类:

$$f(v) = \begin{cases} 1, & v \geqslant 0 \\ 0, & v < 0 \end{cases}$$

(2)分段线性函数:该函数在$(-1,+1)$线性区间内的放大系数是一致的,这种形式的激活函数可以看作是非线性放大器的近似,如图 9-3(a)所示。

$$f(v) = \begin{cases} 1, & v \geqslant 1 \\ v, & -1 < v < 1 \\ -1, & v \leqslant -1 \end{cases}$$

（3）非线性转移函数：该函数为实数域 R 到 $[0,1]$ 闭集的非连接函数，代表了状态连续型神经元模型。最常用的非线性转移函数是单极性 Sigmoid 函数曲线，简称为 S 形函数，其特点是函数本身及其导数都是连续的，能够体现数学计算上的优越性，因而在处理上十分方便。单极性 S 形函数定义如下。

$$f(v) = \frac{1}{1 + e^{-v}}$$

有时也采用双极性 S 形函数（即双曲线正切）等形式：

$$f(v) = \frac{2}{1 + e^{-v}} - 1 = \frac{1 - e^{-v}}{1 + e^{-v}}$$

单极性 S 形函数曲线的特点如图 9-3(b) 所示。

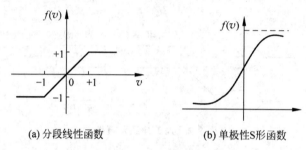

(a) 分段线性函数   (b) 单极性S形函数

图 9-3 激活函数

9.1.3 人工神经网络的特点

神经网络模型用于模拟人脑神经元的活动过程，其中包括对信息的加工、处理、存储和搜索等过程。人工神经网络具有如下基本特点。

（1）高度的并行性。

人工神经网络由许多相同的简单处理单元并联组合而成，虽然每一个神经元的功能简单，但大量简单神经元并行处理的能力和效果却十分惊人。人工神经网络和人类的大脑类似，不但结构上是并行的，处理顺序也是并行和同时的。在同一层内的处理单元都是同时操作的，即神经网络的计算功能分布在多个处理单元上，而一般计算机通常有一个处理单元，其处理顺序是串行的。

（2）高度的非线性全局作用。

人工神经网络中每个神经元接收大量其他神经元的输入，并通过并行网络产生输出，影响其他神经元，网络之间的这种互相制约和互相影响，实现了从输入状态到输出状态空间的非线性映射。从全局的观点来看，网络整体性能不是网络局部性能的叠加，而表现出某种集体性的行为。

（3）联想记忆功能和良好的容错性。

人工神经网络通过自身的特有网络结构将处理的数据信息存储在神经元之间的权值中，具有联想记忆功能，从单一的某个权值看不出其所记忆的信息内容，因为它是分布式的存储形式，这就使得网络有很好的容错性，并可以进行特征提取、缺损模式复原、聚类分析等模式信息处理工作，又可以做模式联想、分类、识别工作。

（4）良好的自适应、自学习功能。

人工神经网络通过学习训练获得网络的权值与结构，呈现出很强的自学习能力和对环境的自适应能力。神经网络所具有的自学习过程模拟了人的形象思维方法，这是与传统符号逻辑完全不同的一种非逻辑非语言。自适应性根据所提供的数据，通过学习和训练，找出输入和输出之间的内在关系，从而求取问题的解，而不是依据对问题的经验知识和规则，因而具有自适应功能，这对于弱化权重确定人为因素是十分有益的。

（5）知识的分布式存储。

在神经网络中，知识不是存储在特定的存储单元中，而是分布在整个系统中，要存储多个知识就需要很多链接。在神经网络中要获得存储的知识则采用"联想"的办法，这类似人类和动物的联想记忆。神经网络采用分布式存储方式表示知识，通过网络对输入信息的响应将激活信号分布在网络神经元上，通过网络训练和学习使得特征被准确地记忆在网络的连接权值上，当同样的模式再次输入时，网络就可以进行快速判断。

（6）非凸性。

一个系统的演化方向在一定条件下将取决于某个特定的状态函数。例如能量函数，它的极值对应系统比较稳定的状态。非凸性是指这种函数有多个极值，故系统具有多个较稳定的平衡态，这将导致系统演化的多样性。

正是神经网络所具有的这种学习和适应能力、自组织、非线性和运算高度并行的能力，解决了传统人工智能对于直觉处理方面的缺陷，例如，对非结构化信息、语音模式识别等的处理，使之成功应用于神经专家系统、组合优化、智能控制、预测、模式识别等领域。

9.2 感 知 器

感知器是一种早期的神经网络模型，由美国学者 F. Rosenblatt 于 1957 年提出。感知器中第一次引入了学习的概念，使人脑所具备的学习功能在基于符号处理的数学中得到了一定程度的模拟，所以引起了人们的广泛关注。

9.2.1 单层感知器

单层感知器模型如图 9-4 所示，包括一个线性累加器和一个二值阈值元件，同时还有一个外部偏差。线性累加器的输出作为二值阈值元件的输入，这样当二值阈值元件的输入是正数时，神经元就产生输出 +1；反之，如果其输入是负数，则产生输出 −1。即

$$y = \text{sgn}(\sum_{j=1}^{m} w_{ij} x_j + b)$$

$$y = \begin{cases} +1, & (\sum_{j=1}^{m} w_{ij} x_j + b) \geqslant 0 \\ -1, & (\sum_{j=1}^{m} w_{ij} x_j + b) < 0 \end{cases}$$

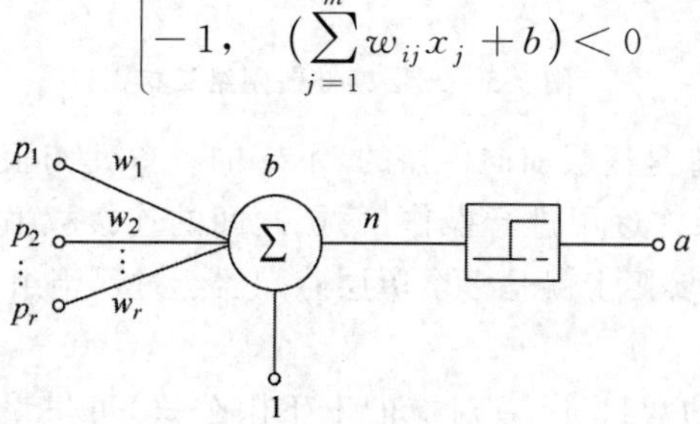

图 9-4 感知器

使用单层感知器的目的就是让其对外部输入 $x_1, x_2, \cdots, x_m$ 进行识别分类,单层感知器可将外部输入分为两类:l_1 和 l_2。当感知器的输出为 $+1$ 时,可认为输入 $x_1, x_2, \cdots, x_m$ 属于 l_1 类;当感知器的输出为 -1 时,可认为输入 $x_1, x_2, \cdots, x_m$ 属于 l_2 类,从而实现两类目标的识别。在 m 维信号空间,单层感知器进行模式识别的判决超平面由下式决定。

$$\sum_{j=1}^{m} w_{ij} x_j + b = 0$$

9.2.2　多层感知器

多层感知器是单层感知器的一种推广形式。图 9-5 给出了一个三层感知器的网络结构。由图可见,输入结点为 n 个,即 $x_1, x_2, \cdots, x_n$;第一隐含层有 n_1 个神经元,对应的输出有 h_1, $h_2, \cdots, h_{n2}$;第二隐含层有 n_2 个神经元,对应的输出为 $c_1, c_2, \cdots, c_{n2}$;整个网络的输出为 y。整个网络按照前馈的方式进行连接,输入/输出关系为:

$$\begin{cases} h_j = f\left(\sum_{i=1}^{n} w_{ij} x_i - \theta_j\right), & j = 1, 2, \cdots, n_2 \\ c_k = f\left(\sum_{i=1}^{n_1} v_{jk} h_j - \theta_k\right), & k = 1, 2, \cdots, n_1 \\ y = f\left(\sum_{k=1}^{n_2} w_k c_k - \theta\right) \end{cases}$$

上式中,h_j 为第一隐含层第 j 个单元的输出,w_{ij} 为输入层第 i 个结点与第一隐含层第 j 个单元之间的连接权值,θ_j 为第一隐含层第 j 个单元的阈值;同理,c_k 为第二隐含层第 k 个单元的输出,θ_k 为其对应的阈值,v_{jk} 为第一隐含层第 j 个单元与第二隐含层第 k 个单元间的连接权值,y 为网络输出,w_k 为第二隐含层第 k 个单元与输出之间的连接权。式中的传递函数 $f(\cdot)$ 为 0-1 函数,这也是每一个单元感知器的传递函数。

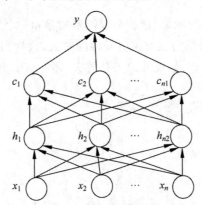

图 9-5　三层感知器网络结构

多层感知器网络的信息是逐层前向传播的,下层的各单元与上一层的每个单元相连。输入单元按照输入/输出关系式逐层进行操作,每层之间的连接权值可以通过学习规则进行调整。可以看出,多层感知器实际上就是多个单层感知器经过适当组合设计而成的,它可以实现任何形状的划分。

多层感知器的隐单元的数目 n_1 有对应的上下限公式,可供设计时参考。如果需要对 k 个输入样本进行分类,隐单元数目的最大值为 $k-1$,最小值为 $n_1 = \min[p(n_1, n)] \geqslant k$,其中,

$$p(n_1,n) = \sum_{i=0}^{n} \binom{n_1}{i}, 当 n_1 < i 时, \binom{n_1}{i} = 0。$$

9.2.3 感知器在分类中的应用

本节将实现通过使用两个输入感知器对数据进行分类。

【例 9-1】 使用 2 输入感知器进行分类。

2 输入硬限制神经元被训练为将 5 个输入向量分类为两个类别。X 中的 5 个列向量中的每一个都定义了一个 2 元素输入向量,行向量 T 定义了向量的目标类别。可以使用 plotpv 绘制这些向量。

```
>> X = [ -0.5 -0.5 +0.3 -0.1; -0.5 +0.5 -0.5 +1.0];
T = [1 1 0 0];
plotpv(X,T);    % 效果如图 9-6 所示
```

感知器必须将 X 中的 5 个输入向量正确分类为由 T 定义的两个类别。感知器具有 hardlim 神经元。这些神经元能够用一条直线将输入空间分为两个类别(0 和 1)。

这里 perceptron 创建了一个具有单个神经元的新神经网络,然后针对数据配置网络,这样可以检查其初始权重和偏差值。(通常可以跳过配置步骤,因为 adapt 或 train 会自动完成配置)

```
>> net = perceptron;
net = configure(net,X,T);
```

神经元初次尝试分类时,输入向量会被重新绘制,如图 9-7 所示。初始权重设置为零,因此任何输入都会生成相同的输出,而且分类线甚至不会出现在图上。

```
>> plotpv(X,T);
plotpc(net.IW{1},net.b{1});
```

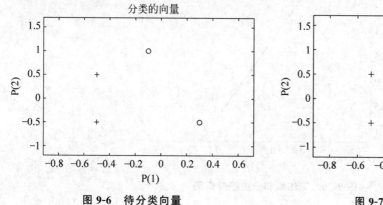
图 9-6 待分类向量

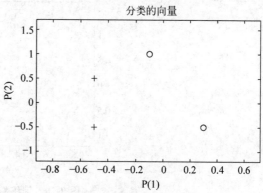
图 9-7 初始分类效果

此处,输入数据和目标数据转换为顺序数据(元胞数组,其中每个列指示一个时间步)并复制三次以形成序列 XX 和 TT。

adapt 针对序列中的每个时间步更新网络,并返回一个作为更好的分类器执行的新网络对象,效果如图 9-8 所示。

```
>> XX = repmat(con2seq(X),1,3);
TT = repmat(con2seq(T),1,3);
net = adapt(net,XX,TT);
plotpc(net.IW{1},net.b{1});
```

现在 sim 用于对任何其他输入向量（如[0.7；1.2]）进行分类。此新点及原始训练集的绘图显示了网络的性能。为了将其与训练集区分开来，将其显示为红色，如图 9-9 所示。

```
>> x = [0.7; 1.2];
y = net(x);
plotpv(x,y);
point = findobj(gca,'type','line');
point.Color = 'red';
```

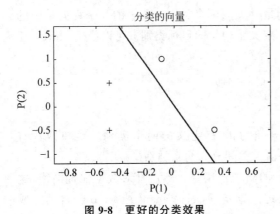

图 9-8　更好的分类效果

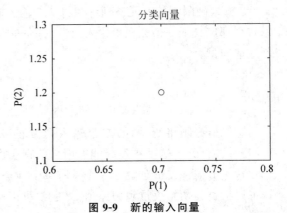

图 9-9　新的输入向量

开启"hold"，以便先前的绘图不会被删除，并绘制训练集和分类线，如图 9-10 所示。感知器正确地将新点（红色）分类为类别"0"（用圆圈表示）而不是"1"（用加号表示）。

```
>> hold on;
plotpv(X,T);
plotpc(net.IW{1},net.b{1});
hold off;
```

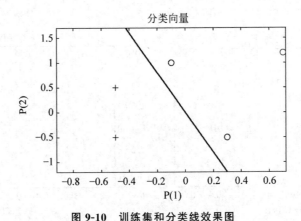

图 9-10　训练集和分类线效果图

9.3　径向基函数网络

径向基函数（RBF）网络能够逼近任意的非线性函数，可以处理系统内的难以解析的规律性，具有良好的泛化能力，并有很快的学习收敛速度，已成功应用于非线性函数逼近、时间序列分析、数据分类、模式识别、信息处理、图像处理、系统建模、控制和故障诊断等。

下面简单说明一下为什么 RBF 网络学习收敛得比较快。当网络的一个或多个可调参数（权值或阈值）对任何一个输出都有影响时，这样的网络称为全局逼近网络。由于对每次输入，网络上的每一个权值都要调整，从而导致全局逼近网络的学习速度很慢。BP 网络就是一个典型的例子。

如果对于输入空间的某个局部区域只有少数几个连接权值影响输出,则该网络称为局部逼近网络。常见的局部逼近网络有 RBF 网络、小脑模型(CMAC)网络、B 样条网络等。

9.3.1 RBF 神经元模型

如图 9-11 所示为一个有 R 个输入的径向基神经元模型。

径向基函数神经元的传递函数有各种各样的形式,但最常用的形式是高斯函数(radbas)。与前面介绍的神经元不同,神经元 radbas 的输入为输入向量 p 和权值向量 w 之间的距离乘以阈值 b。径向基传递函数可表示为如下形式。

$$\text{radbas}(n) = \mathrm{e}^{-n^2}$$

径向基函数的图形如图 9-12 所示。

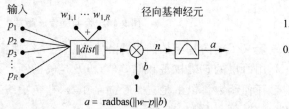

图 9-11 径向基神经元模型

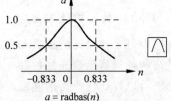

图 9-12 径向基函数

从图 9-12 中可以看出,n 为 0 时,径向基函数的输出最大值为 1,即权值的向量 w 和输入向量 p 之间距离减小时,输出就会增加。也就是说,径向基函数对输入信号在局部产生响应。函数的输入信号 n 靠近函数的中央范围时,隐含层结点将产生较大的输出,由此可以看出这种网络具有局部逼近能力,所以径向基函数网络也称为局部感知网络。阈值 b 用于调整径向基神经元的敏感度,例如,假设神经元阈值为 $b=0.1$,那么对于任意与权值向量 w 之间距离为 8.33 的输入向量 p,其输出都是 0.5。

9.3.2 径向基的逼近

本节通过一个实例来演示径向基网络对一组数据实现逼近。

【例 9-2】 使用 newrb 函数创建一个径向基网络,该网络可逼近由一组数据点定义的函数。

```
>>%定义21个输入P和相关目标T
X = -1:.1:1;
T = [ -.9602 -.5770 -.0729 .3771 .6405 .6600 .4609 …
    .1336 -.2013 -.4344 -.5000 -.3930 -.1647 .0988 …
    .3072 .3960 .3449 .1816 -.0312 -.2189 -.3201];
plot(X,T,'+');   %如图9-13所示
title('训练向量');
xlabel('输入向量P');
ylabel('目标向量T');
```

此处希望找到一个可拟合这 21 个数据点的函数。一种方法是使用径向基网络来实现。径向基网络具有两个层,分别是径向基神经元的隐含层和线性神经元的输出层。以下是隐含层使用的径向基传递函数,如图 9-14 所示。

```
>> x = -3:.1:3;
a = radbas(x);
```

```
plot(x,a)
title('径向基传递函数');
xlabel('输入p');
ylabel('输出a');
```

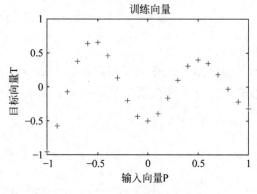

图 9-13 输入与目标向量

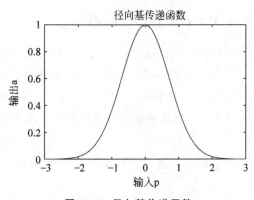

图 9-14 径向基传递函数

隐含层中每个神经元的权重和偏差定义了径向基函数的位置和宽度。各个线性输出神经元形成了这些径向基函数的加权和。利用每层的正确权重和偏差值，以及足够的隐含神经元，径向基网络可以以任何所需准确度拟合任何函数。以下是三个径向基函数（蓝色虚线）经过缩放与求和后生成一个函数（品红色点线）的实例，如图 9-15 所示。

```
>> a2 = radbas(x - 1.5);
a3 = radbas(x + 2);
a4 = a + a2 * 1 + a3 * 0.5;
plot(x,a,'b - ',x,a2,'b -- ',x,a3,'b - .',x,a4,'m:')
title('径向基传递函数的加权和');
xlabel('输入p');
ylabel('输出a');
```

函数 newrb 可快速创建一个逼近由 P 和 T 定义的函数的径向基网络。除了训练集和目标，newrb 还使用了两个参数，分别为误差平方和目标与分布常数。

```
>> eg = 0.02;          % 误差平方和目标
sc = 1;                % 传播常数
net = newrb(X,T,eg,sc);
NEWRB, neurons = 0, MSE = 0.176192
```

要了解网络性能如何，请重新绘制训练集。然后仿真网络对相同范围内的输入的响应。最后，在同一张图上绘制结果，如图 9-16 所示。

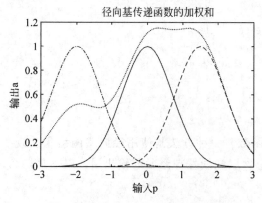

图 9-15 径向基传递函数的加权和

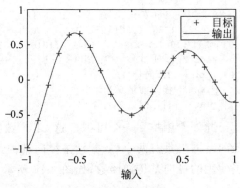

图 9-16 性能效果

```
>> plot(X,T,' + ');
xlabel('输入');
X = - 1:.01:1;
Y = net(X);
hold on;
plot(X,Y);
hold off;
legend({'目标','输出'})
```

9.3.3　广义回归神经网络

广义回归神经网络(Generalized Regression Neural Network,GRNN)是一个前向传播的网络,不需要反向传播求模型参数。GRNN 主要用于求解回归问题。

如图 9-17 所示,GRNN 是一个四层的网络结构。

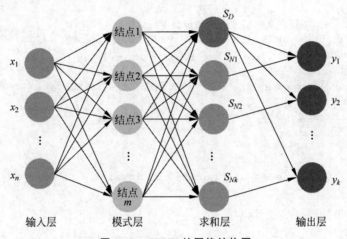

图 9-17　GRNN 的网络结构图

对于回归问题,训练数据集包括样本特征集与标签集。假设样本特征集为 $\{trx_1, trx_2, \cdots, trx_m\}$,第一个样本的维度为 n,即 $trx_i = [x_1, x_2, \cdots, x_n]$。标签集为 $\{try_1, try_2, \cdots, try_m\}$,每个标签的维度为 k,即 $try_i = [y_1, y_2, \cdots, y_k]$。

- 输入层:输入测试样本,结点个数等于样本的特征维度。
- 模式层:计算测试样本与训练样本中的每一个样本的 Gauss 函数的取值,结点个数等于训练样本的个数。第 i 个测试样本 tex_i 与第 j 个训练样本 trx_j 之间的 Gauss 函数取值(对于测试样本 x,从第 j 个模式层结点输出的数值)为:

$$\text{Gauss}(tex_i - trx_j) = e^{-\frac{\| tex_i - trx_j \|}{2\delta^2}}$$

其中,δ 是模型的超参数,需要提前设定,也可以通过寻优算法(GA、QGA、PSO、QPSO 等)获得。

- 求和层:结点个数等于输出样本维度加 $1(k+1)$,求和层的输出分为两部分,第一个结点输出为模式层输出的算法和,其余 k 个结点的输出为模式层输出的加权和。

假设对于测试样本 tex,模式层的输出为 $\{g_1, g_2, \cdots, g_m\}$。

求和层第一个结点的输出为:

$$S_D = \sum_{i=1}^{m} g_i$$

其余 k 个结点的输出为:

$$S_{N_j} = \sum_{i=1}^{m} y_{ij} g_i, j = 1, 2, \cdots, k$$

其中,加权系数 y_{ij} 为第 j 个模式层结点对应的训练样本的标签的第 j 个元素。

- 输出层:输出层结点个数等于标签向量的维度,每个结点的输出等于对应的求和层输出与求和层第一个结点输出相除。

【例9-3】 使用 newgrnn 函数创建广义回归神经网络,对非线性曲线 $y = 2x^6 + 3x^5 + 3x^3 - 2x^2$ 进行逼近。

```
>> clear all;
x = -2:0.01:1;
y = 2 * x.^6 + 3 * x.^5 + 3 * x.^3 - 2 * x.^2;
P = x(1:15:end);
T = y(1:15:end);
% 实现不同的 spread 值下广义回归神经网络函数逼近效果
spread = [0.05 0.2 0.4 0.6 0.8 1];                % 3组不同的 spread 值
line_style = {'k. - .','r * :','mo - .','bo -- ','k^ - ','bx - '};
for i = 1:length(spread)
    net = newgrnn(P, T, spread(i));               % 创建广义回归神经网络
    A = sim(net, P);
    plot(P, A, line_style{i});                    % 创建逼近曲线
    hold on;
end
plot(P, T, 'o');
legend('spread = 0.05','spread = 0.2','spread = 0.4','spread = 0.6','spread = 0.8','spread = 1','训练
数据');
```

运行程序,效果如图9-18所示。

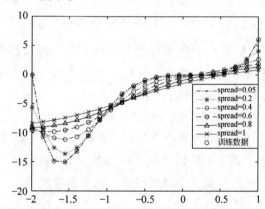

图9-18 不同 **spread** 值下广义回归神经网络曲线逼近效果

从图中可以看出,不同 spread 值下广义回归神经网络曲线逼近效果差异较大。当 spread＝0.5 时,曲线逼近效果最好,与原曲线基本重合,而随着 spread 数值的增大,逼近曲线误差增大。

9.4 BP 神经网络

BP(Back Propagation)神经网络是一种按误差逆传播算法训练的多层前馈网络,是目前应用比较广泛的神经网络模型之一。它的模型拓扑结构包括输入层(input)、隐含层(hidden layer)和输出层(output layer)。

BP 神经网络模型如图 9-19 所示。

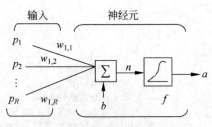

图 9-19　BP 神经网络模型

BP 神经元与其他神经元类似,不同的是,BP 神经元的传输函数为非线性函数,最常用的函数是 logsig 和 tansig 函数,有的输出层也采用线性函数(purelin)。其输出为:

$$a = \mathrm{logsig}(Wp + b)$$

BP 网络一般为多层神经网络。由 BP 神经元构成的二层网络如图 9-20 所示。BP 网络的信息从输入层流向输出层,因此是一种多层前馈神经网络。

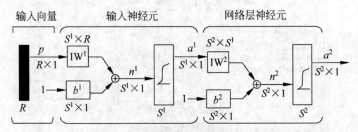

图 9-20　两层 BP 神经网络模型

如果多层 BP 网络的输出层采用 S 形传输函数(如 logsig),其输出值将会限制在一个较小的范围内(0,1);而采用线性传输函数则可以取任意值。

BP 神经网络模型包括其输入/输出模型、作用函数模型、误差计算模型和自学习模型。

【例 9-4】　用 BP 神经网络来实现两类模式的分类,两类模式如图 9-21 所示。根据如图 9-21 所示两类模式确定的训练样本为:

P = [1 2; − 1 1; − 2 1; − 4 0]; T = [0.2 0.8 0.8 0.2]

分析以上问题,因为处理的问题简单,所以采用最速下降 BP 算法来训练该网络。其实现的 MATLAB 代码如下。

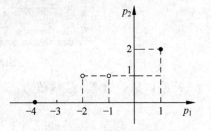

图 9-21　两类模式的分类

```
>> clear all;
% 定义输入向量及目标向量
P = [1 2; − 1 1; − 2 1; − 4 0]';
T = [0.2 0.8 0.8 0.2];
% 创建 BP 网络和定义训练函数及参数
net = newff([ − 1 1; − 1 1],[5 1],{'logsig','logsig'},'traingd');
net.trainParam.goal = 0.001;
net.trainParam.epochs = 5000;
[net,tr] = train(net,P,T);                 % 网络训练
disp('网络训练后的第一层权值为:')
iw1 = net.iw{1}
disp('网络训练后的第一层阈值:')
b1 = net.b{1}
disp('网络训练后的第二层权值为:')
```

```
iw2 = net.Lw{2}
disp('网络训练后的第二层阈值:')
b2 = net.b{2}
save li3_27 net;
%通过测试样本对网络进行仿真
load li3_27 net;                          %载入训练后的 BP 网络
p1 = [1 2; -1 1; -2 1; -4 0]';            %测试输入向量
a2 = sim(net,p1);                         %仿真输出结果
disp('输出分类结果为:')
a2 = a2 > 0.5                             %根据判决门限,输出分类结果
```

运行程序,输出如下,效果如图 9-22 所示。

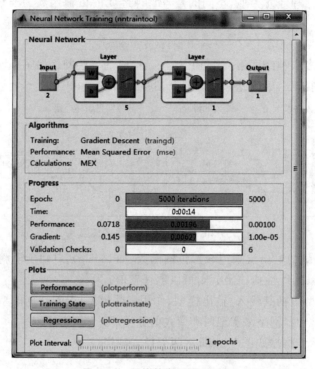

图 9-22 网络的训练记录过程

网络训练后的第一层权值为:

```
iw1 =

      3.8568    -4.9320
      5.4945    -3.0019
     -6.2128     0.7803
      4.1980     4.6453
      2.3325     6.0218
```

网络训练后的第一层阈值:

```
b1 =

     -6.2610
     -3.1315
     -0.0001
      3.1302
      6.1065
```

网络训练后的第二层权值为:

```
iw2 =
```

```
      -2.4003    3.2988    2.6047    0.0423    2.2295
```

网络训练后的第二层阈值：

```
b2 =
      -3.6660
```

输出分类结果为：

```
a2 =
      0    1    1    0
```

由以上分类输出结果可知，上述为两类模式的分类。

9.5 学习向量量化

学习向量量化（Learning Vector Quantization，LVQ）是一种用于训练竞争层的有监督学习（Supervised Learning）方法。

9.5.1 LVQ 网络结构

LVQ 神经网络结构由 3 层神经元组成：输入层、竞争层（隐含层）和线性输出层，如图 9-23 所示。其中，输入层与竞争层神经元之间采用全连接的方式，竞争层与线性输出层神经元之间采用局部连接方式。竞争层对输入向量的学习分类称为子分类；线性输出层根据用户的需求将竞争层的分类结果映射到目标分类结果中，因此线性输出层的分类可称为目标分类。

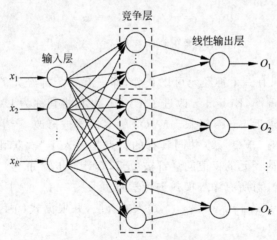

图 9-23 LVQ 神经网络结构图

在 LVQ 神经网络中，竞争层神经元个数总是大于线性输出层神经元个数，每个竞争层神经元只有一个线性输出神经元相连接，且连接权值恒为 1。但每个线性输出层神经元可以与多个竞争层神经元相连接。竞争层神经元与线性输出层神经元的值只能是 0 或 1。当某个输入模式被送入网络时，与输入模式距离最近的竞争层神经元被激活，神经元的状态变为"1"，而其他竞争层神经元的状态均为"0"。因此，与被激活神经元相连接的线性输出层神经元状态也相应变为"1"，其他线性输出层神经元状态则均为"0"。

9.5.2 LVQ 学习算法

LVQ 神经网络算法有 LVQ1 算法和 LVQ2 算法两种。

1. LVQ1 算法

向量量化是利用输入向量的固有结构进行数据压缩的技术,学习向量量化是在向量量化基础上将输入向量分类的监督学习技术。Kohonen 把自组织特征映射算法改良成有监督学习算法,首先设计了 LVQ1 算法。LVQ1 的训练过程开始于随机地自"标定"训练集合选择一个输入向量以及该向量的正确类别。

LVQ1 算法的基本思想是:计算距离输入向量最近的竞争层神经元,从而找到与之相连接的线性输出层神经元,如果输入向量的类别与线性输出层神经元所对应的类别一致,则对应的竞争层神经元权值沿着输入向量的方向移动;反之,如果两者的类别不一致,则对应的竞争层神经元权值沿着输入向量的反方向移动。基本的 LVQ1 算法步骤如下。

(1) 初始化输入层与竞争层之间的权值 w_{ij} 及学习率 $\eta(\eta > 0)$。

(2) 将输入向量 $x = (x_1, x_2, \cdots, x_R)^T$ 送入输入层,并根据式(9-1)计算竞争层神经元与输入向量的距离:

$$d_i = \sqrt{\sum_{j=1}^{R}(x_j - w_{ij})^2}, \quad i = 1, 2, \cdots, S \tag{9-1}$$

式中,w_{ij} 为输入层的神经元 j 与竞争层的神经元 i 之间的权值。

(3) 选择与输入向量距离最小的竞争层神经元。如果 d_i 最小,则记与之连接的线性输出层神经元的类标签为 C_i。

(4) 记输入向量对应的类标签为 C_x,如果 $C_i = C_x$,则根据式(9-2)调整权值,否则,根据式(9-3)进行权值更新:

$$w_{ij\_new} = w_{ij\_old} + \eta(x - w_{ij\_old}) \tag{9-2}$$

$$w_{ij\_new} = w_{ij\_old} - \eta(x - w_{ij\_old}) \tag{9-3}$$

2. LVQ2 算法

在 LVQ1 算法中,只有一个神经元可以获胜,即只有一个神经元的权值可以得到更新调整。为了提高分类的正确率,Kohonen 改进了 LVQ1,并且将其称为 LVQ2。LVQ2 算法基于光滑的移动块决策边界逼近 Bayes 极限。LVQ2 版本接着被修改,产生 LVQ2.1 并且最终发展为 LVQ3。这些后来的 LVQ 版本共同具有的特点是引入了"次获胜"神经元,获胜神经元的权值向量和"次获胜"神经元的权值向量都被更新,其计算步骤如下。

(1) 利用 LVQ1 算法对所有输入模式进行学习。

(2) 将输入向量 $x = (x_1, x_2, \cdots, x_R)^T$ 送入输入层,并根据式(9-1)计算竞争层与输入向量的距离。

(3) 选择与输入向量距离最小的两个竞争层神经元 i, j。

(4) 如果神经元 i 和神经元 j 满足以下两个条件:

① 神经元 i 和神经元 j 对应于不同的类别;

② 神经元 i 和神经元 j 与当前输入向量的距离 d_i 和 d_j 满足式(9-4):

$$\min\left(\frac{d_i}{d_j}, \frac{d_j}{d_i}\right) > \rho \tag{9-4}$$

式中,ρ 为输入向量可能落进的接近于两个向量中段平面的窗口宽度,一般取 2/3 左右。则有:

① 如果神经元 i 对应的类别 C_i 与输入向量对应的类别 C_x 一致,即 $C_x = C_i$,则神经元 i 和神经元 j 的权值根据式(9-5)进行修正。

$$w_{i\_new} = w_{i\_old} + \alpha(x - w_{i\_old})$$
$$w_{j\_new} = w_{j\_old} - \alpha(x - w_{j\_old})$$

(9-5)

② 如果神经元 j 对应的类别 C_j 与输入向量对应的类别 C_x 一致,则 $C_x = C_j$,神经元 i 和神经元 j 的权值根据式(9-6)进行修正。

$$w_{i\_new} = w_{i\_old} - \alpha(x - w_{i\_old})$$
$$w_{j\_new} = w_{j\_old} + \alpha(x - w_{j\_old})$$

(9-6)

(5) 如果神经元 i 和神经元 j 不满足式(9-4)中的条件,即只更新距离输入向量最近的神经元权值,更新公式与 LVQ2 算法中(1)相同。

9.5.3 LVQ 网络的应用

本节通过一个实例来演示 LVQ 网络在分类中的应用。

【例 9-5】 以 LVQ 网络训练为根据给定目标对输入向量进行分类。

令 X 为 10 个 2 元素样本输入向量,C 为这些向量所属的类。这些类可以通过 ind2vec 转换为用作目标 T 的向量。

```
>> x = [-3 -2 -2 0 0 0 0 +2 +2 +3;
        0 +1 -1 +2 +1 -1 -2 +1 -1  0];
c = [1 1 1 2 2 2 2 1 1 1];
t = ind2vec(c);
```

下面绘制了这些数据点,如图 9-24 所示。红色=第 1 类,青色=第 2 类。LVQ 网络表示具有隐含神经元的向量聚类,并将这些聚类与输出神经元组合在一起以形成期望的类。

```
colormap(hsv);
plotvec(x,c)
title('输入向量');
xlabel('x(1)');
ylabel('x(2)');
```

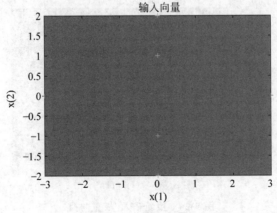

图 9-24 输入向量

在以下代码中,lvqnet 创建了一个具有 4 个隐含神经元的 LVQ 层,学习率为 0.1。然后针对输入 X 和目标 T 配置网络。(配置通常不是必要步骤,因为 train 会自动完成配置)

```
>> net = lvqnet(4,0.1);
net = configure(net,x,t);
```

按如下方式绘制竞争神经元权重向量,如图 9-25 所示。

```
>> hold on
w1 = net.IW{1};
plot(w1(1,1),w1(1,2),'ow')
title('输入/权重向量');
xlabel('x(1), w(1)');
ylabel('x(2), w(2)');
```

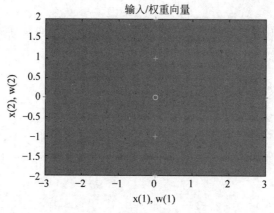

图 9-25　输入/权重向量

要训练网络,首先改写默认的训练轮数,然后训练网络。训练完成后,重新绘制输入向量"+"和竞争神经元的权重向量"o"。红色=第 1 类,青色=第 2 类,如图 9-26 所示。

```
>> net.trainParam.epochs = 150;
net = train(net,x,t);
cla;
plotvec(x,c);
hold on;
plotvec(net.IW{1}',vec2ind(net.LW{2}),'o');
```

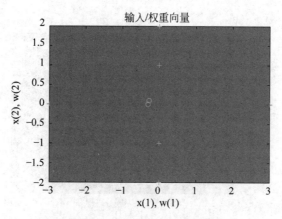

图 9-26　重新输入/权重向量

现在使用 LVQ 网络作为分类器,其中每个神经元都对应一个不同的类别。提交输入向量[0.2; 1]。红色=第 1 类,青色=第 2 类。

```
>> x1 = [0.2; 1];
y1 = vec2ind(net(x1))
y1 =
    2
```

9.6 自组织特征映射网络

自组织特征映射网络（Self-Organizing Feature Maps，SOFM）又称自组织映射网络（SOM），是一个仿效生物神经系统信息系统的一个神经网，包括以各种方式连续的处理单元（或结点）的层，该网络通过对输入数据向量进行非线性变换，来完成聚类分析技术所进行的从数据到属性的分类（网络的输出结果）。

9.6.1 SOM 网络拓扑结构

特征映射网络结构如图 9-27 所示。

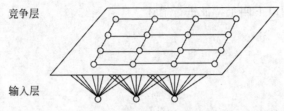

图 9-27 特征映射的结构

特征映射网络的一个典型特性就是可以在一维或二维的处理单元阵列上，形成输入信号的特征拓扑分布，因此特征映射网络具有抽取输入信号模式特征的能力。特征映射网络一般只包含一维阵列和二维阵列，但也可以推广到多维处理单元阵列中。下面只讨论应用较多的二维阵列。特征映射网络模型由以下 4 部分组成。

（1）处理单元阵列。用于接收事件输入，并且形成对这些信号的"判别函数"。

（2）比较选择机制。用于比较"判别函数"，并选择一个具有最大函数输出值的处理单元。

（3）局部互连作用。用于同时激励被选择的处理单元及其最邻近的处理单元。

（4）自适应过程。用于修正被激励的处理单元的参数，以增加其对应特定输入"判别函数"的输出值。

假定网络输入为 $X \in R^n$，输出神经元 i 与输入单元的连接权值为 $W_i \in R^n$，则输出神经元 i 的输出为 o_i：

$$o_i = W_i X$$

网络实际具有响应的输出单元 k，该神经元的确定是通过"赢者通吃"的竞争机制得到的，其输出为：

$$o_k = \max_i \{o_i\}$$

以上两式可修正为：

$$o_i = \sigma\left(\varphi_i + \sum_{t \in S_t} r_k o_t\right), \quad \varphi_i = \sum_{j=1}^m w_{ij} x_j, \quad o_k = \max_i \{o_i\} - \varepsilon$$

其中，w_{ij} 为输出神经元 i 和输入神经元 j 之间的连接权值。x_j 为输入神经元 j 的输出。$\sigma(t)$ 为非线性函数，即

$$\sigma(t) = \begin{cases} 0, & t < 0 \\ \sigma(t), & 0 \leqslant t \leqslant A \\ A, & t > A \end{cases}$$

ε 为一个很小的正数，r_k 为系数，它与权值及横向连接有关。S_i 为与处理单元 i 相关的处理单元集合，o_k 称为浮动阈值函数。

9.6.2 自组织映射在鸢尾花聚类中的应用

自组织映射非常擅长创建分类,而且,分类保留了关于哪些类与其他类最相似的拓扑信息。自组织映射可以创建为任何所需的详细程度级别。它们特别适合对存在于多个维度且具有复杂形状的相连特征空间的数据进行聚类。

本节通过一个实例说明自组织映射神经网络如何以拓扑方式将鸢尾花聚类为各个类,提供对花类型的深入了解以及用于进一步分析的实用工具。

四个花属性将作为 SOM 的输入,SOM 将它们映射到二维神经元层。

【例 9-6】 尝试构建一个将鸢尾花聚类成多个自然类的神经网络,以使相似的类分组在一起。每朵鸢尾花都用以下四个特征进行描述。

- 萼片长度(cm)
- 萼片宽度(cm)
- 花瓣长度(cm)
- 花瓣宽度(cm)

这是一个聚类问题的实例,希望根据样本之间的相似性将样本分组到各个类。要创建一个神经网络,该网络不仅可以为已知输入创建类定义,还能相应地对未知输入进行分类。

(1) 准备数据。

通过将数据组织成输入矩阵 x,为 SOM 设置聚类问题数据。输入矩阵的每个第 i 列将具有四个元素,表示在一朵花上获取的四个测量值。

使用以下命令加载一个这样的数据集。

```
>> x = iris_dataset;
```

请注意,x 有 150 列。这些列代表 150 组鸢尾花属性。它具有四行,表示四个测量值。

```
>> size(x)
ans =
    4   150
```

(2) 使用神经网络进行聚类。

使用 selforgmap 创建自组织映射,通过选择每个层维度中的神经元数量来对样本进行所需详细程度的分类。

下面尝试使用二维层的 8×8 六边形网格排列 64 个神经元,如图 9-28 所示。通常,使用更多神经元可以获得更多细节,而使用更多维度则可以对更复杂特征空间的拓扑进行建模。

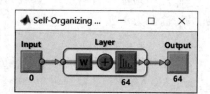

图 9-28 创建自组织映射

```
>> net = selforgmap([8 8]);
view(net)
```

神经网络训练工具显示正在接受训练的网络和用于训练该网络的算法。它还显示训练过程中的训练状态以及停止训练的条件(以绿色突出显示)。

底部的按钮用于打开有用的绘图,如图 9-29 所示,这些图可以在训练期间和训练后打开。算法名称和绘图按钮旁边的链接可打开有关这些主题的文档。

```
>> [net,tr] = train(net,x);
nntraintool
```

这里使用自组织映射计算每个训练输入的类向量。这些分类涵盖了已知花朵所填充的特

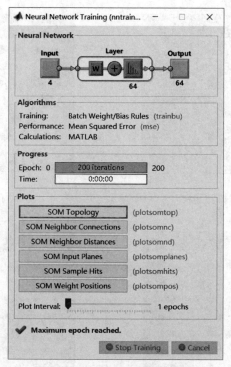

图 9-29 自组织映射训练界面

征空间,它们现在可用于对新花朵进行相应分类。网络输出将是一个 64×150 矩阵,其中每个第 i 列表示第 i 个输入向量(其第 j 个元素为 1)的第 j 个聚类。

函数 vec2ind 针对每个向量返回输出为 1 的神经元的索引。对于由 64 个神经元表示的 64 个聚类,索引值范围为 $1 \sim 64$。

```
>> y = net(x);
cluster_index = vec2ind(y);
```

使用 plotsomtop 绘制位于 8×8 六边形网格中的 64 个神经元的自组织映射拓扑,如图 9-30 所示。每个神经元都已经学习过,可代表不同的花类,相邻的神经元通常代表相似的类。

```
>> plotsomtop(net)
```

使用 plotsomhits 计算每朵花的类,并显示每个类中的花朵数量,如图 9-31 所示。具有大量命中的神经元区域所表示的类代表相似的填充度高的特征空间区域。而命中较少的区域表示填充稀疏的特征空间区域。

```
>> plotsomhits(net,x)
```

使用 plotsomnc 显示神经元邻点连接,如图 9-32 所示。邻点通常用于对相似样本进行分类。

```
>> plotsomnc(net)
```

plotsomnd 显示每个神经元的类与其邻点的距离(以欧几里得距离表示),如图 9-33 所示。浅色连接表示输入空间的高度连接区域,而深色连接表示的类代表相距很远且相互之间很少或没有花朵的特征空间区域。

将较大输入空间区域分开的深色连接的长边界表明,边界两侧的类代表特征非常不同的花朵。

```
>> plotsomnd(net)
```

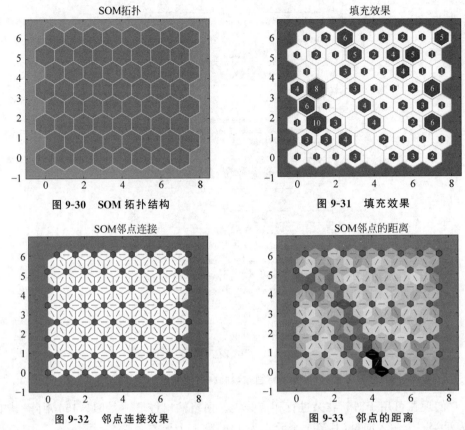

图 9-30　SOM 拓扑结构

图 9-31　填充效果

图 9-32　邻点连接效果

图 9-33　邻点的距离

使用 plotsomplanes 显示四个输入特征中每个特征的权重平面,如图 9-34 所示。它们是权重的可视化,这些权重将每个输入连接到以 8×8 六边形网格排列的 64 个神经元中的每一个。深色代表较大权重。如果两个输入具有相似的权重平面(它们的颜色梯度可能相同或相反),则表明它们高度相关。

```
>> plotsomplanes(net)
```

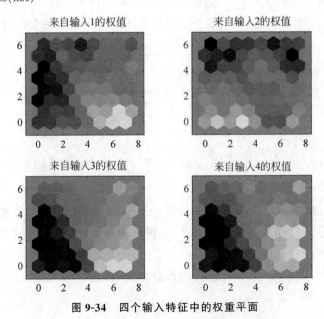

图 9-34　四个输入特征中的权重平面

第**10**章

最优化方法实战

人们在处理生产过程、金融投资、工程应用、机械设计、经营管理等实际问题时,都希望以最优的方式获得最佳的处理结果,以求得人力、物力和财力的合理运用。如何运用数学和工程的方法获取这个最佳处理结果的问题称为最优化问题。

10.1 最优化概述

最优化方法的主要研究对象是各种有组织系统的管理问题及其生产经营活动。最优化方法的目的在于针对所研究的系统,求得一个合理运用人力、物力最优化方法的最佳方案,发挥和提高系统的效能及效益,最终达到系统的最优目标。

从数学意义上说,最优化方法是一种求极值的方法,即在一组约束为等式或不等式的条件下,使系统的目标函数达到极值,即最大值或最小值。从经济意义上说,是在一定的人力、物力和财力资源条件下,使经济效果达到最大(如产值、利润),或者在完成规定的生产或经济任务下,使投入的人力、物力和财力等资源最少。

10.1.1 最优化问题

最优化问题分为函数优化问题和组合优化问题两大类。其中,函数优化的对象是一定区间的连续变量,而组合优化的对象则是解空间中的离散状态。其中典型的组合优化问题有旅行商问题(Traveling Salesman Problem,TSP)、加工调度问题(Scheduling Problem,如 Flowshop、Job-shop)、0-1 背包问题(Knapsack Problem)、装箱问题(Bin Packing Problem)、图着色问题(Graph Coloring Problem)、聚类问题(Clustering Problem)等。

10.1.2 最优化算法

采用最优化算法解决实际问题主要分为下列两步。

(1)建立数学模型。

对可行方案进行编码(变量)、约束条件以及目标函数的构造。

(2)最优值的搜索策略。

在可行解(约束条件下)搜索最优解的方法,有穷举、随机和启发式搜索方法。

一般情况下,最优化问题的数学模型可以表达为:

$$\min \ f(x)$$

$$\text{s. t.} \begin{cases} h_i(x) = 0, & i = 1, 2, \cdots, p, p > n \\ g_j(x) \leqslant 0, & j = 1, 2, \cdots, m \end{cases}$$

由数学模型可以看出,最优化算法有三要素:变量(Decision Variable)、约束条件(Constraints)和目标函数(Objective Function)。

最优化算法,其实就是一种搜索过程或规则,它是基于某种思想和机制,通过一定的途径或规则来得到满足用户要求的问题的解。

10.2 线 性 规 划

线性规划(Linear Programming,LP)是运筹学的一个重要分支,广泛应用于军事作战、经济分析、经营管理和工程技术等方面。为合理地利用有限的人力、物力、财力等资源做出最优决策,提供科学的依据。

10.2.1 线性规划的模型

线性规划问题的目标函数及约束条件均为线性函数;约束条件记为 s. t. (即 subject to)。目标函数可以是求最大值,也可以是求最小值,约束条件的不等号可以是小于号也可以是大于号。

一般线性规划问题的(数学)标准型为:

$$\max \ z = \sum_{j=1}^{n} c_j x_j$$

$$\text{s. t.} \begin{cases} \sum_{j=1}^{n} a_{ij} x_j = b_i, & i = 1, 2, \cdots, m \\ x_j \geqslant 0, & j = 1, 2, \cdots, n \end{cases}$$

【例 10-1】 某机床厂生产甲、乙两种机床,每台销售后的利润分别为 4000 元与 3000 元。生产甲机床需用 A、B 机器加工,加工时间分别为每台 2h 和 1h;生产乙机床需要 A、B、C 三种机器加工,加工时间为每台各 1h。如果每天可用于加工的机器时数分别为 A 机器 10h、B 机器 8h 和 C 机器 7h,问该厂应生产甲、乙机床各几台才能使总利润最大?

上述问题的数学模型:设该厂生产 x_1 台甲机床和 x_2 台乙机床时总利润最大,则 x_1, x_2 应满足:

目标函数:$\max \quad z = 4x_1 + 3x_2$ \hfill (1)

约束条件:$\text{s. t.} \begin{cases} 2x_1 + x_2 \leqslant 10 \\ x_1 + x_2 \leqslant 8 \\ x_2 \leqslant 7 \\ x_1, x_2 \geqslant 0 \end{cases}$ \hfill (2)

此处变量 x_1, x_2 称为决策变量,式(1)称为问题的目标函数,式(2)中的几个不等式是问题的约束条件,记为 s. t. (即 subject to)。由于上面的目标函数及约束条件均为线性函数,故被称为线性规划问题。

10.2.2 线性规划标准型

线性规划问题的 MATLAB 标准型为:

$$\min \ f = \boldsymbol{c}^{\mathrm{T}} x$$

$$\text{s. t.} \begin{cases} \boldsymbol{A} x \leqslant \boldsymbol{b} \\ \boldsymbol{A}_{\mathrm{eq}} x = \boldsymbol{b}_{\mathrm{eq}} \\ \boldsymbol{lb} \leqslant x \leqslant \boldsymbol{ub} \end{cases}$$

在上述模型中,有一个需要极小化的目标函数 f,以及需要满足的约束条件。

假设 x 为 n 维设计变量,且线性规划问题具有不等式约束 m_1 个,等式约束 m_2 个,那么 c、x、$\boldsymbol{lb}$ 和 $\boldsymbol{ub}$ 均为 n 维列向量,$\boldsymbol{b}$ 为 m_1 维列向量,$\boldsymbol{b}_{\mathrm{eq}}$ 为 m_2 维列向量,$\boldsymbol{A}$ 为 $m_1 \times n$ 维矩阵,$\boldsymbol{A}_{\mathrm{eq}}$ 为 $m_2 \times n$ 维矩阵。

需要注意的是如下两点。

(1) 在该 MATLAB 标准型中,目的是对目标函数求极小值。

(2) MATLAB 标准型中的不等式约束形式为"$\leqslant$"。

10.2.3 线性规划的应用

在 MATLAB 中,提供实现线性规划问题的函数为 linprog 函数,该函数的调用格式如下。

x=linprog(f,A,b):求 $\min f \times x$ 在约束条件 $\boldsymbol{A} \cdot x \leqslant b$ 下线性规划的最优解。

x=linprog(f,A,b,A$_{\mathrm{eq}}$,b$_{\mathrm{eq}}$):等式约束 $\boldsymbol{A}_{\mathrm{eq}} \cdot x = \boldsymbol{b}_{\mathrm{eq}}$,如果没有不等式约束 $\boldsymbol{A} \cdot x \leqslant b$,则置 $\boldsymbol{A} = [\ ]$,$b = [\ ]$。

x=linprog(f,A,b,Aeq,beq,lb,ub):指定 x 的范围为 $lb \leqslant x \leqslant ub$,如果没有等式约束 $A_{\mathrm{eq}} \cdot x = b_{\mathrm{eq}}$,则置 $A_{\mathrm{eq}} = [\ ]$,$b_{\mathrm{eq}} = [\ ]$。

x=linprog(f,A,b,Aeq,beq,lb,ub,x0):x_0 为给定初始值。

x=linprog(f,A,b,Aeq,beq,lb,ub,x0,options):options 为指定的优化参数。

[x,fval]=linprog(…):fval 为返回目标函数的最优值,即 fval$=c'x$。

[x,fval,exitflag]=linprog(…):exitflag 为终止迭代的错误条件。

[x,fval,exitflag,output]=linprog(…):output 为关于优化的一些信息。

[x,fval,exitflag,output,lambda]=linprog(…):lambda 为输出各种约束对应的 Lagrange 乘子(即为相应的对偶变量值),是一个结构体变量。

【例 10-2】 (生产计划安排问题)某工厂计划生产甲、乙两种产品,主要材料有钢材 3500kg、铁材 1800kg、专用设备能力 2800 台,材料与设备能力的消耗定额及单位产品所获利润如表 10-1 所示,问如何安排生产才能使该厂所获利润最大?

表 10-1 材料与设备能力的消耗及单位产品所获利润

单位产品消耗定额 产品 材料与设备	甲/件	乙/件	材料与设备能力
钢材/kg	8	5	3500
铁材/kg	6	4	1800
设备能力/台时	4	5	2800
单位产品的利润/元	80	125	

首先建立模型,设甲、乙两种产品计划生产量分别为 x_1、x_2(件),总的利润为 $f(x)$(元)。求变量 x_1、x_2 的值为多少时,才能使总利润 $f(x) = 80x_1 + 125x_2$ 最大?

依题意可建立数学模型为:

$$\max \ f(x) = 80x_1 + 125x_2$$

$$\text{s. t.}\begin{cases}8x_1 + 5x_2 \leqslant 3500 \\ 6x_1 + 4x_2 \leqslant 1800 \\ 4x_1 + 5x_2 \leqslant 2800 \\ x_1, x_2 \geqslant 0 \\ x_1 \geqslant 0, x_2 \geqslant 0, x_3 \geqslant 0\end{cases}$$

因为 linprog 是求极小值问题,所以以上模型可变为:

$$\min f(x) = -80x_1 - 125x_2$$

$$\text{s. t.}\begin{cases}8x_1 + 5x_2 \leqslant 3500 \\ 6x_1 + 4x_2 \leqslant 1800 \\ 4x_1 + 5x_2 \leqslant 2800 \\ x_1, x_2 \geqslant 0\end{cases}$$

根据上述模型,其实现的 MATLAB 代码如下。

```
>> clear all;
F = [ - 80, - 125];
A = [8 5;6 4;4 5];
b = [3500,1800,2800];
lb = [0;0];ub = [inf;inf];
[x,fval, exitflag, output] = linprog(F,A,b,[],[],lb)    % 线性规划问题求解
```

运行程序,输出如下。

```
Optimization terminated.
x =
    0.0000
  450.0000
fval =
 - 5.6250e + 004
exitflag =
    1
output =
        iterations: 5
         algorithm: 'large - scale: interior point'
       cgiterations: 0
            message: 'Optimization terminated.'
    constrviolation: 0
      firstorderopt: 2.2804e - 10
```

当决策变量 $x = (x_1, x_2) = (0, 450)$ 时,规划问题有最优解,此时目标函数的最小值是 fval=56 250,即当不生产甲产品,只生产乙产品 450 件时,该厂可获最大利润为 56 250 元。

10.3　非线性规划

非线性规划是一种求解目标函数或约束条件中有一个或几个非线性函数的最优化问题的方法,它是运筹学的一个重要分支。非线性规划在工业、交通运输、经济管理和军事等方面有广泛的应用,特别是在"最优设计"方面,它提供了数学基础和计算方法,因此有重要的实用价值。

10.3.1　非线性规划的数学模型

非线性规划问题的数学模型可以具有不同的形式,但不同形式之间往往可以转换,因此非

线性规划问题一般形式可以表示为：

$$\min f(x), \quad x \in E^n$$

$$\text{s.t.} \begin{cases} h_i(x) = 0, & i = 1, 2, \cdots, m \\ g_j(x) \leqslant 0, & j = 1, 2, \cdots, l \end{cases}$$

其中，$x = [x_1, x_2, \cdots, x_n]^T$ 称为模型（NP）的决策变量，f 称为目标函数；$h_i(i = 1, 2, \cdots, m)$ 和 $g_j(j = 1, 2, \cdots, l)$ 称为约束函数；$h_i(x) = 0(i = 1, 2, \cdots, m)$ 称为等式约束；$g_j(x) \leqslant 0(j = 1, 2, \cdots, l)$ 称为不等式约束。

把一个实际问题归结成非线性规划问题时，一般要注意如下 4 点。

（1）确定供选择方案。首先要收集同问题有关的资料和数据，在全面熟悉问题的基础上，确认什么是问题的可供选择方案，并用一组变量来表示它们。

（2）提出追求的目标。经过资料分析，根据实际需要和可能，提出要追求极小化或极大化的目标。并且，运用各种科学和技术原理，把它表示成数学关系式。

（3）给出价值标准。在提出要追求的目标之后，再确立所考虑目标的"好"或"坏"的价值标准，并用某种数量形式描述它。

（4）寻求限制条件。由于所追求的目标一般都要在一定的条件下取得极小化或极大化效果，因此还需要寻找出问题的所有限制条件，这些条件通常用变量之间的一些不等式或等式来表示。

10.3.2 一维非线性最优实现

在 MATLAB 优化工具箱中提供了求解一维搜索问题的优化函数 fminbnd。该函数用于求解下列问题：

$$\min f(x)$$

$$\text{s.t.} \quad x_1 < x < x_2$$

x, x_1, x_2 均为标量，函数 $f(x)$ 的返回值也称为标量。

fminbnd 函数可以计算一元函数最小值优化问题，它用于求解一维设计变量在固定区间内的目标函数的最小值，即最优化问题的约束条件只有设计变量的上、下界。在使用 fminbnd 进行优化的过程中，除非 x_1 和 x_2 十分接近，否则算法将不会在区间的端点评价目标函数，因而设计变量的限制条件需要指定为开区间(x_1, x_2)。如果目标函数的最小值恰好在 x_1 处或 x_2 处取得，fminbnd 将返回该区间的一个内点，且其与端点 x_1 或 x_2 的距离不超过 2TolX，其中，TolX 为最优解 x 处的误差限。

fminbnd 函数的调用格式如下。

x＝fminbnd(fun,x1,x2)：返回目标函数 fun(x)在区间(x_1, x_2)上的极小值。

x＝fminbnd(fun,x1,x2,options)：options 为指定优化参数选项。

[x,fval]＝fminbnd(___)：返回目标函数在 fun 的解 x 处计算出的值。

[x,fval,exitflag]＝fminbnd(___)：返回描述退出条件的值 exitflag。

[x,fval,exitflag,output]＝fminbnd(___)：返回一个包含有关优化信息的结构体 output。

【例 10-3】 监视 fminbnd 计算函数 $\sin(x)$ 在区间 $0 < x < 2\pi$ 内的最小值时所采用的步骤。

```
>> fun = @sin;
x1 = 0;
```

```
x2 = 2 * pi;
options = optimset('Display','iter');
x = fminbnd(fun,x1,x2,options)
Func - count     x          f(x)        Procedure
     1        2.39996      0.67549      initial
     2        3.88322    - 0.67549      golden
     3        4.79993    - 0.996171     golden
     4        5.08984    - 0.929607     parabolic
     5        4.70582    - 0.999978     parabolic
     6        4.7118           - 1      parabolic
     7        4.71239          - 1      parabolic
     8        4.71236          - 1      parabolic
     9        4.71242          - 1      parabolic
```

优化已终止：

当前的 x 满足使用 $1.000000e-04$ 的 OPTIONS.TolX 的终止条件

```
x = 4.7124
```

10.3.3　多维非线性最优实现

多维无约束优化问题是指在没有任何限制条件下寻求目标函数的极小点，其表达式为：

$$\min_{x \in R^n} f(x)$$

从最优理论和方法可以知道，对于一般的工程优化设计问题，都是在一定的约束条件下追求某一指标为最小（或最大）的优化设计问题，所以它们都属于有约束优化问题。那么为什么还要研究无约束的优化方法呢？以下是研究无约束优化问题的意义。

（1）在求解有约束优化问题的解时，有一大类解法是通过对约束条件的处理，把有约束问题变成一系列无约束的问题进行求解。研究无约束优化问题的解，也为研究约束优化问题的解法打下基础。

（2）在实际问题中，某些实际问题的数学模型本身也可能是一个无约束优化问题。

可见，在研究最优化问题时，通常首先要研究无约束问题的最优化问题。无约束优化问题求解的方法有多种，它们的主要不同点在于怎样构造搜索方向。

在 MATLAB 中，提供了几个函数用于实现多维非线性最优规划。

1. fminunc 函数

MATLAB 优化工具箱中提供了多维无约束非线性优化的求解函数 fminunc，函数的调用格式如下。

x＝fminunc(fun,x0)：x_0 为初始点，fun 为目标函数的表达式字符串或 MATLAB 自定义函数的函数柄，x 为返回目标函数的局部极小点。

x＝fminunc(fun,x0,options)：options 为指定的优化参数。

[x,fval]＝fminunc(⋯)：fval 为返回相应的最优值。

[x,fval,exitflag]＝fminunc(⋯)：exitflag 为返回算法的终止标志。

[x,fval,exitflag,output]＝fminunc(⋯)：output 为输出关于算法的信息变量。

[x,fval,exitflag,output,grad]＝fminunc(⋯)：grad 为输出目标函数在解 x 处的梯度值。

[x,fval,exitflag,output,grad,hessian]＝fminunc(⋯)：hessian 为输出目标函数在解 x 处的 Hessian 矩阵。

【例 10-4】　利用 fminunc 函数返回 $f(x)=3x_1^2+2x_1x_2+x_2^2-4x_1+5x_2$ 的局部极小点。

根据需要,编写一个匿名函数 fun 来计算目标。

```
>> fun = @(x)3*x(1)^2 + 2*x(1)*x(2) + x(2)^2 - 4*x(1) + 5*x(2);
```

调用 fminunc 函数在[1,1]附近找到最小点。

```
>> x0 = [1,1];
[x,fval] = fminunc(fun,x0)
Local minimum found.
Optimization completed because the size of the gradient is less than
the value of the optimality tolerance.
< stopping criteria details >
x =
    2.2500  - 4.7500
fval =
  - 16.3750
```

2. fminsearch 函数

MATLAB 中求解无约束优化问题还可以调用 fminsearch 函数,该函数和 fminunc 不同,因为 fminsearch 进行寻优的算法基于不使用梯度的单纯形法,其应用范围也是无约束的多维非线性规划问题。

fminsearch 和 fminbnd 类似,不同之处在于 fminsearch 解决的是多维函数的寻优问题,而且在 fminsearch 中指定初始点,而在 fminbnd 中指定的是一个搜索区间。fminsearch 的寻优过程实际上就是在初始点附近找到最优化问题目标函数的一个局部极小点。

x=fminsearch(fun,x0):x_0 为初始点,fun 为目标函数的表达字符串或 MATLAB 自定义函数的函数柄,返回目标函数的局部极小点。

x=fminsearch(fun,x0,options):options 为指定的优化参数,可以利用 optimset 函数进行参数设置。

[x,fval]=fminsearch(…):x 为返回的局部极小点,fval 为返回局部极小点的最优值。

[x,fval,exitflag]=fminsearch(…):exitflag 为返回的终止迭代条件信息。

[x,fval,exitflag,output]=fminsearch(…):output 为返回关于算法的信息变量。

【例 10-5】 无约束优化问题。已知梯形截面管道(如图 10-1 所示)的参数:底边长度是 c,高度是 h,斜边与底边的夹角是 θ,横截面积是 $A=64\,516\text{mm}^2$。管道内液体的流速与管道截面的周长 s 的倒数成比例关系。试按照使液体流速最大确定该管道的参数。

图 10-1 梯形截面管道

管道截面的周长:

$$s = c + \frac{2h}{\sin\theta}$$

由管道横截面面积:

$$A = ch + h^2\cot\theta = 65\,416$$

得到底边长度的关系式(与 h 和 θ 相关):

$$c = \frac{65\,416 - h^2\cot\theta}{h} = \frac{65\,416}{h} - h\cot\theta$$

将上式代入管道横截面周长的计算式中,得到:

$$s = \frac{65\ 416}{h} - h\cot\theta + \frac{2h}{\sin\theta} = \frac{65\ 416}{h} - \frac{h}{\tan\theta} + \frac{2h}{\sin\theta}$$

因此,取与管道截面周长有关的独立参数 h 和 θ 作为设计变量,即:

$$X = \begin{bmatrix} x_1 \\ x_2 \end{bmatrix} = \begin{bmatrix} h \\ \theta \end{bmatrix}$$

为使液体流速最大,取管道截面周长最小作为目标函数,即:

$$\min\ f(X) = \frac{65\ 416}{x_1} - \frac{x_1}{\tan x_2} + \frac{2x_1}{\sin x_2}$$

这是一个二维无约束非线性优化问题。

(1)建立目标函数文件 func5.m。

```
function f = func5(x)
a = 65416;
f = a/x(1) - x(1)/tan(x(2) * pi/180) + 2 * x(1)/sin(x(2) * pi/180);
```

(2)调用 fminsearch 函数求解。

```
>> clear all;
x0 = [25;45];
[x,fval,exitflag] = fminsearch('func5 ',x0)
```

运行程序,输出如下。

```
x =
    194.3398
    60.0000
fval =
        673.2127
exitflag =
    1
```

即梯形截面高度 $h = 194.3398$mm,梯形截面斜边与底边夹角 $\theta = 60°$,梯形截面周长 $s = 673.2127$mm。

3. fmincon 函数

在 MATLAB 中主要提供了 fmincon 函数用于求解多变量有约束非线性函数最小化,其数学模型为:

$$\min\ f(x)$$

$$\text{s.t.} \begin{cases} \boldsymbol{A}x \leqslant b, & (线性不等式约束) \\ \boldsymbol{A}_{eq} \cdot x = b_{eq}, & (非线性等式约束) \\ C(x) \leqslant 0, & (非线性不等式约束) \\ C_{eq}(x) = 0, & (非线性等式约束) \\ \text{lb} \leqslant x \leqslant \text{ub}, & (有界约束) \end{cases}$$

fmincon 函数的调用格式如下。

x=fmincon(fun,x0,A,b):从 x_0 开始,在 $\boldsymbol{A}x \leqslant b$ 的约束条件下找到函数的最小值,x_0 可为标量、向量或矩阵。

x=fmincon(fun,x0,A,b,Aeq,beq):在 $\boldsymbol{A}_{eq} \cdot x = b_{eq}$ 与 $\boldsymbol{A}x \leqslant b$ 的条件下,找到函数的最小值。如果没有不等式存在,即 $\boldsymbol{A}$,b 可以为空"[]"。

x＝fmincon(fun,x0,A,b,Aeq,beq,lb,ub)：定义了 x 上下界，lb≤x≤ub。如果没有等式存在，$\boldsymbol{A}_{eq}$，b_{eq} 可以为空"[]"。

x＝fmincon(fun,x0,A,b,Aeq,beq,lb,ub,nonlcon)：nonclon 中定义了 $c(x)$ 与 $c_{eq}(x)$，函数在 $c(x)$≤0 与 $c_{eq}(x)=0$ 的约束下求最小值。如果没有变量，没有边界，即 lb 与 ub 可以为空"[]"。nonlcon 函数的定义如下。

```
function [c,ceq] = mycon(x)
c = …              % x 处的非线性不等式约束
ceq = …            % x 处的非线性等式约束
```

x＝fmincon(fun,x0,A,b,Aeq,beq,lb,ub,nonlcon,options)：options 为指定的优化参数。

[x,fval]＝fmincon(…)：x 为返回的最优解，fval 为最优解的目标函数。

[x,fval,exitflag]＝fmincon(…)：exitflag 为返回的终止迭代条件信息。

[x,fval,exitflag,output]＝fmincon(…)：output 为返回关于算法的信息变量。

[x,fval,exitflag,output,lambda]＝fmincon(…)：lambda 为输出各个约束所对应的 Lagrange 乘子。

[x,fval,exitflag,output,lambda,grad]＝fmincon(…)：grad 为输出目标函数在最优解 x 处的梯度。

[x,fval,exitflag,output,lambda,grad,hessian]＝fmincon(…)：hessian 为输出目标函数在最优解 x 处的 Hessian 矩阵。

【例 10-6】 设有 500 万元资金，要求 4 年内使用完，若在第一年内使用资金 x 万元，则可得到效益 $x^{\frac{1}{3}}$ 万元（效益不能再使用），当年不用的资金可存入银行，年利率为 10%，试制订出资金的使用规划，以使 4 年效益之和达到最大。

根据题意建立的数学模型为：

$$\min \ f(x)=-(x_1^{\frac{1}{3}}+x_2^{\frac{1}{3}}+x_3^{\frac{1}{3}}+x_4^{\frac{1}{3}})$$

$$\text{s.t.}\begin{cases} x_1 \leqslant 500 \\ 1.1x_1+x_2 \leqslant 550 \\ 1.21x_1+1.1x_2+x_3 \leqslant 605 \\ 1.331x_1+1.21x_2+1.1x_3+x_4 \leqslant 665.5 \\ x_1,x_2,x_3,x_4 \geqslant 0 \end{cases}$$

其实现的 MATLAB 代码如下。

```
>> clear all;
A = [1.1 1 0 0;1.21 1.1 1 0;1.331 1.21 1.1 1];
b = [550;605;665.5];
lb = [0 0 0 0]';
ub = [550,1300,1300,1300]';
x0 = [1 1 1 1]';
[x,fval] = fmincon('- x(1)^(1/3) - x(2)^(1/3) - x(3)^(1/3) - x(4)^(1/3)',x0,A,b,[],[],lb,ub)
```

运行程序，输出如下。

```
Active inequalities (to within options.TolCon = 1e-006):
  lower    upper    ineqlin    ineqnonlin
                       3
x =
  114.5455
```

```
        136.6929
        156.8273
        175.1314
fval =
        - 20.9954
```

可见,当第 1 年使用资金 114.5455 万元、第 2 年使用资金 136.6929 万元、第 3 年使用资金 156.8273 万元、第 4 年使用资金 175.1314 万元时,4 年的效益之总和最大,为 20.9954 万元。

10.4　整　数　规　划

整数规划是指一类要求问题中的全部或一部分变量为整数的数学规划,是近三十年发展起来的规划论的一个分支。整数规划问题是要求决策变量取整数值的线性规划或非线性规划问题。

10.4.1　整数规划的分类

如果不加特殊说明,一般指整数线性规划。对于整数线性规划模型大致可分为以下 4 类。

(1) 变量全限制为整数时,称为纯(完全)整数规划。

(2) 变量部分限制为整数时,称为混合整数规划。

(3) 变量只能取 0 或 1 时,称为 0-1 整数规划。

(4) 混合 0-1 规划是指部分决策变量均要求为 0-1 的整数规划。

整数规划与线性规划不同之处只在于增加了整数约束。不考虑整数约束所得到的线性规划称为整数规划的线性松弛模型。

在一般的线性规划中,增加限定:决策变量是整数,即为所谓的 ILP 问题,其表述如下。

$$\min f = c^{\mathrm{T}} x$$

$$\mathrm{s.\,t.} \begin{cases} Ax \leqslant (\text{或} =, \text{或} \geqslant) b \\ x_j \geqslant 0, (j = 1, 2, \cdots, n) \\ x_j, (j = 1, 2, \cdots, n) \text{ 取整数} \end{cases}$$

整数线性规划问题的标准形式为:

$$\min f = c^{\mathrm{T}} x$$

$$\mathrm{s.\,t.} \begin{cases} Ax = b \\ x_j \geqslant 0, (j = 1, 2, \cdots, n) \\ x_j, (j = 1, 2, \cdots, n) \text{ 取整数} \end{cases}$$

其中,$c = (c_1, c_2, \cdots, c_n)^{\mathrm{T}}, x = (x_1, x_2, \cdots, x_n)^{\mathrm{T}}$。

10.4.2　求解法分类的应用

下面将简要介绍常用的几种求解整数规划的方法。

1. 分枝定界法

对有约束条件的最优问题(其可行解为有限数)的可行解空间恰当地进行系统搜索,这就是分枝与定界内容。通常,把全部可行解空间反复地分割为越来越小的子集,称为分枝,并且对每个子集内的解集计算一个目标下界(对于最小值问题),这称为定界。在每次分枝后,凡是界限不优于已知的可行解集目标值的那些子集不再进一步分枝,这样许多子集可不予考虑,这称为剪枝,这就是分枝定界法的主要思路。

分枝定界法可用于解纯整数或混合的整数规划问题,在 20 世纪 60 年代初由 Land Doig

和 Dakin 等提出。由于这个方法灵活且便于用计算机求解，所以现在它已是解整数规划的重要方法。目标已成功地应用于求解生产进度问题、旅行推销员问题、工厂选址问题、背包问题及分配问题等。

设有最大化的整数规划问题 A，与它相应的线性规划为问题 B，从解问题 B 开始，如果其最优解不符合 A 的整数条件，那么 B 的最优目标函数必是 A 的最优目标函数 z^* 的上界，记作 $\bar{z}$；而 A 的任意可行解的目标函数值将是 z^* 的一个下界 $\underline{z}$。分支定界法就是将 B 的可行域分成子区域再求其最大值的方法，逐步减小 $\bar{z}$ 和增大 $\underline{z}$，最终求到 z^*。

在 MATLAB 中没有提供现成的函数利用分枝法求解整数线性规划问题，下面通过编写 IntLp 函数实现求解，代码如下。

```
function [x, y] = IntLp(f, G, h, Geq, heq, lb, ub, x, id, options)
% 整数线性规划分枝定界法,可求解全整数线性或混合整数线性规划
% x 为最优解列向量
% y 为目标函数最小值
% f 为目标函数系数列向量
% G 为约束不等式条件系数矩阵
% h 为约束不等式条件右端列向量
% Geq 为约束等式条件系数矩阵
% heq 为约束等式条件右端列向量
% lb 为解的下界列向量(Default: - inf)
% ub 为解的上界列向量(Default:inf)
% x:迭代初始值列向量
% id:整数变量指标列向量,1 - 整数,0 - 实数(Default:1)
% options 的设置请参见 optimset 或 linprog

global upper opt c x0 A b Aeq beq ID options;
if nargin < 10,
    options = optimset({});
    options.Display = 'off';
    options.LargeScale = 'off';
end
if nargin < 9,
    id = ones(size(f));
end
if nargin < 8,
    x = [];
end
if nargin < 7 | isempty(ub),
    ub = inf * ones(size(f));
end
if nargin < 6 | isempty(lb),
    lb = zeros(size(f));
end
if nargin < 5,
    heq = [];
end
if nargin < 4,
    Geq = [];
end
upper = inf; c = f; x0 = x;
A = G; b = h; Aeq = Geq;
beq = heq; ID = id; ftemp = IntL_P(lb(:), ub(:));
```

在编写 IntLp.m 函数过程中，调用到编写的子函数 IntL_P.m，其代码如下。

```
function ftemp = IntL_P (vlb, vub)
global upper opt c x0 A b Aeq beq ID options;
[x, ftemp, how] = linprog(c, A, b, Aeq, beq, vlb, vub, x0, options);
if how < = 0
    return;
end;
if ftemp - upper > 0.00005
    return;
end;
if max(abs(x. * ID - round(x. * ID))) < 0.00005
    if upper - ftemp > 0.00005
        opt = x';
        upper = ftemp;
        return;
    else
        opt = [opt; x'];
        return;
    end
end
notintx = find(abs(x - round(x)) > = 0.00005);
intx = fix(x);
tempvlb = vlb; tempvub = vub;
if vub(notintx(1, 1), 1) > = intx(notintx(1, 1), 1) + 1
    tempvlb(notintx(1, 1), 1) = intx(notintx(1, 1), 1) + 1;
    ftemp = IntLP(tempvlb, vub);
end
if vlb(notintx(1, 1), 1) < = intx(notintx(1, 1), 1)
    tempvub(notintx(1, 1), 1) = intx(notintx(1, 1), 1);
    ftemp = IntL_P(vlb, tempvub);
end
```

【例 10-7】 求解以下整数线性规划问题：

$$\max f = x_1 + x_2 - 4x_3$$

$$\text{s. t.} \begin{cases} x_1 + x_2 + 2x_3 \leqslant 9 \\ x_1 + x_2 - x_3 \leqslant 2 \\ -x_1 + x_2 + x_3 \leqslant 4 \\ x_j \geqslant 0 (j = 1, 2) \\ x_1, x_2, x_3 \text{ 为整数} \end{cases}$$

其实现的 MATLAB 代码如下。

```
>> clear all;
c = [1 1 - 4];
a = [1 1 2; 1 1 - 1; - 1 1 1];
b = [9; 2; 4];
[x, f] = IntLp(c, a, b, [], [], [0; 0; 0], [inf; inf; inf])
```

运行程序，输出如下。

```
x =
   0    0    4
f =
   - 16
```

2. 0-1 型整数规划

0-1 型整数规划就是变量的取值只能是 0 或者 1，这样的话，其实可以将不同的整数规划转换成 0-1 规划。下面来看一个实际问题。

【例 10-8】 某公司拟在市东、西、南三区建立门市部。拟议中有 7 个位置（点）$A_i (i = 1, 2, \cdots, 7)$ 可供选择。规定：

在东区：由 A_1, A_2, A_3 三个点中至多选两个。

在西区：由 A_4, A_5 两个点中至少选一个。

在南区：由 A_6, A_7 两个点中至少选一个。

如果选用 A_i 点，设备投资估计为 b_i 元，每年可获利润估计为 c_i 元，但投资总额不能超过 B 元。问应选择哪几个点可使年利润最大？

可直接列出一个是 0-1 规划的方程，设变量为 x_i，"1"表示被选中，"0"表示没被选中。0-1 型整数规划的特点就是相互排斥的约束条件可以转换成同类型的。例如：

如果有 m 个互相排斥的约束条件：

$$a_{i1}x_1 + \cdots + a_{in}x_n \leqslant b_i, \quad i = 1, 2, \cdots, m$$

为了保证这 m 个约束条件只有一个起作用，引入 m 个 0-1 变量 $y_i (i = 1, 2, \cdots, m)$ 和一个充分大的常数 M，而下面这一组为 $m+1$ 个约束条件。

$$a_{i1}x_1 + \cdots + a_{in}x_n \leqslant b_i + y_i M \quad i = 1, 2, \cdots, m \tag{10-1}$$

$$y_1 + \cdots + y_m = m - 1 \tag{10-2}$$

这符合上述要求。这是因为式（10-2）的 m 个 y_i 中只有一个能取 0 值，设 $y_{i^*} = 0$，代入式（10-1），就只有 $i = i^*$ 的约束条件起作用了。

在 MATLAB 中，提供了 intlinprog 函数实现 0-1 整数规划，函数的调用格式如下。

```
x = intlinprog(f, intcon, A, b)
x = intlinprog(f, intcon, A, b, Aeq, beq)
x = intlinprog(f, intcon, A, b, Aeq, beq, lb, ub)
x = intlinprog(f, intcon, A, b, Aeq, beq, lb, ub, options)
x = intlinprog(problem)
[x, fval, exitflag, output] = intlinprog(____)
```

其中，f 为规划目标，intcon 为包含整数变量下标的向量。A、b 为不等式约束条件，A_{eq}、B_{eq} 为等式约束条件，lb、ub 为规划变量的上下限，有关其他几项参数的具体介绍可以在任意版本 MATLAB 中输入 help linprog 后回车来查看，这里只介绍与 linprog 函数有所不同的 intcon 参数。

包含整数变量下标的向量，顾名思义，就是规划变量 $\{x_1, x_2, x_3, \cdots, x_n\}$，其中哪一项是整数，intcon 里就加上哪一项。如 x_2, x_3 是整数，intcon $= [2\ 3]$。

【例 10-9】 解如下 0-1 线性规划问题：

$$\min_x f = -3x_1 - 2x_2 - x_3$$

$$\text{s. t.} \begin{cases} x_3 \text{ 为二进制} \\ x_1, x_2 \geqslant 0 \\ x_1 + x_2 + x_3 \leqslant 7 \\ 4x_1 + 2x_2 + x_3 = 12 \end{cases}$$

调用 intlinprog 函数求解 0-1 规划，代码如下。

```
>> clear all;
f = [-3; -2; -1];
intcon = 3;
A = [1,1,1];
```

```
b = 7;
Aeq = [4,2,1];
beq = 12;
lb = zeros(3,1);
ub = [Inf;Inf;1];
[x,fval] = intlinprog(f,intcon,A,b,Aeq,beq,lb,ub)
LP:                Optimal objective value is - 12.000000.
x =
        0
   5.5000
   1.0000
fval =
      - 12
```

10.5　二　次　规　划

二次规划是非线性规划中的一类特殊数学规划问题,在很多方面都有应用,如投资组合、约束最小二乘问题的求解、序列二次规划在非线性优化问题中的应用等。

10.5.1　二次规划的模型

二次规划的目标函数是变量的二次函数,约束条件是变量的线性不等式。二次规划的标准形式为:

$$\min \ f(\boldsymbol{x}) = \frac{1}{2}\boldsymbol{x}^{\mathrm{T}}\boldsymbol{H}\boldsymbol{x} + \boldsymbol{c}^{\mathrm{T}}\boldsymbol{x}$$

$$\mathrm{s.\,t.} \quad \boldsymbol{A}\boldsymbol{x} \geqslant \boldsymbol{b}$$

其中,$\boldsymbol{H}$ 是 Hessian 矩阵,$\boldsymbol{c}$,$\boldsymbol{x}$ 和 $\boldsymbol{A}$ 都是 $\mathbf{R}$ 中的向量。如果 Hessian 矩阵是半正定的,则说该规划是一个凸二次规划,在这种情况下,该问题的困难程度类似于线性规划。如果至少有一个向量满足约束并且在可行域有下界,则凸二次规划问题就有一个全局最小值。如果是正定的,则这类二次规划为严格的凸二次规划,那么全局最小值就是唯一的。如果是一个不定矩阵,则为非凸二次规划,这类二次规划更有挑战性,因为它们有多个平稳点和局部极小值点。

1. 凸函数

对区间上定义的函数,如果它对区间中任意两点均有:

$$f\left(\frac{x_1 + x_2}{2}\right) \leqslant \frac{f(x_1) + f(x_2)}{2}$$

则称 f 为区间$[a,b]$上的凸函数。U 形曲线的函数如 $f(x) = x^2$ 通常是凸函数。

对实数集上的函数,可通过求解二阶导数来判别:

(1) 如果二阶导数在区间上非负,则称为凸函数。

(2) 如果二阶导数在区间上恒大于 0,则称为严格凸函数。

2. 正定及半正定

正定矩阵是一种实对称矩阵。正定二次型 $f(x_1,x_2,\cdots,x_n) = \boldsymbol{X}^{\mathrm{T}}\boldsymbol{A}\boldsymbol{X}$ 的矩阵 $\boldsymbol{A}$(或 $\boldsymbol{A}$ 的转置)称为正定矩阵。它有以下两种定义方式。

(1) 广义定义:设 $\boldsymbol{M}$ 是 n 阶方阵,如果对任何非零向量,都有 $z^{\mathrm{T}}\boldsymbol{M}z > 0$,其中,$z^{\mathrm{T}}$ 表示 z 的转置,就称 $\boldsymbol{M}$ 为正定矩阵。

(2) 狭义:一个 n 阶的实对称矩阵 $\boldsymbol{M}$ 是正定的条件,是当且仅当对于所有的非零实系数向量 z,都有 $z^{\mathrm{T}}\boldsymbol{M}z > 0$。其中,$z^{\mathrm{T}}$ 表示 z 的转置。

矩阵的特征值可取如下值。

（1）如果所有的特征值均不小于零，则称为半正定。

（2）如果所有的特征值均大于零，则称为正定。

10.5.2 二次规划的实现

在 MATLAB 中提供了 quadprog 函数用于求解二次规划问题。其调用格式如下。

x＝quadprog(H,f,A,b)：返回向量 x 及解 x 处的目标函数值，约束条件为 $Ax \leqslant b$。

x＝quadprog(H,f,A,b,Aeq,beq)：返回向量 x 及解 x 处的目标函数，约束条件为 $Ax \leqslant b$ 及 $A_{eq}x = b_{eq}$。

x＝quadprog(H,f,A,b,Aeq,beq,lb,ub)：返回向量 x 及解 x 处的目标函数，约束条件为 $Ax \leqslant b$。定义变量的下界 lb 和上界 ub。

x＝quadprog(H,f,A,b,Aeq,beq,lb,ub,x0)：返回向量 x 及解 x 处的目标函数，约束条件为 $Ax \leqslant b$。定义变量的下界 lb 和上界 ub，并设置初始值为 x_0。

x＝quadprog(H,f,A,b,Aeq,beq,lb,ub,x0,options)：返回向量 x 及解 x 处的目标函数，约束条件为 $Ax \leqslant b$。定义变量的下界 lb 和上界 ub，设置初始值为 x_0，并根据 options 参数指定的优化参数进行优化计算。

[x,fval]＝quadprog(…)：除了返回最优解 x 外，还返回目标函数最优值 fval。

[x,fval,exitflag]＝quadprog(…)：同时输出终止迭代的条件信息 exitflag。

[x,fval,exitflag,output]＝quadprog(…)：同时输出关于算法的信息变量 output。

[x,fval,exitflag,output,lambda]＝quadprog(H,f,…)：在优化结束时返回解 x 处的拉格朗日乘子结构变量 lambda。

【例 10-10】 求如下二次规划问题。

$$\min \ f(x) = \frac{1}{2}x_1^2 + x_2^2 - x_1 x_2 - 2x_1 - 6x_2$$

$$\text{s. t.} \begin{cases} x_1 + x_2 \leqslant 2 \\ -x_1 + 2x_2 \leqslant 2 \\ 2x_1 + x_2 \leqslant 3 \\ x_1, x_2 \geqslant 0 \end{cases}$$

将目标函数表示成矩阵形式：

$$f(x) = \frac{1}{2}x^{\mathrm{T}}Hx + f^{\mathrm{T}}x$$

解析：向量 x 很容易得出，因为 $f(x)$ 包含两个变量 x_1 和 x_2，因此，$x = \begin{bmatrix} x_1 \\ x_2 \end{bmatrix}$。

其次，向量 f 只与两个变量 x_1 和 x_2 的一次项有关，所以 $f^{\mathrm{T}}x = -2x_1 - 6x_2$。

最后，矩阵 H 只与两个变量 x_1 和 x_2 的二次项有关，所以 $\frac{1}{2}x^{\mathrm{T}}Hx = \frac{1}{2}x_1^2 + x_2^2 - x_1 x_2$。

此处需要注意的是，不同于二次型，这里有个系数 $\frac{1}{2}$，所以矩阵 H 的元素是二次型中的矩阵元素大小的两倍。

总结：设矩阵 H 第 i 行第 j 列的元素大小为 $H(i,j)$，二次项 $x_i x_j$ 的系数为 $a(i,j)$，则：

$$H(i,j) = \begin{cases} 2a(i,j), & i=j \\ a(i,j), & i \neq j \end{cases}$$

实例中，$H(i,j) = \begin{bmatrix} 1 & -1 \\ -1 & 2 \end{bmatrix}$，这是由于 x_1 的平方项（即 $x_1 x_1$）系数为 $\frac{1}{2}$，所以第 1 行第 1 列的元素为 $1 = 2 \times \frac{1}{2}$。x_2 的平方项（即 $x_2 x_2$）系数为 1，所以第 2 行第 2 列的元素为 $2 = 2 \times 1$，$x_1 x_2$ 项（即 $x_2 x_1$）的系数为 -1，所以第 1 行第 2 列和第 2 行第 1 列的元素均为 -1。

约束条件写成如下形式：

$$\begin{cases} Ax \leqslant b \\ A_{eq} x = b_{eq} \\ lb \leqslant x \leqslant ub \end{cases}$$

实例中约束条件只有不等式约束，因此 A_{eq} 和 b_{eq} 为空，对于 A 和 b 很容易得出：

$$A = \begin{bmatrix} 1 & 1 \\ -1 & 2 \\ 2 & 1 \end{bmatrix}, \quad b = \begin{bmatrix} 2 \\ 2 \\ 3 \end{bmatrix}$$

而约束条件中对变量 x_1 和 x_2 只给出下限，没有给上限，因此 ub 为空，lb = $\begin{bmatrix} 0 \\ 0 \end{bmatrix}$。

调用 quadprog 函数求解的代码如下。

```
>> H = [1 -1; -1 2];
f = [-2; -6];
A = [1 1; -1 2; 2 1];
b = [2; 2; 3];
lb = [0; 0];
[x,fval,exitflag,output,lambda] = quadprog(H,f,A,b,[],[],lb)
x =
    0.6667
    1.3333
fval =
   -8.2222
exitflag =
    1
output =
    algorithm: 'interior-point-convex'
     firstorderopt: 2.6645e-14
    constrviolation: 0
         iterations: 4
       linearsolver: 'dense'
       cgiterations: []
lambda =
    包含以下字段的 struct:
    ineqlin: [3×1 double]
      eqlin: [0×1 double]
      lower: [2×1 double]
      upper: [2×1 double]
```

10.6　多目标规划

多目标规划（Multiple Objectives Programming，MOP）法也是运筹学中的一个重要分支，它是在线性规划的基础上，为解决多目标决策问题而发展起来的一种科学管理的数学方法。

10.6.1　多目标规划的数学模型

首先,以投资问题为例来引出多目标规划的一般数学模型。

某公司在一段时间内有 a(亿元)的资金可用于建厂投资。如果可供选择的项目记为 1,$2,\cdots,m$。而且一旦对第 i 个项目投资,就用去 a_i 亿元;而这段时间内可得收益 c_i 亿元。问怎样确定最佳的投资方案?

引入 x_i 如下:

$$x_i = \begin{cases} 0, & \text{不对第 } i \text{ 个项目投资} \\ 1, & \text{对第 } i \text{ 个项目投资} \end{cases}$$

由题意可知,有如下约束条件:

$$\begin{cases} \sum_{i=1}^{m} a_i x_i \leqslant a \\ x_i(1-x_i) = 0, & i=1,2,\cdots,m \end{cases}$$

一般情况下,最佳投资方案为以投资最小、收益最大化为目标。投资最小,即

$$\min f_1(x_1,x_2,\cdots,x_m) = \sum_{i=1}^{m} a_i x_i$$

收益最大,即

$$\max f_2(x_1,x_2,\cdots,x_m) = \sum_{i=1}^{m} c_i x_i$$

所以,上述投资问题为双目标规划问题。

与单目标模型不同,多目标规划的目标函数为多个,构成一个向量最优化问题。p 个目标函数、m 个约束条件的多目标规划的数学模型为:

$$\boldsymbol{F}(X) = (f_1(X), f_2(X), \cdots, f_p(X))^{\mathrm{T}}$$

$$\text{s. t.} \begin{cases} g_j(X) \leqslant 0, & j=1,2,\cdots,m \\ h_k(X) = 0, & k=1,2,\cdots,l \end{cases}$$

多目标规划问题具有以下特点。

(1) 多目标性。

(2) 目标之间是不可共用的。

(3) 各目标可能是相互矛盾的。

(4) 一般不存在最优解。

多目标规划实质上是一个向量优化问题。在单目标规划中,可以通过比较目标函数值的大小来确定可行解的优劣,而向量的比较问题是一个比较复杂的问题,需要首先界定多目标规划解的概念。

10.6.2　多目标规划的实现

在 MATLAB 的优化工具箱中,提供了 fgoalattain 函数实现求解多目标规划问题,其调用格式如下。

x=fgoalattain(fun,x0,goal,weight):以 x_0 为初始点求解无约束的多目标规划问题,其中,fun 为目标函数向量,goal 为想要达到的目标函数值向量,weight 为权重向量,一般取 weight=abs(goal)。

x=fgoalattain(fun,x0,goal,weight,A,b)：以 x_0 为初始点求解有线性不等式约束 $\boldsymbol{A}x \leqslant b$ 的多目标规划问题。

x=fgoalattain(fun,x0,goal,weight,A,b,Aeq,beq)：以 x_0 为初始点求解有线性不等式与等式约束：$\boldsymbol{A}x \leqslant b, \boldsymbol{A}_{eq} \cdot x = b_{eq}$ 的多目标规划问题。

x=fgoalattain(fun,x0,goal,weight,A,b,Aeq,beq,lb,ub)：以 x_0 为初始点求解有线性不等式约束、线性等式约束以及界约束 $lb \leqslant x \leqslant ub$ 的多目标规划问题。

x=fgoalattain(fun,x0,goal,weight,A,b,Aeq,beq,lb,ub,nonlcon)：nonlcon 为定义的非线性约束条件，定义如下。

```
function [c1,c2,gc1,gc2] = nonlcon(x)
c1 = …                          % x 处的非线性不等式约束
c2 = …                          % x 处的非线性等式约束
if nargout > 2                  % 被调用的函数有 4 个输出变量
    gc1 = …                     % 非线性不等式约束在 x 处的梯度
    gc2 = …                     % 非线性等式约束在 x 处的梯度
end
```

x=fgoalattain(fun,x0,goal,weight,A,b,Aeq,beq,lb,ub,nonlcon,…,options)：options 为指定的优化参数。

[x,fval]=fgoalattain(…)：fval 为返回多目标函数在 x 处的函数值。

[x,fval,attainfactor]=fgoalattain(…)：attainfactor 为目标达到因子，若其为负值，则说明目标已经溢出；若为正值，则说明还未达到目标个数。

[x,fval,attainfactor,exitflag]=fgoalattain(…)：exitflag 为输出终止迭代的条件信息。

[x,fval,attainfactor,exitflag,output]=fgoalattain(…)：output 为输出关于算法的信息变量。

[x,fval,attainfactor,exitflag,output,lambda]=fgoalattain(…)：lambda 为输出的 Lagrange 乘子。

【例 10-11】 某工厂需要采购某种生产原料，该原料市场有 A 和 B 两种，单位分别为 1.5 元/千克和 2.5 元/千克。现要求所花的总费用不超过 400 元，购得原料总质量不少于 150kg，其中，A 原料不得少于 70kg。问怎样确定最佳采购方案，花最少的钱采购最多数量的原料？

解析：设 A、B 分别采购 x_1、x_2 千克，于是该次采购总的花费为 $f_1(x)=1.5x_1+2.5x_2$，所得原料量为 $f_2(x)=x_1+x_2$，则求解的目标是使得花最少的钱购买最多的原料，即最小化 $f_1(x)$ 的同时最大化 $f_2(x)$。

要满足总花费不超过 400 元，原料的总质量不得少于 150kg，A 原料不得少于 70kg，于是得到对应的约束条件为：

$$\begin{cases} x_1 + x_2 \geqslant 150 \\ 1.5x_1 + 2.5x_2 \leqslant 400 \\ x_1 \geqslant 70 \end{cases}$$

又考虑到购买的数量必须满足非负的条件，由于对 x_1 已有相应的约束条件，因此只需要添加对 x_2 的非负约束即可。

综上所述，得到的问题的数学模型为：

$$\min f_1(x) = 1.5x_1 + 2.5x_2$$
$$\max f_2(x) = x_1 + x_2$$

$$\text{s. t.} \begin{cases} x_1 + x_2 \geqslant 150 \\ 1.5x_1 + 2.5x_2 \leqslant 400 \\ x_1 \geqslant 70 \\ x_2 \geqslant 0 \end{cases}$$

根据需要,建立目标函数的 M 文件 li10_11fun,代码如下。

```
function f = func10_11(x)
f(1) = 1.5 * x(1) + 2.5 * x(2);
f(2) = - x(1) - x(2);
```

根据约束中的目标约束,可设置 goal 为[400,−150],再加入对设计变量的边界约束,同时权重选择为 goal 的绝对值,调用 fgoalattain 函数求解,代码如下。

```
>> clear all;
x0 = [0;0];
A = [ - 1  - 1; 1.5 2.5];
b = [ - 150; 400];
lb = [70;0];
goal = [400; - 150];
weight = abs(goal);
[x,fval,attainfactor,output,lambda] = fgoalattain(@func10_11,x0,goal,weight,[],[],[],[],
lb,[])
```

运行程序,输出如下。

```
x =
    124.4650
    54.4638
fval =
      322.8569  - 178.9288
attainfactor =
  - 0.1929
output =
          5
lambda =
      iterations: 3
        funcCount: 14
    lssteplength: 1
        stepsize: 0.0010
        algorithm: 'goal attainment SQP, Quasi - Newton, line_search'
    firstorderopt: []
  constrviolation: 3.2097e - 07
          message: [1 × 776 char]
```

在上述期望目标和权重选择下,问题的最优解为 $x^* = \begin{bmatrix} 124.4650 \\ 54.4638 \end{bmatrix}$。参数 attainfactor 的值为负,说明已经溢出预期的目标函数值,满足原问题的要求。

10.7　最大最小规划

在日常生活中,人们常常会遇到"路程最近""费用最省""面积最大""损耗最少"等问题,这些寻求极端结果或讨论怎样实现这些极端情形的问题,最终都可以归结为:在一定范围内求最大值或最小值的问题,这些问题称为"最大最小问题"。

10.7.1 最大最小规划模型

多目标优化的一类很重要的问题是最小最大问题。假设有一组 n 个目标函数 $f_i(x), i = 1, 2, \cdots, n$，它们中的每一个均可以提取出一个最大值 $\begin{cases} \max\ f_i(x) \\ \text{s. t. } G(x) \leqslant 0 \end{cases}$，而这样得出的一组最大值仍然是 x 的函数，现在想对这些得出的最大值进行最小化搜索，即

$$J = \min \begin{bmatrix} \max\ f_i(x) \\ \text{s. t. } G(x) \leqslant 0 x \end{bmatrix}, \quad (i = 1, 2, \cdots, n)$$

则这类问题称为最大最小化问题。换言之，最大最小化问题是在最不利的条件下寻找最有利决策方案的一种方法。

考虑各类约束条件，最大最小化问题可以描述为：

$$\min_x \ \max_{F_i} \{F_i(x)\}$$

$$\text{s. t. } \begin{cases} c(x) \leqslant 0 \\ ceq(x) = 0 \\ \boldsymbol{A}\boldsymbol{x} \leqslant \boldsymbol{b} \\ \boldsymbol{A}_{eq}\boldsymbol{x} = \boldsymbol{b}_{eq} \\ lb \leqslant x \leqslant ub \end{cases}$$

10.7.2 最大最小规划的实现

在 MATLAB 中提供了 fminimax 函数用于求解最大最小化问题，其调用格式如下。

x=fminimax(fun,x0)：fun 为目标函数，x_0 为初始点。

x=fminimax(fun,x0,A,b)：$\boldsymbol{A}$、b 满足线性不等式约束 $\boldsymbol{A}\boldsymbol{x} \leqslant b$，若没有不等式约束，则取 $\boldsymbol{A} = [\ ], b = [\ ]$。

x=fminimax(fun,x,A,b,Aeq,beq)：$\boldsymbol{A}_{eq}$、b_{eq} 满足等式约束 $\boldsymbol{A}_{eq}\boldsymbol{x} = b_{eq}$，若没有，则取 $\boldsymbol{A}_{eq} = [\ ], b_{eq} = [\ ]$。

x=fminimax(fun,x,A,b,Aeq,beq,lb,ub)：lb、ub 满足 $lb \leqslant \boldsymbol{x} \leqslant ub$，若没有界，可设 lb=[ ],ub=[ ]。

x=fminimax(fun,x0,A,b,Aeq,beq,lb,ub,nonlcon)：nonlcon 参数的作用是通过接收向量 $\boldsymbol{x}$ 来计算非线性不等式约束 $C(\boldsymbol{x}) \leqslant 0$ 和等式约束 $C_{eq}(\boldsymbol{x}) = 0$ 分别在 $\boldsymbol{x}$ 处的 C 和 C_{eq}，通过指定函数柄来使用，定义如下。

```
function [c1,c2,gc1,gc2] = nonlcon(x)
c1 = ...                    % x 处的非线性不等式约束
c2 = ...                    % x 处的非线性等式约束
if nargout > 2              % 被调用的函数有 4 个输出变量
    gc1 = ...               % 非线性不等式约束在 x 处的梯度
    gc2 = ...               % 非线性等式约束在 x 处的梯度
end
```

x=fminimax(fun,x0,A,b,Aeq,beq,lb,ub,nonlcon,options)：options 为指定优化的参数选项。

[x,fval]=fminimax(⋯)：fval 为返回目标函数在 x 处的值，即 fval=$[f_1(x), f_2(x), \cdots, f_n(x)]'$。

$[x, fval, maxfval] = fminimax(\cdots)$：maxfval 为 fval 中的最大元。

$[x, fval, maxfval, exitflag] = fminimax(\cdots)$：exitflag 为输出终止迭代的条件信息。

$[x, fval, maxfval, exitflag, output] = fminimax(\cdots)$：output 为输出关于算法的信息变量。

$[x, fval, maxfval, exitflag, output, lambda] = fminimax(\cdots)$：lambda 为输出各个约束所对应的 Lagrange 乘子。

【例 10-12】 设某城市有某种物品的 10 个需求点，第 i 个需求点 P_i 的坐标为 (a_i, b_i)，道路网与坐标轴平行，彼此正交。现打算建一个该物品的供应中心，且由于受到城市某些条件的限制，该供应中心只能设在 x 界于 $[5, 8]$，y 界于 $[5, 8]$ 的范围内。P 点的坐标如表 10-2 所示。问该中心应建在何处为好？

表 10-2 P 点的坐标

a_i	1	4	3	5	9	12	6	20	17	8
b_i	2	10	8	18	1	4	5	10	8	9

设供应中心的位置为 (x, y)，要求它到最远需求点的距离尽可能小，此处采用沿道路行走计算距离（如图 10-2 所示），则数学模型为：

$$\min_{x,y} \max_{1 \leqslant i \leqslant m} \{|x - a_i| + |y - b_i|\}$$

$$\text{s.t.} \begin{cases} x \geqslant 5 \\ x \leqslant 8 \\ y \geqslant 5 \\ y \leqslant 8 \end{cases}$$

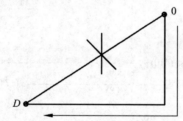

图 10-2 从供应中心到需求点的行走路线图

用 fminimax 函数进行求解的代码如下。

根据需要，建立 fun012.m 的目标函数文件，代码如下。

```
function f = fun012(x)
m = [1 4 3 5 9 12 6 20 17 8];
n = [2 10 8 18 1 4 5 10 8 9];
str = [repmat(' (',10,1) num2str(m') num2str(n') repmat(')',10,1)];
plot(m,n,'o')
text(m,n,cellstr(str))
hold on
for i = 1:10
    f(i) = abs(x(1) - m(i)) + abs(x(2) - n(i));
end
```

设初始值为 x0＝[6;6]，调用 fminimax 函数，代码如下。

```
>> tic
x0 = [6;6];
```

```
A = [ - 1 0;1 0;0 - 1;0 1];
b = [ - 5;8; - 5;8];
lb = [0;0];
ub = [ ];
[x,fva,maxfval,exitflag,output] = fminimax(@fun012,x0,A,b,[ ],[ ],lb,ub)
plot(x(1),x(2),'r * ')
toc
x =
    8
    8
fva =
    13    6    5    13    8    8    5    14    9    1
maxfval =    14
exitflag =    4
output =
    包含以下字段的 struct:
        iterations: 3
          funcCount: 14
      lssteplength: 1
          stepsize: 2.7109e - 08
         algorithm: 'active - set'
     firstorderopt: [ ]
    constrviolation: 2.7109e - 08
历时 1.637718 秒。
```

求解的同时用图 10-3 描述了该问题，"＊"点就是所求点，且最小的最大供应距离 14 为从供应中心(8,8)到需求点(20,10)的距离。

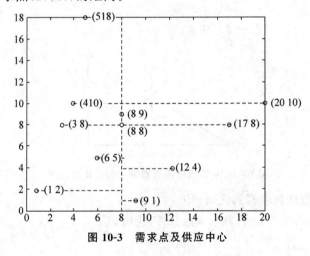

图 10-3　需求点及供应中心

10.8　动态规划

动态规划(Dynamic Programming,DP)是运筹学的一个分支,是求解决策过程最优化的过程。动态规划的应用极其广泛,包括工程技术、经济、工业生产、军事以及自动化控制等领域,并在背包问题、生产经营问题、资金管理问题、资源分配问题、最短路径问题和复杂系统可靠性问题等中取得了显著的效果。

10.8.1　动态规划的基本思想

动态规划算法通常用于求解具有某种最优性质的问题。在这类问题中,可能会有许多可行解。每一个解都对应一个值,希望找到具有最优值的解。动态规划算法的基本思想是将待求解问题分解成若干个子问题,先求解子问题,然后从这些子问题的解得到原问题的解。适合于用动态规划求解的问题,经分解得到子问题往往不是互相独立的。如果能够保存已解决的子问题的答案,而在需要时再找出已求得的答案,这样就可以避免大量的重复计算,节省时间,可以用一个表来记录所有已解的子问题的答案。不管该子问题以后是否被用到,只要它被计算过,就将其结果填入表中,这就是动态规划法的基本思路。具体的动态规划算法多种多样,但它们具有相同的填表格式。

10.8.2 动态规划的线路图

图 10-4 是一个线路网,连线上的数字表示两点之间的距离(或费用)。试寻求一条由 A 到 E 距离最短(或费用最省)的路线。

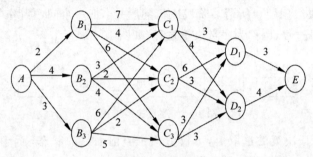

图 10-4 线路图

分析:将该问题划分为 4 个阶段的决策问题,即第 1 阶段为 A 到 $B_j(j=1,2,3)$,有 3 种决策方案可供选择;第 2 阶段为从 B_j 到 $C_j(j=1,2,3)$,也有 3 种方案可供选择;第 3 阶段为从 C_j 到 $D_j(j=1,2,3)$,有 2 种方案可供选择;第 4 阶段为从 D_j 到 E,只有 1 种方案选择。如果用完全枚举法,则可供选择的路线有 $3×3×2×1=18$(条),将其一一比较才可找出最短路线:

$$A \rightarrow B_1 \rightarrow C_2 \rightarrow D_3 \rightarrow E$$

其长度为 12。

显然,这种方法是不经济的,特别是当阶段很多,各阶段可供的选择也很多时,这种解法甚至在计算机上完成也是不现实的。

由于我们考虑的是从全局上解决求 A 到 E 的最短路问题,而不是就某一阶段解决最短路线,因此可以考虑从最后一阶段开始计算,由后向前逐步推至 A 点。

第 4 阶段,由 D_1 到 E 只有一条路线,其长度 $f_4(D_1)=3$;同理,$f_4(D_2)=4$。

第 3 阶段,由 C_j 到 D_i 分别均有 2 种选择,即

$f_3(C_1)=\min\{C_1D_1+f_4(D_1)+C_1D_2+f_4(D_2)\}=\min\{C_3D_1+f_4(D_1),C_3D_2+f_4(D_2)\}=\min\{3+3,3+4\}=6$,决策点为 D_1。

$f_3(C_2)=\min\{C_2D_1+f_4(D_1),C_2D_2+f_4(D_2)\}=\min\{6+3,3+4\}=7$

$f_3(C_3)=\min\{C_3D_1+f_4(D_1),C_3D_2+f_4(D_2)\}=\min\{3+3,3+4\}=6$

第 2 阶段,由 B_j 到 C_j 分别均有 3 种选择,即

$f_2(B_1)=\min\{B_1C_1+f_3(C_1),B_1C_2+f_3(C_2),B_1C_3+f_3(C_3)\}=\min\{7+6,4+7,6+6\}=11$,决策点为 C_2。

$f_2(B_2)=\min\{B_2C_1+f_3(C_1),B_2C_2+f_3(C_2),B_2C_3+f_3(C_3)\}=\min\{3+6,2+7,4+6\}=9$,决策点为 C_1 或 C_2。

$f_2(B_3) = \min\{B_3C_1 + f_3(C_1), B_3C_2 + f_3(C_2), B_3C_3 + f_3(C_3)\} = \min\{6+6, 2+7, 5+6\} = 9$，决策点为 C_2。

第 1 阶段，由 A 到 B；有 3 种选择，即

$f_1(A) = \min\{AB_1 + f_2(B_1), AB_2 + f_2(B_2), AB_3 + f_2(B_3)\} = \min\{2+11, 4+9, 3+9\} = 12$，决策点为 B_3。

$f_1(A) = 12$ 说明从 A 到 E 的最短距离为 12，最短路线的确定可按计算顺序反推而得。即

$$A \rightarrow B_1 \rightarrow C_2 \rightarrow D_3 \rightarrow E$$

从上面的求解过程可以得到以下启示。

（1）对一个问题是否用上述方法求解，其关键在于能否将该问题转换为相互联系的决策过程相同的多阶段决策问题。所谓多阶段决策问题是：把一个问题看作是一个前后关联、具有链状结构的多阶段过程，也称为序贯决策过程，如图 10-5 所示。

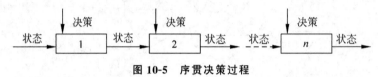

图 10-5　序贯决策过程

（2）在处理各阶段决策的选取上，不仅依赖于当前面临的状态，而且要注意对以后的发展，即从全局考虑解决局部（阶段）的问题。

（3）阶段选取的决策，一般与"时序"有关，决策依赖于当前的状态，又随即引起状态的转移，整个决策序列就是在变化的状态中产生出来，故有"动态"含义。因此，把这种方法称为动态规划方法。

（4）决策过程是与阶段发展过程逆向而行的。

10.8.3　动态规划的实现

动态规划逆序求解的基本方程为：

$$\begin{cases} f_{n+1}(x_{n+1}) = 0 \\ x_{k+1} = T_k(x_k, u_k) & (k = n, \cdots, 1) \\ f_k(x_k) = \underset{u_k \in U_k(x_k)}{\mathrm{opt}} \{v_k(x_k, u_k) + f_{k+1}(x_{k+1})\} \end{cases}$$

基本方程在动态规划逆序求解中起本质作用，称为动态规划的数学模型。

逆序算法可把建立动态规划模型归纳为以下几个步骤。

（1）将问题恰当地划分为若干阶段。

（2）正确选择状态变量，使它既能描述过程的演变，又满足无后效性。

（3）规定决策变量，确定每个阶段的允许决策集合。

（4）写出状态转移方程。

（5）确定各阶段各种决策的阶段指标，列出计算各阶段最优后部策略指标的基本方程。

编写动态规划逆序算法的 MATLAB 程序如下。

```
function [p_opt, fval] = dynprog(x, DecisFun, ObjFun, TransFun)
% input x 状态变量组成的矩阵,其第 k 列是阶段 k 的状态 xk 的取值
% DecisFun(k, xk)由阶段 k 的状态变量 xk 求出相应的允许决策变量的函数
% ObjFun(k, sk, uk)阶段指标函数 vk = (sk, uk)
% TransFun(k, sk, uk)状态转移方程 Tk(sk, uk)
```

```matlab
% Output p_opt[阶段数 k,状态 xk,决策 uk,指标函数值 fk(sk)]4 个列向量
% fval 最优函数值
k = length(x(1,:));              % k 为阶段总数
x_isnan = ~isnan(x);
f_vub = inf;
f_opt = nan * ones(size(x));
d_opt = f_opt;
t_vubm = inf * ones(size(x));
% 以下计算最后阶段的相关值
tmp1 = find(x_isnan(:,k));
tmp2 = length(tmp1);
for i = 1:tmp2
    u = feval(DecisFun,k,x(i,k));
    tmp3 = length(u);
    for j = 1:tmp3
        tmp = feval(ObjFun,k,x(tmp1(i),k),u(j));
        if tmp < = f_vub
            f_opt(i,k) = tmp;
            d_opt(i,k) = u(j);
            t_vub = tmp;
        end
    end
end
% 以下逆序计算各阶段的递归调用程序
for ii = k - 1: - 1:1
    tmp10 = find(x_isnan(:,ii));
    tmp20 = length(tmp10);
    for i = 1:tmp20
        u = feval(DecisFun,ii,x(i,ii));
        tmp30 = length(u);
        for j = 1:tmp30
            tmp00 = feval(ObjFun,ii,x(tmp10(i),ii),u(j));
            tmp40 = feval(TransFun,ii,x(tmp10(i),ii),u(j));
            tmp50 = x(:,ii + 1) - tmp40;
            tmp60 = find(tmp50 == 0);
            if ~isempty(tmp60)
                tmp00 = tmp00 + f_opt(tmp60(1),ii + 1);
                if tmp00 < = t_vubm(i,ii)
                    f_opt(i,ii) = tmp00;
                    d_opt(i,ii) = u(j);
                    t_vubm(i,ii) = tmp00;
                end
            end
        end
    end
end
% 以下记录最优决策、最优轨线和相应指标函数值
p_opt = [];
tmpx = [];
tmpd = [];
tmpf = [];
tmp0 = find(x_isnan(:,1));
fval = f_opt(tmp0,1);
tmp01 = length(tmp0);
for i = 1:tmp01
    tmpd(i) = d_opt(tmp0(i),1);
    tmpx(i) = x(tmp0(i),1);
```

```
        tmpf(i) = feval(ObjFun,1,tmpx(i),tmpd(i));
        p_opt(k * (i - 1) + 1,[1,2,3,4]) = [1,tmpx(i),tmpd(i),tmpf(i)];
        for ii = 2:k
            tmpx(i) = feval(TransFun,ii - 1,tmpx(i),tmpd(i));
            tmp1 = x(:,ii) - tmpx(i);
            tmp2 = find(tmp1 == 0);
            if ~isempty(tmp2)
                tmpd(i) = d_opt(tmp2(1),ii);
            end
            tmpf(i) = feval(ObjFun,ii,tmpx(i),tmpd(i));
            p_opt(k * (i - 1) + ii,[1,2,3,4]) = [ii,tmpx(i),tmpd(i),tmpf(i)];
        end
    end
end
```

【例 10-13】 某公司新购置了某种设备 6 台,欲分配给下属的 4 个企业,已知各企业获得这种设备后年创利润如表 10-3 所示。问应怎样分配这些设备能使年创总利润最大? 最大利润是多少?

表 10-3 各企业获得设备的年创利润数　　　（单位：千万元）

设备 企业	0	1	2	3	4	5	6
甲	0	4	6	7	7	7	7
乙	0	2	4	6	8	9	10
丙	0	3	5	7	8	8	8
丁	0	4	5	6	6	6	6

分析：先考虑构成动态规划模型的条件。

（1）阶段 k：将问题按企业分为 4 个阶段,甲、乙、丙、丁 4 个企业分别编号为 1,2,3,4。

（2）状态变量 x_k：表示第 k 段可用于剩余的 $n-k+1$ 个企业的设备参数,显然 $x_1=6$, $x_{n+1}=0$。

（3）决策变量 u_k：表示分配给第 k 个企业的设备参数。

（4）决策允许集合：$0 \leqslant u_k \leqslant x_k$。

（5）状态转移方程：$x_{k+1}=x_k-u_k$。

（6）阶段指标：$v_k(x_k,u_k)$ 表示 u_k 台设备分配给第 k 个企业所获得的利润,$f_k(x_k)$ 表示当可分配的设备为 x_k 时,分配给剩余的 $n-k+1$ 个企业所获得的最大利润,则基本方程为：

$$\begin{cases} f_k(x_k) = \max\{v_k(x_k,u_k) + f_{k+1}(x_{k+1}) \mid u_k\} \\ f_5(x_5) = 0,(k = 4,3,2,1) \end{cases}$$

根据以上分析与建立的模型,可建立以下 3 个 M 函数,并在主程序中调用自定义编写的 dynprog.m 函数进行计算。

第一个 M 函数为 func10_13a,代码如下。

```
function u = func10_13a(k,x)
% 求在阶段 k 由状态变量 x 的值求出相应的决策变量的所有取值的函数
if k == 4,
    u = x;
else,
    u = 0:x;
end
```

第二个 M 函数为 func10_13b,代码如下。

```
function v = func9_13b(k,x,u)
% 阶段 k 的指标函数
w = [0 0 0 0;4 2 3 4;6 4 5 5;7 6 7 6;7 8 8 6;7 9 8 6;7 10 8 6];
w = -w;
v = ([0 1 2 3 4 5 6] == u) * w(:,k);
```

第三个 M 函数为 func10_13c,代码如下。

```
function y = func10_13c(k,x,u)
% 状态转移函数
y = x - u;
```

调用 dynprog 函数实现程序,代码如下。

```
>> clear all;
x = [0;1;2;3;4;5;6];
x = [x x x x];
[p_opt,fval] = dynprog(x,'func10_13a','func10_13b','func10_13c')
```

运行程序,输出如下。

```
p_opt =
        1    0    0    0
        2    0    0    0
        3    0    0    0
        4    0    0    0
        1    1    1   -4
        ......
        2    4    2   -4
        3    2    1   -3
        4    1    1   -4
    fval =
             0
            -4
            -8
           -11
           -13
           -15
           -17
```

由以上结果可见,在有 6 台设备时,可分配给甲、乙、丙、丁的台数分别为 1、1、3、1 台,获最大利润 17 000 万元;如果有 5 台设备时,可分配给甲、乙、丙、丁的台数分别为 1、0、3、1 台,获最大利润 15 000 万元;由此可知有 4、3、2、1、0 台设备时的最优分配方案。

10.9 图与网络优化

图与网络是运筹学中的一个经典和重要的分支,所研究的问题涉及经济管理、工业工程、交通运输、计算机科学与信息技术、通信与网络技术等诸多领域。

10.9.1 图的基本概念

本节所说的图和一般所说的几何图形或函数图形完全不同,在此,把一个事物(或现象)用一个点来表示,称为顶点(或简称为点);把事物和事物之间(或现象和现象之间)的某种联系用一条线连接起来,称为边;由一些点和边组成的集合便称为一个图。可以通过对图的研究来了解事物(或现象)之间的内在联系。

1. 无向图

一个(无向)图 G 是指一个有序三元组 $(V(G),E(G),\psi_G)$，其中，$V(G)$ 为非空的顶点集，$E(G)$ 为不与 $V(G)$ 相交的边集，而 ψ_G 是关联函数，使得 G 的每条边都对应 G 的无序顶点对 uv(未必互异)，简记为图 $G=(V(G),E(G))$ 或 $G=(V,E)$。

设图 $G=(V,E)$，分别称 $|V|$ 和 $|E|$ 为图 G 的顶点数(或阶)和边数。如果图 G 的顶点数和边数都是有限集，则称 G 为有限图，否则称为无限图。仅有一个顶点的图称为平凡图，其他所有的图均称为非平凡图。

设图 $G=(V,E)$。如果 e 是图 G 的一条边，而 u 和 v 是满足 $\psi_G(e)=uv$ 的顶点，则称 u 和 v 为 e 的两个端点，称 e 关联于 u,v，又称顶点 u,v 相互邻接。同样，称与同一个顶点关联的若干条互异边是相邻的。在图 G 中，两端点重合为一个顶点的边称为环；关联于相同两个端点的两条或两条以上的边称为多重边。如果图 G 没有环和多重边，则称 G 为简单图。

设图 $G=(V,E)$，与顶点 v 相关联的边数(每个环计算两次)称为顶点 v 的度，记为 $d_G(v)$ 或 $d(v)$。此外，用 $\delta(G)$ 和 $\Delta(G)$ 分别表示图 G 中所有顶点中最小的度和最大的度；度为零的顶点称为孤立顶点，度为奇数的顶点称为奇点，度为偶数的顶点称为偶点。

此外，设 S 是 $V(G)$ 的一个非空子集，v 是 G 的任一顶点，称 $N_s(v)=\{u\,|\,u\in S,uv\in E(G)\}$ 为 v 在 S 中的邻域。特别地，如果取 $S=V(G)$，则 $N_G(v)$ 简写为 $N(v)$。显然，当 G 为简单图时，$d(v)=|N(v)|$。

2. 有向图

有向图 D 是指有序三元组 $(V(D),A(D),\psi_D)$，其中，$V(D)$ 为非空的顶点集；$A(D)$ 为不与 $V(D)$ 相交的有向边集；而 ψ_D 是关联函数，使得 D 的每条有向边对应 D 的一个有序顶点对(不必相异)。如果 a 是 D 的一条有向边，而 u 和 v 是满足 $\psi_D(a)=(u,v)$ 的顶点，则称 a 为从 u 连接到 v 的一条弧(或有向边)，称 u 是 a 的始点，v 是 a 的终点，在不产生混淆的情况下，可简记为有向边 a 为 uv。如果有向图没有环，并且任何两条弧都不具有相同方向和相同端点，则称该有向图为严格的。

设有向图 $D=(V(D),A(D),\psi_D)$。如果 $V(D')\subseteq V(D)$，$A(D')\subseteq A(D)$，并且 ψ'_D 是 ψ_D 在 $A(D')$ 上的限制，则称有向图 $D'=(V(D'),A(D'),\psi'_D)$ 是 D 的有向子图。

有向图 D 的有向途径是指一个有限非空序列 $W=(v_0,a_1,v_1,\cdots,a_k,v_k)$，其各项交替为顶点和有向边，使得对于 $i=1,2,\cdots,k$，有向边 a_i、有始点 v_i 和终点 v_{i-1}。有向途径 $(v_0,a_1,v_1,\cdots,a_k,v_k)$ 常简单地用其顶点序列 $(v_0,v_1,\cdots,v_k)$ 表示。有向迹是指本身为迹的有向途径，有向路和有向圈可类似定义。

如果有向图 D 中存在有向路 (u,v)，则顶点 v 称为在 D 中从顶点 u 出发可到达；如果 D 中任意两个顶点 u,v，顶点 u 可达 v，或 v 可达 u，则称 D 为单向连通有向图。如果任意两个顶点在 D 中互相可到达，则称 D 为双向连通有向图。当然，也可以从另一个角度来理解双向连通，双向连通在 D 的顶点集上是一个乘法关系。根据双向连通关系确定 $V(D)$ 的一个分类 $(V_1,V_2,\cdots,V_m)$ 所导出的有向图 $D[V_1],D[V_2],\cdots,D[V_m]$ 称为 D 的双向分支；如果恰一个双向分支，则称有向图 D 为双向连通的。

10.9.2 最短路径问题

在实际生活中经常遇到最短路径问题，即两个指定顶点之间的最短路径问题。在分析两个指定顶点之间的最短路径问题时，可以根据不同的情况采用不同的算法。

1. 定义概述

Dijkstra(迪杰斯特拉)算法是典型的单源最短路径算法,用于计算一个结点到其他所有结点的最短路径。主要特点是以起始点为中心向外层扩展,直到扩展到终点。Dijkstra算法是很有代表性的最短路径算法,在很多专业课程中都作为基本内容有详细的介绍,如数据结构、图论、运筹学等。注意该算法要求图中不存在负权边。

问题描述:在无向图 $G=(V,E)$ 中,假设每条边 E_i 的长度为 w_i,找到由顶点 V_0 到其余各点的最短路径(单源最短路径)。

2. 算法描述

(1) 算法思想:设 $G=(V,E)$ 是一个带权有向图,把图中顶点集合 V 分成两组,第一组为已求出最短路径的顶点集合(用 S 表示,初始时 S 中只有一个源点,以后每求得一条最短路径,就将其加入集合 S 中,直到全部顶点都加入 S 中,算法就结束了),第二组为其余未确定最短路径的顶点集合(用 U 表示),按最短路径长度的递增次序依次把第二组的顶点加入 S 中。在加入的过程中,总保持从源点 v 到 S 中各顶点的最短路径长度不大于从源点 v 到 U 中任何顶点的最短路径长度。此外,每个顶点对应一个距离,S 中的顶点的距离就是从 v 到此顶点的最短路径长度,U 中的顶点的距离是从 v 到此顶点只包括 S 中的顶点为中间顶点的当前最短路径长度。

(2) 算法步骤。

① 初始时,S 只包含源点,即 $S=\{v\}$,v 的距离为 0。U 包含除 v 外的其他顶点,即 $U=\{$其余顶点$\}$,如果 v 与 U 中顶点 u 有边,则$<u,v>$正常有权值,若 u 不是 v 的出边邻接点,则$<u,v>$权值为∞。

② 从 U 中选取一个距离 v 最小的顶点 k,把 k 加入 S 中(该选定的距离就是 v 到 k 的最短路径长度)。

③ 以 k 为新考虑的中间点,修改 U 中各顶点的距离;若从源点 v 到顶点 u 的距离(经过顶点 k)比原来的距离(不经过顶点 k)短,则修改顶点 u 的距离值,修改后的距离值为顶点 k 的距离加上边上的权。

④ 重复步骤②和③直到所有顶点都包含在 S 中。

```
function [S,D] = Dijkstra(i,m,W,opt)
% 图与网络论中求最短路径的 Dijkstra 算法 M 函数
% 格式[S,D] = minRoute(i,m,W,opt)
% i 为最短路径的起始点,m 为图顶点数,W 为图的带权邻接矩阵,不构成
% 边的两顶点之间的权用 inf 表示。S 的每一列从上到下记录了从源点到终点
% 的最短路径所经顶点的序号。opt = 0(默认值)时,S 按终点序号从小到大显
% 示结果;opt = 1 时,S 按最短路径从小到大显示结果。D 是一行向量,对应
% 记录了 S 各列所示路径的大小
if nargin < 4
    opt = 0;
end
dd = [];tt = [];
ss = [];ss(1,1) = i;
V = 1:m;V(i) = [];
dd = [0;i];
kk = 2;
[mdd,ndd] = size(dd);
while ~isempty(V)
    [tmpd,j] = min(W(i,V));
    tmpj = V(j);
```

```
for k = 2:ndd
    [tmp1,jj] = min(dd(1,k) + W(dd(2,k),V));
    tmp2 = V(jj);
    tt(k - 1,:) = [tmp1,tmp2,jj];
end
tmp = [tmpd,tmpj,j;tt];
[tmp3,tmp4] = min(tmp(:,1));
if tmp3 == tmpd
    ss(1:2,kk) = [i;tmp(tmp4,2)];
else
    tmp5 = find(ss(:,tmp4)~ = 0);
    tmp6 = length(tmp5);
    if dd(2,tmp4) == ss(tmp6,tmp4)
        ss(1:tmp6 + 1,kk) = [ss(tmp5,tmp4);tmp(tmp4,2)];
    else
        ss(1:3,kk) = [i;dd(2,tmp4);tmp(tmp4,2)];
    end
end
dd = [dd,[tmp3;tmp(tmp4,2)]];
V(tmp(tmp4,3)) = [];
[mdd,ndd] = size(dd);
kk = kk + 1;
end
if opt == 1
    [tmp,t] = sort(dd(2,:));
    S = ss(:,t);
    D = dd(1,t);
else
    S = ss;
    D = dd(1,:);
end
```

【例 10-14】 8 个城市之间有公路网，每条公路为图 10-6 中的边，边上的权数表示通过该公路所需的时间。设你处在城市 v_1，那么从该城市到其他城市，应选择什么路径使所需的时间最少？

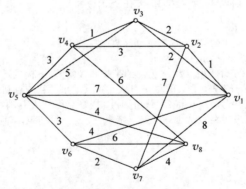

图 10-6　各城市的公路图

解析：这是一个无向网，根据题意是要求一条从 v_1 到其他城市的最短路径，其实现的 MATLAB 程序代码如下。

```
>> clear all;
n = 8;
w = inf * ones(7);
w(1,[2,3,5,6,7]) = [1,2,7,4,8];
```

```
w(2,[1,3,4,7]) = [1,2,3,7];
w(3,[1,2,4,5]) = [2,2,1,5];
w(4,[2,3,5,8]) = [3,1,3,6];
w(5,[1,3,4,6,8]) = [7,5,3,3,4];
w(6,[1,5,7,8]) = [4,3,2,6];
w(7,[1,2,6,8]) = [8,7,2,4];
w(8,[4,5,6,7]) = [6,4,6,4];
[S,D] = Dijkstra(1,n,w,1)
```

运行程序,输出如下。

```
S =
    1    1    1    1    1    1    1    1
    0    8    8    8    8    6    8    8
    0    2    3    3    5    0    7    0
    0    0    0    4    0    0    0    0
D =
    0    0    0    1    4    4    4    0
```

由 S 可见从 v_1 到其他城市的最短路径,D 为相应的权值。

第**11**章

智能算法分析与实现实战

群智能算法是一种新兴的演化计算技术,已成为越来越多研究者的关注焦点,它与人工生命,特别是进化策略以及遗传算法有着极为特殊的联系。

遗传算法、神经网络优化算法、模拟退火算法、粒子群优化算法等这些算法通过提示和模拟自然现象和实际工程,并综合利用物理学、生物进化、人工智能和神经科学等所构造的算法,也称为启发式算法。

11.1　遗　传　算　法

遗传算法(Genetic Algorithm,GA)起源于对生物系统所进行的计算机模拟研究,是一种随机全局搜索优化方法,它模拟了自然选择和遗传中发生的复制、交叉(Crossover)和变异(Mutation)等现象,从任一初始种群(Population)出发,通过随机选择、交叉和变异操作,产生一群更适合环境的个体,使群体进化到搜索空间中越来越好的区域,这样一代一代不断繁衍进化,最后收敛到一群最适应环境的个体(Individual),从而求得问题的优质解。

11.1.1　遗传算法的特点

遗传算法是解决搜索问题的一种通用算法,对于各种通用问题都可以使用。搜索算法的共同特征如下。

(1) 首先组成一组候选解。

(2) 依据某些适应性条件测算这些候选解的适应度。

(3) 根据适应度保留某些候选解,生成新的候选解。

(4) 对保留的候选解进行某些操作,生成新的候选解。

在遗传算法中,上述几个特征以一种特殊的方式组合在一起。基于染色体群的并行搜索,带有猜测性质的选择操作、交换操作和突变操作。这种特殊的组合方式将遗传算法与其他搜索算法区别开来。

遗传算法还具有以下几方面的特点。

(1) 遗传算法从问题解的串集开始搜索,而不是从单个解开始,这是遗传算法与传统优化算法的最大区别。传统优化算法是从单个初始值迭代求最优解的,容易误入局部最优解。遗传算法从串集开始搜索,覆盖面大,利于全局择优。

（2）遗传算法同时处理群体中的多个个体，即对搜索空间中的多个解进行评估，减少了陷入局部最优解的风险，同时算法本身易于实现并行化。

（3）遗传算法基本上不用搜索空间的知识或其他辅助信息，而仅用适应度函数值来评估个体，在此基础上进行遗传操作。适应度函数不仅不受连续可微的约束，而且其定义域可以任意设定。这一特点使得遗传算法的应用范围大大扩展。

（4）遗传算法不是采用确定性规则，而是采用概率的变迁规则来指导它的搜索方向。

（5）具有自组织、自适应和自学习性。遗传算法利用进化过程获得的信息自行组织搜索时，适应度大的个体具有较高的生存概率，并获得更适应环境的基因结构。

11.1.2　遗传算法的术语

由于遗传算法是由进化论和遗传学机理而产生的搜索算法，所以在这个算法中会用到一些生物遗传学知识，下面是将会用到的一些术语。

（1）染色体（Chromosome）：染色体又可称为基因型个体，一定数量的个体组成了群体，群体中个体的数量叫作群体大小。

（2）位串（Bit String）：个体的表示形式。对应于遗传学中的染色体。

（3）基因（Gene）：基因是染色体中的元素，用于表示个体的特征。例如，有一个串（即染色体）$S=1011$，则其中的 $1,0,1,1$ 这 4 个元素分别称为基因。

（4）特征值（Feature）：在用串表示整数时，基因的特征值与二进制数的权一致。例如，在串 $S=1011$ 中，基因位置 3 中的 1，它的基因特征值为 2；基因位置 1 中的 1，它的基因特征值为 8。

（5）适应度（Fitness）：各个个体对环境的适应程度叫作适应度。为了体现染色体的适应能力，引入了对问题中的每一个染色体都能进行度量的函数，叫作适应度函数。这个函数通常会被用来计算个体在群体中被使用的概率。

（6）基因型（Genotype）：或称遗传型，是指基因组定义遗传特征和表现。对应于 GA 中的位串。

（7）表现型（Phenotype）：生物体的基因型在特定环境下的表现特征。对应于 GA 中的位串解码后的参数。

11.1.3　遗传算法的运算过程

遗传算法的基本运算过程如下。

（1）初始化：设置进化代数计数器 $t=0$，设置最大进化代数 T，随机生成 M 个个体作为初始群体 $P(0)$。

（2）个体评价：计算群体 $P(t)$ 中各个个体的适应度。

（3）选择运算：将选择算子作用于群体。选择的目的是把优化的个体直接遗传到下一代或通过配对交叉产生新的个体再遗传到下一代。选择操作是建立在群体中个体的适应度评估基础上的。

（4）交叉运算：将交叉算子作用于群体。遗传算法中起核心作用的就是交叉算子。

（5）变异运算：将变异算子作用于群体，即对群体中的个体串的某些基因座上的基因值做变动。

群体 $P(t)$ 经过选择、交叉、变异运算之后得到下一代群体 $P(t+1)$。

（6）终止条件判断：如果 $t=T$，则以进化过程中所得到的具有最大适应度个体作为最优解输出,终止计算。

遗传算法的流程图如图 11-1 所示。

遗传算法首先将问题的每个可能的解按某种形式进行编码,编码后的解称为染色体(个体)。随机选取 N 个染色体构成初始种群,再根据预定的评价函数对每个染色体计算适应度,使得性能较好的染色体具有较高的适应度。选择适应度高的染色体进行复制,通过遗传算子选择、交叉(重组)、变异来产生一群新的更适应环境的染色体,形成新的种群。这样一代一代不断进化,通过这一过程使后代种群比前代种群更适应环境,末代种群中的最优个体经过解码,作为问题的最优解或近似最优解。

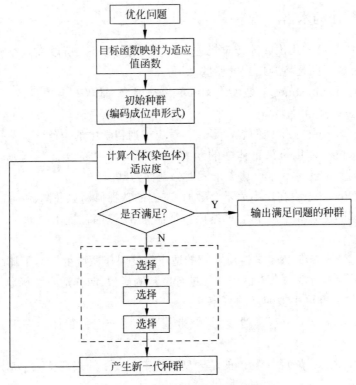

图 11-1 遗传算法的处理流程图

遗传算法中包含如下 5 个基本要素:问题编码、初始群体的设定、适应度函数、遗传操作设计、控制参数设定(主要是指群体大小和使用遗传操作的概率等)。上述这 5 个要素构成了遗传算法的核心内容。

1. 编码

把所需要选择的特征进行编号,每一个特征就是一个基因,一个解就是一串基因的组合。为了减少组合数量,在图像中进行分块,然后再把每一块看成一个基因进行组合优化的计算。每个解的基因数量是要通过实验确定的。

遗传算法不能直接处理问题空间的参数,必须把它们转换成遗传空间的由基因按一定结构组成的染色体或个体,这一转换操作就叫作编码。评估编码策略常采用以下 3 个规范。

(1) 完备性(Completeness):问题空间中的所有点(候选解)都能作为 GA 空间中的点(染色体)表现。

(2) 健全性(Soundness):GA 空间中的染色体能对应所有问题空间中的候选解。

(3) 非冗余性(Nonredundancy):染色体和候选解一一对应。

目前的几种常用的编码技术有二进制编码、浮点数编码、字符编码、编程编码等。而二进制编码是目前遗传算法中最常用的编码方法,即是由二进制字符集{0,1}产生通常的0,1字符串来表示问题空间的候选解,它具有以下特点。

(1) 简单易行。

(2) 符合最小字符集编码原则。

(3) 便于用模式定理进行分析,因为模式定理就是以它为基础的。

2. 初始群体

随机产生 N 个初始串结构数据,每个串结构数据称为一个个体。N 个个体构成一个群体。遗传算法以这 N 个初始串结构数据作为初始点开始迭代。这个参数 N 需要根据问题的规模而确定。进化论中的适应度是表示某一个体对环境的适应能力,也表示该个体繁殖后代的能力。遗传算法的适应度函数也叫评价函数,是用来判断群体中的个体的优劣程度的指标,它是根据所求问题的目标函数来进行评估的。遗传算法中初始群体中的个体是随机产生的。一般来讲,初始群体的设定可采取如下的策略。

(1) 根据问题固有知识,设法把握最优解所占空间在整个问题空间中的分布范围,然后,在此分布范围内设定初始群体。

(2) 先随机生成一定数目的个体,然后从中挑出最好的个体加到初始群体中。这种过程不断迭代,直到初始群体中个体数达到预先确定的规模。

3. 杂交

杂交操作是遗传算法中最主要的遗传操作。由交换概率挑选的每两个父代通过将相异的部分基因进行交换,从而产生新的具体,新具体组合了其父辈个体的特征。杂交体现了信息交换的思想。

4. 适应度函数

进化论中的适应度,是表示某一个体对环境的适应能力,也表示该个体繁殖后代的能力。遗传算法的适应度函数也叫评价函数,是用来判断群体中的个体的优劣程度的指标,它是根据所求问题的目标函数来进行评估的。

遗传算法在搜索进化过程中一般不需要其他外部信息,仅用评估函数来评估个体或解的优劣,并作为以后遗传操作的依据。由于遗传算法中,适应度函数要比较排序并在此基础上计算选择概率,所以适应度函数的值要取正值。由此可见,在不少场合,将目标函数映射成求最大值形式且函数值非负的适应度函数是必要的。

适应度函数的设计主要满足以下条件。

(1) 单值、连续、非负、最大化。

(2) 合理、一致性。

(3) 计算量小。

(4) 通用性强。

在具体应用中,适应度函数的设计要结合求解问题本身的要求而定。适应度函数的设计直接影响遗传算法的性能。

5. 选择

选择的目的是从交换后的群体中选出优良的个体,使它们有机会作为父代为下一代繁衍子孙。进行选择的原则是适应性强的个体为下一代贡献的概率大,体现了达尔文的适者生存法则。

6. 变异

变异首先在群体中随机选择一定数量的个体,对于选中的个体以一定的概率随机地改变串结构数据中某个基因的值。同生物界一样,遗传算法中变异发生的概率很低,通常取值为 $0.001 \sim 0.01$。变异为新个体的产生提供了机会。

7. 终止

终止的条件一般有以下 3 种情况。

(1) 给定一个最大的遗传代数,算法的迭代到最大代数时停止。

(2) 给定问题一个下界的计算方法,当进化中达到要求的偏差 ε 时,算法终止。

(3) 当监控得到的算法再进化已无法改进解的性能时停止。

11.1.4 遗传算法的实现

在 MATLAB 中,可使用遗传算法解决标准优化算法无法解决或很难解决的优化问题,例如,当优化问题的目标函数是离散的、不可微的、随机的或高度非线性优化时,使用遗传算法即会比前面章节中介绍的优化方法更有效、更方便。

在 MATLAB 优化工具箱中提供了 ga 函数用于实现求解遗传算法,其调用格式如下。

$[x, fval, exitflag, output, population, scores] = ga(fun, nvars, \cdots, options)$:其中,fun 为适应度句柄函数;nvars 为目标函数自变量的个数;options 为算法的属性设置,该属性是通过函数 gaoptimest 赋予的;x 为经过遗传进化以后自变量为最佳染色体返回值;fval 为最佳染色体的适应度;exitflag 为算法停止的原因;output 为输出的算法结构;population 为最终得到种群适应度的列向量;scores 为最终得到的种群。

【例 11-1】 用遗传算法优化非光滑函数。

ps_example.m 文件随软件一起提供,绘制函数,如图 11-2 所示。

```
>> xi = linspace( - 6,2,300);
yi = linspace( - 4,4,300);
[X,Y] = meshgrid(xi,yi);
Z = ps_example([X(:),Y(:)]);
Z = reshape(Z,size(X));
surf(X,Y,Z,'MeshStyle','none')
colormap 'jet'
view( - 26,43)
xlabel('x(1)')
ylabel('x(2)')
title('ps\_example(x)')
% 使用 ga 找到此函数的最小值
>> rng default    % 设置重现性
x = ga(@ps_example,2)
Optimization terminated: average change in the fitness value less than options.FunctionTolerance.
x =
  - 4.6793  - 0.0860
```

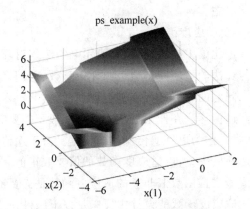

图 11-2 ps_example 函数曲面图

11.2 模拟退火算法

模拟退火(Simulated Annealing,SA)是一种通用概率演算法,用来在一个大的搜索空间内找寻命题的最优解。它的出发点是基于物理中固体物质的退火过程与一般的组合优化问题之间的相似性。

11.2.1　模拟退火的组成

模拟退火法是一种通用的优化算法,其物理退火过程由以下三部分组成。

(1) 加温过程。其目的是增强粒子的热运动,使其偏离平衡位置。当温度足够高时,固体将熔为液体,从而消除系统原先存在的非均匀状态。

(2) 等温过程。对于与周围环境交换热量而温度不变的封闭系统,系统状态的自发变化总是朝自由能减少的方向进行的,当自由能达到最小时,系统达到平衡状态。

(3) 冷却过程。使粒子热运动减弱,系统能量下降,得到晶体结构。

加温过程相当于对算法设定初值,等温过程对应算法的 Metropolis 抽样过程,冷却过程对应控制参数的下降。这里能量的变化就是目标函数,我们要得到的最优解就是能量最低态。其中,Metropolis 准则是 SA 算法收敛于全局最优解的关键所在,Metropolis 准则以一定的概率接受恶化解,这样就使算法跳离局部最优的陷阱。

11.2.2　模拟退火的思想

模拟退火的基本思想如下。

(1) 初始化:初始温度 T(充分大),初始解状态 S(是算法迭代的起点),每个 T 值的迭代次数 L。

(2) 对 $k=1,2,\cdots,L$ 做第(3)~(6)步操作。

(3) 产生新解 S'。

(4) 计算增量 $\Delta t = C(S') - C(S)$,其中,$C(S)$ 为评价函数。

(5) 若 $\Delta t < 0$ 则接受 S' 作为新的当前解,否则以概率 $\exp(-\Delta t'/kT)$ 接受 S' 作为新的当前解(k 为玻耳兹曼常数)。

(6) 如果满足终止条件则输出当前解作为最优解,结束程序。终止条件通常取为连续若干个新解都没有被接受时终止算法。

(7) T 逐渐减少,且 $T>0$,然后转第(2)步。

11.2.3　模拟退火的寻优步骤

模拟退火的寻优步骤主要有:

(1) 初始化微粒的位置和速度。

(2) 计算种群中每个微粒的目标函数值。

(3) 更新微粒的 pbest 和 gbest。

(4) 重复执行下列步骤。

① 对微粒的 pbest 进行 SA 邻域搜索。

② 更新各微粒的 pbest。

③ 执行最优选择操作,更新种群 gbest。

④ gbest 是否满足算法终止条件? 如果是,转④,否则转⑤。

⑤ 输出种群最优解。

算法总体流程如图 11-3 所示。

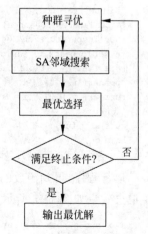

图 11-3　总体算法的流程图

11.2.4 模拟退火的实现

在 MATLAB 优化工具箱中提供了使用模拟退火算法解决无约束或边界约束最优化问题的求解函数 simulannealbnd。函数的调用格式如下。

x＝simulannealbnd(fun,x0)：从初始点 x_0 开始寻找目标函数 fun 的局部极小点 x，x_0 可以是标量或向量。

x＝simulannealbnd(fun,x0,lb,ub)：增加边界约束 lb 和 ub，使得设计变量满足关系 lb≤ x≤ub。如果问题中无边界约束，则可设置 lb 和 ub 这两个参数为空矩阵。如果对于设计变量 x_i 无下界约束，则可设置 lb(i)＝－Inf；同理，如果对于设计变量 x_i 无上界约束，则可设置 ub(i)＝Inf。

x＝simulannealbnd(fun,x0,lb,ub,options)：按照指定的控制参数进行最优化问题的求解，可以通过 saoptimset 来设置这些参数的值。

[x,fval]＝simulannealbnd(…)：同时返回遗传算法最优解处的值 fval。

[x,fval,exitflag]＝simulannealbnd(…)：返回 exitflag 值，描述函数计算的退出条件。

[x,fval,exitflag,output]＝simulannealbnd(fun,…)：在优化计算结束时返回结构变量 output，代表算法每一代的性能。

【例 11-2】 利用模拟退火算法解二元函数。

```matlab
>> %设置区间
xx = -10:1:10;
yy = -10:1:10;
[x, y] = meshgrid(xx, yy);
f_xy = @(x,y)( …
    x.^2 + y.^2 - 10 * cos(2 * pi * x) - 10 * cos(2 * pi * y) + 20);        %定义函数,求最小值
fun = x.^2 + y.^2 - 10 * cos(2 * pi * x) - 10 * cos(2 * pi * y) + 20; %再定义一次
f = @(x)f_xy(x(1),x(2));
x0 = rand(1,2);                                                       %退火开始点
lb = [];
ub = [];                                                             %退火实施范围,可以不设置
%实时观测
options = saoptimset('MaxIter',20, …                                 %迭代次数
'StallIterLim',300, …                                                %最高温度
'TolFun',1e-100, …                                                   %最低温度
'AnnealingFcn',@annealingfast,'InitialTemperature', …
100,'TemperatureFcn',@temperatureexp,'ReannealInterval',500,'PlotFcns', …
{@saplotbestx, @saplotbestf, @saplotx, @saplotf,@saplottemperature});
[jie,fval] = simulannealbnd(f,x0,lb,ub,options);
fprintf('最优解为 x = %.10f, y = %.10f\n', jie(1),jie(2) );
fprintf('最优值为 z = %.10f\n',fval);
figure;
surf(x,y,fun);
hold on;
plot3(jie(1),jie(2),fval,'ko', 'linewidth', 3);
```

运行程序，得到函数的曲面如图 11-4 所示，模拟退火效果如图 11-5 所示。

```
Maximum number of iterations exceeded: increase
options.MaxIterations.
最优解为 x = 0.5883698210, y = 0.6297028795
最优值为 z = 36.0994913457
```

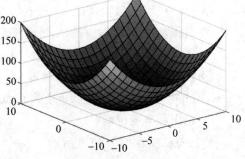

图 11-4 函数曲面图

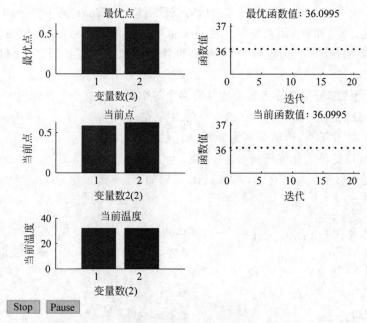

图 11-5　模拟退火效果图

11.2.5　模拟退火的实际应用

讨论旅行商问题(Travelling Salesman Problem,TSP):设有 n 个城市,用数码 $(1,\cdots,n)$ 代表。城市 i 和城市 j 之间的距离为 $d(i,j),i,j=1,\cdots,n$。TSP 是要遍访每个城市恰好一次的一条回路,且其路径总长度为最短。

求解 TSP 的模拟退火算法模型如下。

(1) 解空间:解空间 S 是遍访每个城市恰好一次的所有回路,是 $\{1,2,\cdots,n\}$ 的所有循环列的集合,S 中的成员记为 $(w_1,w_2,\cdots,w_n)$,并记 $w_{n+1}=w_1$。初始解可选为 $(1,2,\cdots,n)$。

(2) 目标函数:此时的目标函数即为访问所有城市的路径总长度或称为代价函数:

$$f(w_1,w_2,\cdots,w_n)=\sum_{j=1}^{n}(w_j,w_{j+1})。$$

求此代价函数的最小值。

新解的产生:随机产生 1 和 n 之间的两相异数 k 和 m,如果 $k<m$,则将

$$(w_1,w_2,\cdots,w_k,w_{k+1},\cdots,w_m,\cdots,w_n)$$

变为:

$$(w_1,w_2,\cdots,w_m,w_{m-1},\cdots,w_{k+1},w_k,\cdots,w_n)$$

如果 $k>m$,则将

$$(w_1,w_2,\cdots,w_k,w_{k+1},\cdots,w_m,\cdots,w_n)$$

变为:

$$(w_m,w_{m-1},\cdots,w_1,w_{m+1},\cdots,w_{k-1},w_n,w_{n-1},\cdots,w_k)$$

上述变换方法可简单说成是"逆转中间或者逆转两端"。也可以采用其他的变换方法,有些变换有独特的优越性,有时也将它们交替使用,得到一种更好的方法。

(3) 代价函数差:设将 $(w_1,w_2,\cdots,w_n)$ 变换为 $(u_1,u_2,\cdots,u_n)$,则代价函数差为:

$$\Delta f=f(u_1,u_2,\cdots,u_n)-f(w_1,w_2,\cdots,w_n)=\sum_{j=1}^{n}d(u_j,u_{j+1})-\sum_{j=1}^{n}d(w_j,w_{j+1})$$

【例 11-3】　有一个小偷在偷窃一家商店时发现有 N 件物品：第 i 件物品值 v_i 元，重 w_i 磅（$1 \leqslant i \leqslant n$），此处 v_i 和 w_i 都是整数。他希望带走的东西越值钱越好，但他的背包小，最多只能装下 W 千克的东西（W 为整数）。如果每件物品或被带走或被留下，小偷应该带走哪几件东西？

例如，物品允许部分带走或者每类物品有多个等情况。在这个 0-1 背包的例子中，假设有 12 件物品，质量分别为 2 千克、5 千克、18 千克、3 千克、2 千克、5 千克、10 千克、4 千克、11 千克、7 千克、14 千克、6 千克，价值分别为 5 元、10 元、13 元、4 元、3 元、11 元、13 元、10 元、8 元、16 元、7 元、4 元，包的最大允许质量为 46 千克。

利用模拟退火算法实现寻优的 MATLAB 代码如下。

```matlab
>> clear all;
a = 0.95;
k = [5 10 13 4 3 11 13 10 8 16 7 4]';
k = - k;                              % 模拟退火算法是求解最小值,因此取负数
d = [2 5 18 3 2 5 10 4 11 7 14 6]';
triction = 46;
num = 12;
sol_new = ones(1,num);                % 生成初始解
E_current = inf;                      % 为当前解对应的目标函数值(即背包中物品总价值)
E_best = inf;                         % 为最优解
sol_current = sol_new;
sol_best = sol_new;
t0 = 97;tf = 3;t = t0;
p = 1;

while t > = tf
    for r = 1:100
        % 产生随机扰动
        tmp = ceil(rand. * num);
        sol_new(1,tmp) = ~sol_new(1,tmp);
        % 检查是否满足约束
        while 1
            q = (sol_new * d < = triction);
            if ~q
                p = ~p;               % 实现交错着逆转头尾的第一个 1
                tmp = find(sol_new == 1);
                if p
                    sol_new(1,tmp) = 0;
                else
                    sol_new(1,tmp(end)) = 0;
                end
            else
                break;
            end
        end
        % 计算背包中的物品价值
        E_new = sol_new * k;
        if E_new < E_current
            E_current = E_new;
            sol_current = sol_new;
            if E_new < E_best
```

```
                    % 把冷却过程中最好的解保存下来
                    E_best = E_new;
                    sol_best = sol_new;
                end
            else
                if rand < exp( - (E_new - E_current)./t)
                    E_current = E_new;
                    sol_current = sol_new;
                else
                    sol_new = sol_current;
                end
            end
        end
        t = t. * a;
    end
disp('最优解为:')
 sol_best
 disp('物品总价值等于:')
 val = - E_best;
 disp(val)
 disp('背包中物品质量为:')
 disp(sol_best * d)
```

运行程序,输出如下。

```
最优解为:
sol_best =
    1   1   0   1   1   1   1   1   1   0   1   0   1   0   1
物品总价值等于:
    76
背包中物品质量为:
    44
```

其中,最优解的 0-1 数字串表示物品是否放入背包,例如,第 4 个位置上是 1,即第 4 个物品放入背包,是 0 则表示不放。

11.3 粒子群算法

粒子群优化算法(Particle Swarm Optimization,PSO)属于进化算法的一种,和模拟退火算法相似。也是从随机解出发,通过迭代寻找最优解。它也是通过适应度来评价解的品质,但它比遗传算法规则更为简单,没有遗传算法的"交叉"和"变异"操作,通过追随当前搜索到的最优值来寻找全局最优。

11.3.1 粒子群算法概述

粒子群算法是一个非常简单的算法,且能够有效地优化各种函数。从某种程度上说,此算法介于遗传算法和进化规划。

此算法非常依赖随机的过程,这也是和进化规划的相似之外,算法中朝全局最优和局部最优靠近调整,非常类似于遗传算法中的交叉算子。

粒子群算法的主要研究内容如下。

(1)寻找全局最优点。

(2)有较高的收敛速度。

11.3.2 粒子群算法的特点

粒子群算法的本质是一种随机搜索算法,它是一种新兴的智能优化技术,是群体智能中一个新的分枝,也是对简单社会系统的模拟。

该算法能以较大的概率收敛于全局最优解。实践证明,它适合在动态、多目标优化环境中寻优,与传统的优化算法相比较具有更快的计算速度和更好的全局搜索能力,其具体特点如下。

(1)粒子群优化算法是基于群体智能理论的优化算法,通过群体中粒子间的合作与竞争产生的群体智能指导优化搜索。与进化算法比较,PSO是一种更为高效的并行搜索算法。

(2)PSO与GA有很多共同之处,两者都是随机初始化种群,使用适应值来评价个体的优劣程度和进行一定的随机搜索。但PSO是根据自己的速度来决定搜索,没有GA的明显交叉和变异。与进化算法比较,PSO保留了基于种群的全局搜索策略,但是其采用的速度-位移模型操作简单,避免了复杂的遗传操作。

(3)由于每个粒子在算法结束时仍然保持着其个体极值,因此,如果将PSO用于调度和决策问题时可以给出多种有意义的选择方案。而基本遗传算法在结束时,只能得到最后一代个体的信息,前面迭代的信息没有保留。

(4)PSO特有的记忆使其可以动态地跟踪当前的搜索情况并调整其搜索策略。

(5)PSO有良好的机制来有效地平衡搜索过程的多样性和方向性。

(6)在收敛的情况下,由于所有的粒子都向最优解的方向飞去,所以粒子趋向同一化(失去了多样性)使得后期收敛速度明显变慢,以致算法收敛到一定精度时无法继续优化。因此很多学者都致力于提高PSO算法的性能。

(7)PSO算法对种群大小不十分敏感,即种群数目下降时性能下降不是很大。

11.3.3 粒子群的算法及实现

PSO算法首先初始化一群随机粒子(随机解),然后粒子们就追随当前的最优粒子在解空间中搜索,即通过迭代找到最优解。假设 d 维搜索空间中的第 i 个粒子的位置和速度分别为 $X^i = (x_{i,1}, x_{i,2}, \cdots, x_{i,d})$ 和 $V^i = (v_{i,1}, v_{i,2}, \cdots, v_{i,d})$,在每一次迭代中,粒子通过跟踪两个最优解来更新自己,第一个就是粒子本身群目前找到的最优解,即个体极值 pbest,$P^i = (p_{i,1}, p_{i,2}, \cdots, p_{i,d})$;另一个就是整个种群目前找到的最优解,即全局最优解(gbest)P_g。在找到这两个最优值时,粒子根据如下公式来更新自己的速度和新的位置。

$$v_{i,j}(t+1) = wv_{i,j}(t) + c_1 r_1 [p_{i,j} - x_{i,j}(t)] + c_2 r_2 [p_{g,j} - x_{ij}(t)]$$

$$x_{i,j}(t+1) = x_{i,j}(t) + v_{i,j}(t+1), \quad j = 1, 2, \cdots, d$$

其中,w 为惯性权重,c_1 和 c_2 为正的学习因子,r_1 和 r_2 为 0~1 均匀分布的随机数。

粒子群算法的性能很大程度上取决于算法的控制参数,例如,粒子数、最大速度、学习因子、惯性权重等,各个参数的选取原则如下。

- 粒子数:粒子数的多少根据问题的复杂程度自行决定。对于一般的优化问题,取 20~40 个粒子就完全可以得到很好的结果;对于比较简单的问题,10 个粒子已经足够可以取得好的结果;对于比较复杂的问题或特定类别的问题,粒子数可以取到 100 以上。

- 粒子的维度:这是由优化问题决定,就是问题解的维度。

- 粒子的范围:由优化问题决定,每一维可设定不同的范围。

- 最大速度 V_{max}：决定粒子在一个循环中最大的移动距离，通常设定为粒子的范围宽度。
- 学习因子：学习因子使粒子具有自我总结和向群体中优秀个体学习的能力，从而向群体内或邻域内最优点靠近，通常取 c_1 和 c_2 为 2，但也有其他的取值，一般 $c_1=c_2$，且范围为 0~4。
- 惯性权重：决定了对粒子当前速度继承的多少，合适的选择可以使粒子具有均衡的探索能力和开发能力，惯性权重的取法一般有常数法、线性递减、自适应法等。

粒子群的算法流程图如图 11-6 所示。

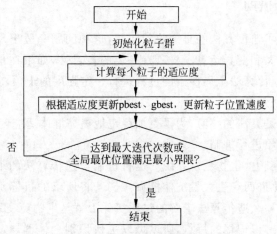

图 11-6 粒子群算法流程图

在 MATLAB 工具箱中，提供了 particleswarm 函数用于实现粒子群优化。函数的调用格式如下。

x＝particleswarm(fun,nvars)：试图找到一个向量 x，以达到函数 fun 局部最小。nvars 是 fun 的维度（设计变量的数量）。

x＝particleswarm(fun,nvars,lb,ub)：定义设计变量 x 的一组下限和上限，以便在 lb≤x≤ub 范围内找到解。

x＝particleswarm(fun,nvars,lb,ub,options)：用 options 中的值替换默认优化参数来最小化。如果不存在边界，则设置 lb＝[]和 ub＝[]。

x＝particleswarm(problem)：找到 problem 的最小值，其中，problem 是一个结构。

[x,fval,exitflag,output]＝particleswarm(＿＿＿)：对于上述任何输入参数，返回：

- 标量 fval，即目标函数值 fun(x)。
- 退出条件的值 exitflag。
- 包含优化过程信息的结构输出 output。

【例 11-4】 利用 particleswarm 最小化有界约束的两个变量的简单函数。

```
%定义目标函数
>> fun = @(x)x(1) * exp( - norm(x)^2);
>>                              %设置变量的界限
>> lb = [ - 10, - 15];
ub = [15,20];
>>                              %调用 particleswarm 函数求解函数最小
>> rng default                  %设置重复性
nvars = 2;
x = particleswarm(fun,nvars,lb,ub)
```

```
Optimization ended: relative change in the objective value
over the last OPTIONS.MaxStallIterations iterations is less than OPTIONS.FunctionTolerance.
x =
   - 0.7071   - 0.0000
```

11.4　免 疫 算 法

免疫算法是受生物免疫系统的启发而推出的一种新型的智能搜索算法。它是一种确定性和随机性相结合并具有"勘探"与"开采"能力的启发式随机搜索算法。

11.4.1　免疫算法的原理

免疫遗传算法解决了遗传算法的早熟收敛问题,这种问题一般出现在实际工程优化计算中。因为遗传算法的交叉和变异运算本身具有一定的盲目性,如果在最初的遗传算法中引入免疫的方法和概念,对遗传算法全局搜索的过程进行一定强度的干预,就可以避免很多重复无效的工作,从而提高算法效率。

因为合理提取疫苗是算法的核心,为了更加稳定地提高群体适应度,算法可以针对群体进化过程中的一些退化现象进行抑制。

在生物免疫学的基础上,生物免疫系统的运行机制与遗传算法的求解很类似。在抵抗抗原时,相关细胞增殖分化进而产生大量抗体抵御。倘若将所求的目标函数及约束条件当作抗原,问题的解当作抗体,那么遗传算法求解的过程实际上就是生物免疫系统抵御抗原的过程。

因为免疫系统具有辨识记忆的特点,所以可以更快识别个体群体。而通常所说的基于疫苗接种的免疫遗传算法就是将遗传算法映射到生物免疫系统中,结合工程运算得到的一种更高级的优化算法。而对待求解问题时,相当于面对各种抗原,可以提前注射"疫苗"来抑制退化问题,从而更能够保持优胜劣汰的特点,使算法一直优化下去,即达到免疫的目的。

一般的免疫算法可分为以下3种情况。

(1)模拟免疫系统抗体与抗原识别,结合抗体产生过程而抽象出来的免疫算法。

(2)基于免疫系统中的其他特殊机制抽象出的算法,例如,克隆选择算法。

(3)与遗传算法等其他计算智能整合产生的新算法,例如,免疫遗传算法。

11.4.2　免疫算法步骤和流程

免疫算法的算法流程如图11-7所示。

1. 基本步骤

免疫算法实现的基本步骤如下。

(1)首先进行抗原识别,即理解代优化问题,构造合适的亲和度函数及各种约束条件。

(2)生成初始种群。

(3)对种群中的每一个个体进行亲和度评价。

(4)判断算法是否满足终止条件,如果满足则算法终止,输出计算结果;否则,继续寻优计算。

(5)计算抗体浓度和激励度。

(6)进行免疫处理,包括免疫选择、克隆、变异和克隆抑制。

(7)种群刷新,以随机生成的新抗体替代种群中激励度较低的抗体,形成新一代抗体,转步骤(3)。

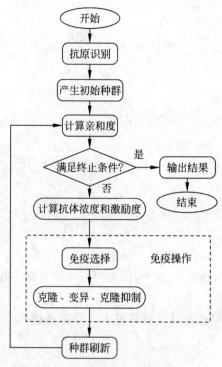

图 11-7　免疫算法的流程图

2. 算子

免疫算法的算子主要有：

1) 亲和度评价算子

通常函数优化问题可以用函数值或对函数值的简单处理(如取倒数、相反数等)作为亲和度评价,而对于组合优化问题或其他问题,则需具体问题具体分析,通常是一个函数：aff(x)。

2) 抗体浓度评价算子

抗体浓度通常定义为：

$$\text{den}(p_i) = \frac{1}{N} \sum_{j=1}^{N} S(p_i, p_j)$$

其中,N 为种群规模,$S(p_i, p_j)$ 为抗体间的相似度,可表示为：

$$S(p_i, p_j) = \begin{cases} 1, & \text{aff}(p_i, p_j) < \delta_S \\ 0, & \text{aff}(p_i, p_j) \geqslant \delta_S \end{cases}$$

其中,p_i 为种群中的第 i 个抗体,$\text{aff}(p_i, p_j)$ 为抗体 i 与抗体 j 的亲和度,δ_S 为相似度阈值。

抗体间亲和度的计算方法主要包括基于抗体和抗原亲和度的计算方法、基于欧氏距离的计算方法、基于海明距离的计算方法、基于信息熵的计算方法等。

(1) 基于欧氏距离的抗体间亲和度计算方法。

对于实数编码的算法,抗体间亲和度通常可以通过抗体间向量之间的欧氏距离来计算：

$$\text{aff}(p_i, p_j) = \sqrt{\sum_{k=1}^{L} (p_i^k - p_j^k)^2}$$

其中,p_i^k 为抗体 i 的第 k 维度,L 为抗体编码的总维数。

(2) 基于海明距离的抗体间亲和度计算方法。

对于基于离散编码的算法,衡量抗体-抗体亲和度最直接的方法就是利用抗体串的海明

距离:

$$\text{aff}(p_i, p_j) = \sum_{k=1}^{L} \partial_k$$

式中:

$$\partial_k = \begin{cases} 1, & p_i^k = p_j^k \\ 0, & p_i^k \neq p_j^k \end{cases}$$

3) 激励度计算算子

抗体激励度是对抗体质量的最终评价结果,通常亲和度、浓度低的抗体会得到较大的激励度。抗体激励度的计算通常如下。

$$\text{sim}(p_i) = a \cdot \text{aff}(p_i) - b \cdot \text{den}(p_i)$$

或

$$\text{sim}(p_i) = \text{aff}(p_i) \cdot \text{e}^{-a \cdot \text{den}(p_i)}$$

其中,$\text{sim}(p_i)$ 为抗体 p_i 的激励度,a、b 为计算参数,可以根据实际情况确定。

4) 免疫选择算子

根据抗体的激励度确定哪些抗体被选择进入克隆选择操作。一般,激励度高的抗体更可能被选中。

5) 克隆算子

克隆算子将免疫选择算子选中的抗体进行复制,其可描述为:

$$T_c(p_i) = \text{clone}(p_i)$$

其中,$\text{clone}(p_i)$ 为 m_i 个与 p_i 相同的克隆构成的集合,m_i 为抗体克隆数目。

6) 变异算子

(1) 实数编码算法变异算子。

实数变异算子的变异策略是在变异源个体中加入一个扰动。

$$T_m(p_{i,j,m}) = \begin{cases} p_{i,j,m} + (\text{rand} - 0.5) \cdot \delta, & \text{rand} < p_m \\ p_{i,j,m}, & \text{其他} \end{cases}$$

其中,$p_{i,j,m}$ 为抗体 p_i 的第 m 个克隆体的第 j 维度,δ 为定义的邻域范围,p_m 为变异概率。

(2) 离散编码算法变异算子。

克隆抑制算子用于对经过变异后的克隆体进行再选择,抑制亲和度的抗体,保留亲和度高的抗体进入新的抗体种群。

7) 种群刷新算子

对种群中激励度较低的抗体进行刷新,从抗体种群中删除这些抗体并以随机生成的新抗体替代。

11.4.3　免疫算法的实现

用 MATLAB 实现免疫算法最大的优势在于它具有强大的处理矩阵运算的功能。本节将通过利用免疫算法求解 TSP 演示免疫算法的实现。

TSP 是旅行商问题的简称,即一个商人从某一城市出发,要遍历所有目标城市,其中每个城市必须而且只须访问一次。所要研究的问题是在所有可能的路径中寻找一条路程最短的路线。该问题是一个典型的 NP 问题,即随着规模的增加,可行解的数目将呈指数级增长。

免疫算法求解 TSP 的具体过程如下。

（1）个体编码和适应度函数。

① 算法实现中，将 TSP 的目标函数对应于抗原，问题的解对应于抗体。

② 抗体采用以遍历城市的次序排列进行编码，每一抗体编码串形如 $v_1, v_2, \cdots, v_n$，其中，v_i 表示遍历城市的序号。适应度函数取值路径长度 T_d 的倒数，即：

$$\text{Fitness}(i) = \frac{1}{T_d}$$

其中，$T_d = \sum_{i=1}^{n-1} d(v_i, v_{i+1}) + d(v_n, v_1)$ 表示第 i 个抗体所表示的遍历路径长度。

（2）交叉与变异算子。

采用单点交叉，其中交叉点的位置随机确定。算法中加入了对遗传个体基因型特征的继承性和对进一步优化所需个体特征的多样性进行评测的环节，在此基础上设计了一种部分路径变异法。

该方法每次选取全长路径的一段，路径子段的起点和终点由评测的结果估算确定。具体操作为采用连续 n 次的调换方式，其中，n 的大小由遗传代数 K 决定。

对于 TSP，要找到适应于整个抗原（即全局问题求解）的疫苗极为困难，所以采用目标免疫。在求解问题前，先从每个城市点的周围各点选取一个路径最近的点，以此作为算法执行过程中对该城市点进行目标免疫操作时所注入的疫苗。

【例 11-5】 给定 31 个省会坐标，试使用免疫算法求这 31 个省会的最短距离。

```
% 免疫算法解决 TSP
% 初始化
C = [1304 2312;3639 1315;4177 2244;3712 1399;3488 1535;3326 1556;3238 1229;
4196 1004;4312 790;4386 570;3007 1970;2562 1756;2788 1491;2381 1676;
1332 695;3715 1678;3918 2179;4061 2370;3780 2212;3676 2578;4029 2838;
4263 2931;3429 1908;3507 2367;3394 2643;3439 3201;2935 3240;3140 3550;
2545 2357;2778 2826;2370 2975];          % 31 个省会坐标
N = size(C,1);                           % TSP 的规模，即城市数目
D = zeros(N);                            % 任意两个城市距离间隔矩阵

for i = 1:N
    for j = 1:N
        D(i,j) = ((C(i,1) - C(j,1))^2 + (C(i,2) - C(j,2))^2)^0.5;
    end
end
NP = 100;                                % 免疫样本数目
G = 500;                                 % 最大免疫迭代代数
f = zeros(N,NP);                         % 用于存储种群
for i = 1:NP
    f(:,i) = randperm(N);                % 随机生成初始种群
end
len = zeros(NP,1);                       % 存储路径长度
for i = 1:NP
    len(i) = jisuanChang(D,f(:,i),N);    % 计算路径长度
end

[Sortlen, Index] = sort(len);
Sortf = f(:,Index);                      % 种群个体排序
Nc1 = 10;                                % 克隆个数
trace = zeros(1,G);
% 迭代
for gen = 1:G
```

```
% 选亲和度前一半进行免疫操作
af = zeros(N,NP/2);
alen = zeros(1,NP/2);
for i = 1:NP/2
    a = Sortf(:,i);
    Ca = repmat(a,1,Nc1);                      % 前一半克隆
    for j = 1:Nc1
        p = randperm(N);                       % 元素的交换
        temp = Ca(p(1),j);
        Ca(p(1),j) = Ca(p(2),j);
        Ca(p(2),j) = temp;
    end
    Ca(:,1) = Sortf(:,i);                      % 保留克隆源个体
    Calen = zeros(1,Nc1);
    for j = 1:Nc1
        Calen(j) = jisuanChang(D,Ca(:,j),N);
    end
    [SortCalen,Index] = sort(Calen);           % 克隆抑制,保留亲和度最高的个体
    SortCa = Ca(:,Index);
    af(:,i) = SortCa(:,1);
    alen(i) = SortCalen(1);
end
% 种群刷新,生成另一半样本
bf = zeros(N,NP/2);
blen = zeros(1,NP/2);
for i = 1:NP/2
    bf(:,i) = randperm(N);                     % 随机生成初始种群
    blen(i) = jisuanChang(D,bf(:,i),N);        % 计算路径长度
end
f = [af,bf];                                   % 免疫种群与新种群合并
len = [alen,blen];
[Sortlen,Index] = sort(len);
Sortf = f(:,Index);
trace(gen) = Sortlen(1);
end
% 输出优化结果
Bestf = Sortf(:,1);                            % 最优变量
Bestlen = trace(end);                          % 最优值
figure(1)                                      % 如图 11-8 所示
```

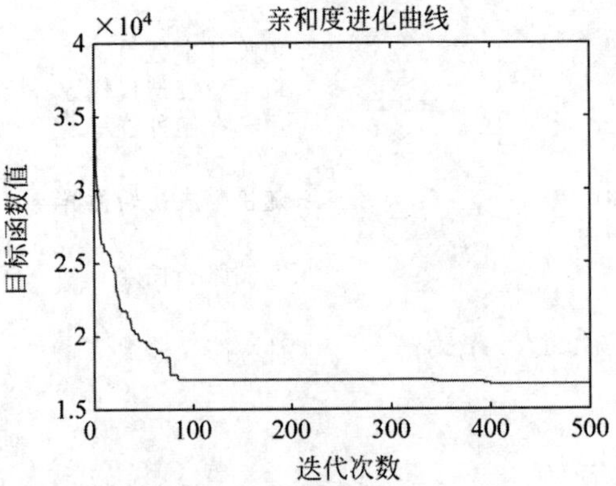

图 11-8　亲和度进化曲线图

```
for i = 1:N - 1
    plot([C(Bestf(i),1),C(Bestf(i + 1),1)], …
```

```
      [C(Bestf(i),2),C(Bestf(i+1),2)],'bo-');
      hold on;
end
plot([C(Bestf(N),1),C(Bestf(1),1)], …
    [C(Bestf(N),2),C(Bestf(1),2)],'ro-');
title(['优化最短距离:',num2str(trace(end))]);
figure(2)                              % 如图 11-9 所示
plot(trace)
xlabel('迭代次数')
ylabel('目标函数值')
title('亲和度进化曲线')
```

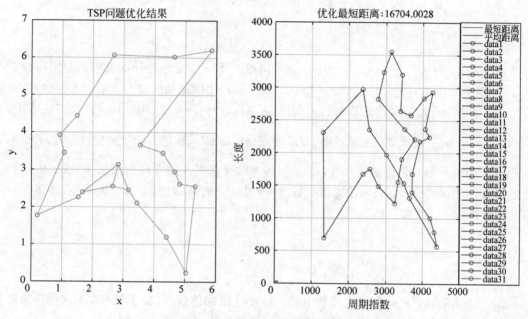

图 11-9   TSP 结果及最短距离

11.5   蚁 群 算 法

蚁群算法(Ant Colony Optimization,ACO),又称蚂蚁算法,是由自然界中蚂蚁觅食的行为而启发的。在自然界中,蚂蚁觅食过程中,蚁群总能够寻找到一条从蚁巢到食物源的最优路径。

11.5.1   蚁群的基本算法

蚁群优化算法是模拟蚂蚁觅食的原理,设计出一种群集智能算法。蚂蚁在觅食过程中能够在其经过的路径下留下一种称为信息素的物质,并在觅食过程中能够感知这种物质的强度,指导自己的行动方向,它们总是朝着该物质强度的方向移动,因此大量蚂蚁组成的集体觅食就表现为一种对信息素的正反馈现象。

某一条路径越短,路径上经过的蚂蚁越多,其信息素遗留得也就越多,信息素的浓度也就越高,蚂蚁选择这条路径的概率也就越高,由此构成正反馈过程,从而逐渐地逼近最优路径,找到最优路径。

蚁群的基本算法如下。设有 m 只蚂蚁,每只蚂蚁有以下特征:它根据以城市距离和链接边上外激素的数量为变量的概率函数选择下一个城市(设 $\tau_{ij}(t)$ 为 t 时刻 $e(i,j)$ 上外激素的强度)。规定蚂蚁走合法路线,除非周游完成,否则不允许转到已访问城市,由禁忌表控制(设

tabu_k 表示第 k 只蚂蚁的禁忌表,$\text{tabu}_k(s)$ 表示禁忌表中第 s 个元素)。它完成周游后,蚂蚁在它每一条访问的边上留下外激素。

设 $B_i(t)(i=1,2,\cdots,n)$ 是在 t 时刻城市 i 的蚂蚁数,$m=\sum_{i=1}^{n} b_i(t)$ 为全部蚂蚁数。

初始时刻,各条路径上的信息素相等,设 $\tau_{ij}(t)=C$(C 为常数)。蚂蚁 $k(k=1,2,\cdots,m)$ 在运动过程中,根据各条路径上的信息量决定转移方向,$p_{ij}^{(k)}$ 表示在 t 时刻蚂蚁 k 由位置 i 转移到位置 j 的概率:

$$p_{ij}^k = \begin{cases} \dfrac{\tau_{ij}^\alpha \cdot \eta_{ij}^\beta(t)}{\sum_{s \in \text{allowed}_k} \tau_{is}^\alpha \cdot \eta_{is}^\beta(t)}, & j \in \text{allowed}_k \\ 0, & \text{其他} \end{cases}$$

其中,$\text{allowed}_k=\{0,1,\cdots,n-1\}-\text{tabu}_k$ 表示蚂蚁 k 下一步允许选择的城市。与实际蚁群不同,人工蚁群系统具有记忆功能,$\text{tabu}_k(k=1,2,\cdots,m)$ 用以记录蚂蚁 k 当前所走过的城市,集合 tabu_k 随着进化过程做动态调整。η_{ij} 表示边弧 (i,j) 的能见度,用某种启发式算法算出,一般取 $\eta_{ij}=\dfrac{1}{d_{ij}}$,$d_{ij}$ 表示城市 i 到城市 j 之间的距离。α 表示轨迹的相对重要性,β 表示能见度的相对重要性,ρ 表示轨迹的持久性,$1-\rho$ 理解为轨迹衰减度随着时间的推移,以前留下的信息逐渐丢失,用参数 $1-\rho$ 表示信息消失程度,经过 n 个时刻,蚂蚁完成一次循环,各路径上信息量要根据以下公式做调整。

$$\tau_{ij}(t+n)=\rho\tau_{ij}(t)+\Delta\tau_{ij}$$

$$\Delta\tau_{ij}(t+n)=\sum_{k=1}^{m}\Delta\tau_{ij}^k$$

$\Delta\tau_{ij}^k$ 表示第 k 只蚂蚁在本次循环中留下路径 ij 上的信息素,$\Delta\tau_{ij}$ 表示在本次循环中路径 ij 上的信息素增量,L_k 表示第 k 只蚂蚁环游一周的路径长度,Q 为常数。

$$\Delta\tau_{ij}^k = \begin{cases} \dfrac{Q}{L_k}, & \text{如果第 } k \text{ 只蚂蚁在本次循环经过路径 } ij \\ 0, & \text{其他} \end{cases}$$

$\tau_{ij}(t)$、$\Delta\tau_{ij}(t)$、$p_{ij}^k(t)$ 的表达形式可以不同,要根据具体问题而定。Dorigo 曾给出三种不同模型,分别称为 Ant-cycle system、Ant-quantity system、Ant-density system。它们的差别在于上述表达式的不同。在 Ant-quantiy system 模型中:

$$\Delta\tau_{ij}^k = \begin{cases} \dfrac{Q}{d_{ij}}, & \text{如果第 } k \text{ 只蚂蚁在时刻 } t \text{ 和时刻 } t+1 \text{ 经过路径 } ij \\ 0, & \text{其他} \end{cases}$$

在 Ant-density system 模型中:

$$\Delta\tau_{ij}^k = \begin{cases} Q, & \text{如果第 } k \text{ 只蚂蚁在时刻 } t \text{ 和时刻 } t+1 \text{ 经过路径 } ij \\ 0, & \text{其他} \end{cases}$$

它们的区别在于,在后两种模型中,利用的是局部信息,而前者利用的是整体信息,在求解 TSP 时,性能较好,因为通常采用它为基本模型。

11.5.2 蚁群算法的实现

运用蚁群算法求解 TSP 时的基本原理是:将 m 个蚂蚁随机地放在多个城市,让这些蚂蚁从所在的城市出发，n 步(一个蚂蚁从一个城市到另外一个城市为 1 步)之后返回到出发的城市。如果 m 个蚂蚁所走出的 m 条路径对应的中最短者不是 TSP 的最短路程，则重复这一过程，直至寻找到满意的 TSP 的最短路径为止。为了说明这一个算法，下面用一个算法流程图说明，如图 11-10 所示。

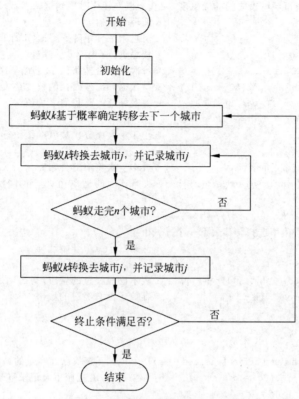

图 11-10　蚁群算法实现 TSP 的流程

【**例 11-6**】　给定 20 个城市的坐标，利用蚁群算法求这 20 个城市的最优路径。

```
>> % 算法的第一步是先初始化
clear
m = 50;                          % 蚂蚁总数
alpha = 1;                       % 信息度启发因子
beta = 2;                        % 期望值启发因子
Rho = 0.6;                       % 信息素挥发因子
NC_max = 100;                    % 最大循环次数
Q = 80;                          % 信息素增量
C = [5.326,2.558;4.276,3.452;4.819,2.624;3.165,2.457;0.915,3.921;4.637,6.026;
    1.524,2.261;3.447,2.111;3.548,3.665;2.649,2.556;4.399,1.194;4.660,2.949;
    1.479,4.440;5.036,0.244;2.830,3.140;1.072,3.454;5.845,6.203;0.194,1.767;
    1.660,2.395;2.682,6.072];% 20 个城市
% 初始化
n = size(C,1);                   % 表示 n 个城市
D = zeros(n,n);
for i = 1:n
for j = 1:n
        if i~ = j                % 表示同一个城市之间的距离不存在
        D(i,j) = ((C(i,1) - C(j,1))^2 + (C(i,2) - C(j,2))^2)^0.5;
        else
```

```
                D(i,j) = eps;
            end
        %  D(j,i) = D(i,j);
        end
    end
Eta = 1./D;          % 城市与城市之间的能见度,在基于概率转移时用到这个参数
Nc = 1;                              % 循环计数器
Tau = ones(n,n);                     % 信息素浓度矩阵——n×n的单位阵
Tabu = zeros(m,n);                   % 禁忌表 ——m×n的零阵
Road_best = zeros(NC_max,n);         % 每次循环最佳路径 最大循环次数×n个城市零阵
Roadlength_best = inf.*ones(NC_max,1);   % 每次循环最佳路径的长度最大循环次数*1单位阵
Roadlength_ave = zeros(NC_max,1);    % 每次循环的路径的平均值
% 将蚂蚁随机分布在n个城市
while Nc <= NC_max                   % 小于最大循环次数就继续执行
    randpos = [];
    for i = 1:(ceil(m/n))            % 分多少次将蚂蚁分布完
        randpos = [randpos,randperm(n)];   % 循环产生的是20个城市的随机数,都在一行
    end
    Tabu(:,1) = (randpos(1,1:m));    % 取前m个城市编号
    % 每只蚂蚁基于概率选择转移去下一个j城市
    for j = 2:n                      % 从第二个城市开始选择
        for i = 1:m
            visited = Tabu(i,1:(j-1));   % 表示已经过的城市,初始化是出发城市
            J = zeros(1,(n-j+1));        % 存放还没有经过的城市
            P = J;
            Jc = 1;
            for k = 1:n
                if length(find(visited == k)) == 0   % 查找已经经过的城市里面有没有k
                    J(Jc) = k;               % 如果没有,就把城市k记录进未经过城市矩阵里面
                    Jc = Jc + 1;
                end
            end
            % 计算待选城市的概率
            for k = 1:length(J)
                P(k) = (Tau(visited(end),J(k))^alpha) * (Eta(visited(end),J(k))^beta);
                % 目前经过的城市到下一个所有城市的概率大小
            end
            P = P/sum(P);
            % 按照概率选取下一个城市
            Pcum = cumsum(P);
            select = find(Pcum >= rand);
            to_visit = J(select(1));
            Tabu(i,j) = to_visit;
        end
    end
    if Nc >= 2
        Tabu(1,:) = Road_best(Nc-1,:);
    end
% 记录本次迭代最佳路线
    L = zeros(m,1);
    for i = 1:m
        R = Tabu(i,:);                   % 第一只蚂蚁的路线赋给矩阵R
        for j = 1:(n-1)
```

```
                L(i) = L(i) + D(R(j),R(j+1));      % 每一只蚂蚁所走的路径长度
            end
            L(i) = L(i) + D(R(1),R(n));            % 加上最后一个点到起始点的路径
        end
        Roadlength_best(Nc) = min(L);         % 本次循环的所有路径中的最短路径放在 Roadlength_best 中
        pos = find(L == Roadlength_best(Nc));     % 找出最短路径的所有蚂蚁
        Road_best(Nc,:) = Tabu(pos(1),:);         % 只取第一只蚂蚁的路径
        Roadlength_ave(Nc) = mean(L);             % 本次循环所有路径的平均值
        Nc = Nc + 1;
        % 更新信息素
        delta_Tau = zeros(n,n);
        for i = 1:m
            for j = 1:(n-1)
                delta_Tau(Tabu(i,j),Tabu(i,j+1)) = delta_Tau(Tabu(i,j),Tabu(i,j+1)) + Q/L(i);
            end
            delta_Tau(Tabu(i,n),Tabu(i,1)) = delta_Tau(Tabu(i,j),Tabu(i,j+1)) + Q/L(i);
        end
        Tau = (1 - Rho). * Tau + delta_Tau;       % 这里运用的是蚁周模型
        % 禁忌表清零
        Tabu = zeros(m,n);
    end
    pos = find(Roadlength_best == min(Roadlength_best));
    shortest_route = Road_best(pos(1),:);
    shortest_length = Roadlength_best(pos(1));
    figure(1)
    subplot(1,2,1)
    N = length(R);
    scatter(C(:,1),C(:,2));
    hold on
    plot([C(shortest_route(N),1),C(shortest_route(1),1)],[C(shortest_route(N),2),C(shortest_
    route(1),2)],'g');
    hold on
    for ii = 2:N
        plot([C(shortest_route(ii-1),1),C(shortest_route(ii),1)],[C(shortest_route(ii-1),2), …
    C(shortest_route(ii),2)],'g');
        hold on
    end
    grid on
    title('TSP 问题优化结果');
    xlabel('x')
    ylabel('y')
    subplot(1,2,2)
    plot(Roadlength_best)
    hold on
    plot(Roadlength_ave)
    grid on
    title('平均距离与最短距离')
    legend('最短距离','平均距离')
    xlabel('周期指数')
    ylabel('长度')
```

运行程序,经过 100 次循环,对 20 个城市求最优路径,效果如图 11-11 所示。

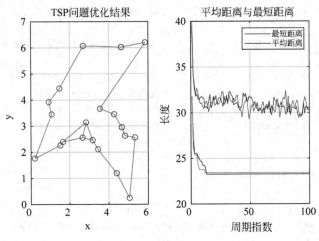

图 11-11　最优路径

11.6　小波分析

小波分析方法是一种窗口大小(即窗口面积)固定但其形状可改变,时间窗和频率窗都可改变的时频局部化分析方法,即在低频部分具有较高的频率分辨率和较低的时间分辨率,在高频部分具有较高的时间分辨率和较低的频率分辨率,所以被誉为数学显微镜。正是因为这种特性,使小波变换具有对信号的自适应性。

小波分析被看成调和分析这一数学领域半个世纪以来的工作结晶,已经广泛地应用于信号处理、图像处理、量子场论、地震勘探、语音识别与合成、音乐、雷达、CT成像、彩色复印、流体湍流、天体识别、机器视觉、机械故障诊断与监控、分形以及数字电视等科技领域。

11.6.1　傅里叶变换

傅里叶变换是众多科学领域(特别是信号处理、图像处理、量子物理等)中的重要的应用工具之一。从实用的观点看,当人们考虑傅里叶分析时,通常是指(积分)傅里叶变换和傅里叶级数。

函数 $y(t) \in L_1(R)$ 的连续傅里叶变换定义为:

$$F(\omega) = \int_{-\infty}^{\infty} e^{-i\omega t} f(t) dt$$

$F(\omega)$ 的傅里叶逆变换定义为:

$$f(t) = \frac{1}{2\pi} \int_{-\infty}^{\infty} e^{-i\omega t} F(\omega) dt$$

取 $f(t)$ 在 R 上离散点上的值来计算这个积分。下面给出离散傅里叶变换(Discrete Fourier Transform,DFT)的定义。

给定实的或复的离散时间序列 $f_0, f_1, \cdots, f_{N-1}$,设该序列绝对可积,即满足 $\sum_{n=0}^{N-1} |f_n| < \infty$,称 $X(k) = F(f_n) = \sum_{n=0}^{N-1} f_n e^{-i\frac{2\pi k}{N} n}$ 为序列 $\{f_n\}$ 的傅里叶变换;称 $f_n = \frac{1}{N} \sum_{k=0}^{N-1} X(k) e^{i\frac{2\pi k}{N} n}$, $k = 0$, $1, \cdots, N-1$ 为序列 $\{X(k)\}$ 的离散傅里叶逆变换(IDFT)。n 相当于对时间域的离散化,k 相当于频率域的离散化,且它们都是以 N 点为周期的。离散傅里叶变换序列 $\{X(k)\}$ 是以 $2p$ 为周期的,且具有共轭对称性。

如果 $f(t)$ 是实轴上以 $2p$ 为周期的函数，即 $f(t) \in L_2(0, 2p)$，则 $f(t)$ 可以表示成傅里叶级数的形式，即

$$f(t) = \sum_{n=-\infty}^{\infty} C_n e^{i\pi nt/p}$$

其中，C_n 为傅里叶展开系数。

11.6.2　小波分析概述

设 $y(t) \in L_2(R)$，$L_2(R)$ 表示平方可积的实数空间，即能量有限的信号空间，其傅里叶变换为 $Y(\omega)$。当 $Y(\omega)$ 满足允许条件：

$$C_\psi = \int_R \frac{|\hat{\psi}(\omega)|}{|\omega|} d\omega < \infty$$

时，称 $y(t)$ 为一个基本小波或母小波。将母函数 $y(t)$ 经伸缩和平移后，就可以得到一个小波序列。

对于连续的情况，小波序列为：

$$\psi_{a,b}(t) = \frac{1}{\sqrt{|a|}} \psi\left(\frac{t-b}{a}\right), \quad a, b \in R; \, a \neq 0$$

其中，a 为伸缩因子，b 为平移因子。

对于离散的情况，小波序列为：

$$\psi_{j,k}(t) = 2^{\frac{-j}{2}} \psi(2^{-j}t - k), \quad j, k \in Z$$

对于任意的函数 $f(t) \in L_2(R)$ 的连续小波变换为：

$$W_f(a, b) = \langle f, \psi_{a,b} \rangle = |a|^{-\frac{1}{2}} \int_R f(t) \overline{\psi\left(\frac{t-b}{a}\right)} dt$$

其逆变换为：

$$f(t) = \frac{1}{C_\psi} \int_{R^+} \int_R \frac{1}{a^2} W_f(a, b) \psi\left(\frac{t-b}{a}\right) da \, db$$

小波变换的时频窗口特性与短时傅里叶的时频窗口一样，其窗口形状为两个矩形 $[b - aDy, b + aDy]$，$\left[\frac{(\pm\omega_0 - DY)}{a}, \frac{(\pm\omega_0 + DY)}{a}\right]$，窗口中心为 $\left[b, \frac{\pm\omega_0}{a}\right]$，时窗和频窗宽分别为 aDy 和 $\frac{DY}{a}$。其中，b 仅影响窗口在相平面时间轴上的位置，而 a 不仅影响窗口在频率轴上的位置，也影响窗口的形状。

这样小波变换对不同的频率在时域上的取样步长是调节性的；在低频时，小波变换的时间分辨率较低，而频率分辨率较高；在高频时，小波变换的时间分辨率较高，而频率分辨率较低，这正符合低频信号变化缓慢而高频信号变化迅速的特点。这便是它优于短时傅里叶变换之处。

11.6.3　小波变换的实现

目前，小波分析已被成功地应用于信号处理、图像处理、图像编码、多尺度边缘提取和重构、分形及数字电视等科学领域。

下面通过两个实例来演示小波变换在图像中的应用。

【例 11-7】 利用小波变换方法进行图像去噪处理。

```
>> clear all;
load woman;                      % 载入图像
% 下面产生噪声
init = 300000;
rand('seed',init);
img = X + 20 * (rand(size(X)));
% 显示原始图像及它的含噪图像
figure;                          % 显示原始图像,效果如图 11 - 12 所示
colormap(map);
image(wcodemat(X,192));
title('原始图像');
axis square;
figure;                          % 显示含噪图像,效果如图 11 - 13 所示
image(img);
colormap(map);
title('含噪图像');
axis square;
```

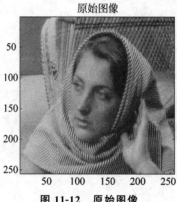

图 11-12　原始图像

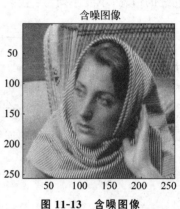

图 11-13　含噪图像

```
>> lev = 2;
[x1,y1] = size(img);
H1 = img((x1/2 + 1):x1,(y1/2 + 1):y1);
delt2 = (std(H1(:)))^2;
imgt = img;
% 分解层数
for i = 1:lev;
    tpx = x1/2^ i;
    tpy = y1/2^ i;
    belt = 1.0 * (log(tpx/(2 * lev)))^0.5;
    H2 = img(1:tpx,(tpy + 1):2 * tpy);
    delty = std(H2(:));
    T1 = belt * delt2/delty;
    TL = sign(H2). * max(0,abs(H2) - T1);
    Tg(1:tpx,(tpy + 1):2 * tpy) = TL;
    subt(3 * (i - 1) + 1) = T1;
    L1 = img((tpx + 1):2 * tpx,1:tpy);
    delty = std(L1(:));
    T2 = belt * delt2/delty;
```

```
TH = sign(L1). * max(0, abs(L1) - T2);
Tg((tpx + 1):2 * tpx, 1:tpy) = TH;
subt(3 * (i - 1) + 2) = T2;
H3 = img((tpx + 1):2 * tpx, (tpy + 1):2 * tpy);
delty = std(H3(:));
T3 = belt * delt2/delty;
THH = sign(H3). * max(0, abs(H3) - T3);
Tg((tpx + 1):2 * tpx, (tpy + 1):2 * tpy) = THH;
subt(3 * (i - 1) + 3) = T3;
end
figure;                        % 去噪图像,效果如图 11 - 14 所示
image(Tg);
colormap(map);
axis square;
```

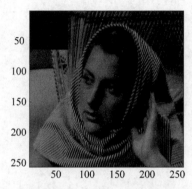

图 11-14　图像去噪效果

【例 11-8】　利用小波分析,实现两幅图像的规则融合。

根据需要,编写自定义融合规则函数,代码如下。

```
function C = myfus_FUN(A, B)
% 定义融合规则
D = logical(triu(ones(size(A))));          % 提取矩阵的下三角部分
t = 0.3;                                    % 设置融合比例
C = A;                                      % 设置融合图像的初始值为 A
C(D) = t * A(D) + (1 - t) * B(D);          % 融合后图像 C 的下三角融合规则
C(~D) = t * B(~D) + (1 - t) * A(~D);       % 融合后图像 D 的上三角融合规则
```

通过 wfusmat 函数调用融合规则,实现图像融合,代码如下。

```
>> clear all;                              % 清除空间变量
load mask; A = X;
load bust;
B = X;
% 定义融合规则和调用函数名
Fus_Method = struct('name','userDEF','param','myfus_FUN');
C = wfusmat(A, B, Fus_Method);            % 设置图像融合方法
figure;
colormap(pink(220))
subplot(1, 3, 1), image(A), axis square
title('原始图像 mask'),
subplot(1, 3, 2), image(C), axis square
title('融合图像'),
```

```
subplot(1,3,3), image(B), axis square
title('原始图像 bust')
```

运行程序,效果如图 11-15 所示。

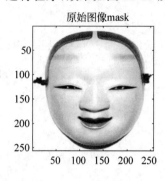 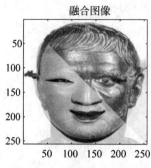 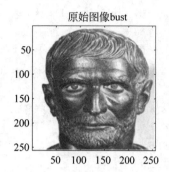

图 11-15　图像自定义融合

参 考 文 献

[1] 天工在线.MATLAB2020 从入门到精通 MATLAB[M].北京：中国水利水电出版社.2020.

[2] MATLAB 技术联盟,石良臣.MATLAB/Simulink 系统仿真超级学习手册[M].北京：人民邮电出版社.2014.

[3] 陈泽,占海明.详解 MATLAB 在科学计算中的应用[M].北京：电子工业出版社.2011.

[4] 骆忠强,李成杰.无线通信智能处理及干扰消除技术[M].北京：科技出版社.2020.

[5] 卓金武,王鸿钧.MATLAB 数学建模方法与实践[M].3 版.北京：北京航空航天大学出版社,2018.

[6] 谢中华.MATLAB 与数学建模[M].北京：北京航空航天大学出版社.2019.

[7] 李昕.MATLAB 数学建模[M].北京：清华大学出版社.2017.

[8] 王健,赵国生.MATLAB 数学建模与仿真[M].北京：清华大学出版社.2016.

[9] 孔玲军.MATLAB 小波分析超级学习手册[M].北京：人民邮电出版社.2014.

[10] 姜增如.控制系统建模与仿真——基于 MATLAB/Simulink 的分析与实现[M].北京：清华大学出版社.2020.

[11] 赵小川,何灏.深度学习理论及实战(MATLAB 版)[M].北京：清华大学出版社.2021.

[12] MATLAB 联机帮助文档.

图书资源支持

感谢您一直以来对清华版图书的支持和爱护。为了配合本书的使用，本书提供配套的资源，有需求的读者请扫描下方的"书圈"微信公众号二维码，在图书专区下载，也可以拨打电话或发送电子邮件咨询。

如果您在使用本书的过程中遇到了什么问题，或者有相关图书出版计划，也请您发邮件告诉我们，以便我们更好地为您服务。

我们的联系方式：

清华大学出版社计算机与信息分社网站：https://www.SHUIMUSHUHUI.com/

地　　址：北京市海淀区双清路学研大厦 A 座 714

邮　　编：100084

电　　话：010-83470236　010-83470237

客服邮箱：2301891038@qq.com

QQ：2301891038（请写明您的单位和姓名）

资源下载： 关注公众号"书圈"下载配套资源。

资源下载、样书申请

书圈

图书案例

清华计算机学堂

观看课程直播